Ingeniería de vías férreas

Ingeniería de Vías Férreas

Ing. José Antonio Guerrero Fernández

José Antonio Guerrero Fernández

2017

Ingeniería de Vías Férreas

Primera edición, segunda impresión: 2017

ISBN 978-1-326-93551-1

El autor agradece cualquier observación y/o corrección, que puede dirigirse a:

José Antonio Guerrero Fernández

ing.guerrerof@yahoo.com

Ingeniería de Vías Férreas

Índice

RECONOCIMIENTO

Grupo LET engloba dos grandes empresas mexicanas dedicadas a la industria ferroviaria a nivel mundial; ambas con sede en México, Proveedora de Rieles y Durmientes Mexicanos S.A. de C.V., e Industrias LET S.A. de C.V.

Actualmente, al estar próximo a cumplir sus primeros 50 años de existencia, este grupo, de la mano de su fundador, el Contador Público Víctor Manuel Lizárraga Tostado y sus hijos, los hermanos Lizárraga Serna, Víctor, Patricia, Alma, Jorge y Eduardo, ha logrado consolidar una compañía con gran Excelencia Ferroviaria y con una muy importante Responsabilidad Social para con sus colaboradores, clientes y proveedores.

Agradezco toda la experiencia que he logrado adquirir al colaborar en estas empresas y que fue fundamental para la creación de este libro. Al mismo tiempo felicito el primer medio siglo de edad de Grupo LET, que vengan muchos más de experiencia acumulada y éxitos. ¡Enhorabuena!

Ing. José Antonio Guerrero Fernández.

1 Presentación

1.1 El transporte del futuro.

"El ferrocarril será el modo de transporte del siglo XXI, si logra sobrevivir al siglo XX". El ingeniero francés Louis Armand, a mediados del siglo XX, emitió esta frase a manera de sentencia cuando realizó un análisis de la situación a la que se enfrenta constantemente este modo de transporte terrestre; las vías férreas y los trenes se encuentran en una cierta debilidad frente a los otros dos modos de transporte por tierra: la carretera y el transporte por tuberías. El primero es cada vez más accesible a los usuarios para transportar pasajeros y mercancías debido a los grandes volúmenes en la producción de automóviles, el segundo es muy efectivo para transportar fluidos, líquidos o gaseosos, a grandes distancias; también, en algunos casos, el modo de transporte aéreo (los aviones y aeroplanos) es competencia para el ferrocarril en cuanto al transporte de personas y carga.

Pero, no obstante lo dicho anteriormente, las vías férreas, de forma tenaz, demuestran su efectividad conforme se va comprobando su capacidad para transportar grandes volúmenes, gran variedad de mercancías (lo que las hace más versátiles respecto al transporte por tuberías), y gran cantidad de viajeros en recorridos de mediano y largo alcance sirviendo inclusive de enlace, complemento y transición entre los otros modos de transporte mencionados, además del marítimo.

Lograr esta efectividad implica en gran medida configurar una oferta de calidad que despierte el interés en los clientes, la cual, atendiendo el caso particular de México, y estando ya por entrar a la tercera década del siglo XXI, está rindiendo frutos muy positivos: en el año 2014 se lograron mover por ferrocarril 116.90 millones de toneladas que, si se compara con las 90 millones de toneladas que se movieron durante el año 2009, representa un 30% de crecimiento en tan solo 5 años.

Además, el impacto por la inserción social y ecológica de las vías férreas en el entorno también ha demostrado a lo largo del tiempo ser mucho menor al de cualquier otro modo de transporte. Por ejemplo, en promedio aproximado, para construir un kilómetro de línea ferroviaria a doble eje se requerirían 25,000 metros cuadrados de terreno, y para construir un kilómetro de carretera con dos cuerpos de dos carriles cada uno, se requerirían 75,000 metros cuadrados de terreno. En cuanto a la operación por ambos modos terrestres se ha establecido que 1 solo tren puede arrastrar en promedio 2,500 toneladas de carga, contra un camión de autotransporte que solo arrastra 30 toneladas. Ese mismo tren emitirá, en promedio al año, 1.86 toneladas de CO_2 al aire, valor mucho menor en función de la carga arrastrada contra las 4.7 toneladas de CO_2 que emitirá en un año un solo camión de autotransporte.

Con esta visión de ser el modo de transporte para el futuro, este libro presenta los lineamientos básicos para el proyecto y construcción de vías férreas con el afán de ir mejorando e incrementando la cantidad de ferrocarriles que den servicio a una cada vez mayor cantidad de personas, empresas públicas y empresas privadas. El entorno normativo y de criterios se enfoca a los ferrocarriles en México, pero los conceptos fundamentales son de aplicación a proyectos ferroviarios en cualquier lugar del mundo.

2 Breve historia de las vías férreas

La idea de tender una vía especial para las ruedas de los vehículos no es nueva, los vestigios más antiguos de dicho sistema de transporte tienen más de 2,600 años de antigüedad. Nuestros antecesores sabían muy bien que se precisaba mucho menos esfuerzo al arrastrar un carro o un trineo sobre dos guías paralelas de madera o de piedra, que por un terreno más o menos natural. Una de las pistas mejor conservadas para esta afirmación corresponde al camino 'Diolkos', que cruza el istmo de Corinto, en Grecia.

Figura 2.1: Camino 'Diolkos', en Grecia. Data del siglo VII antes de Cristo.

El camino cuenta con una calzada variable de 3m a 6m de ancho, fue pavimentado con bloques de piedra caliza en donde fueron cortados dos surcos paralelos, con 1.50 metros de separación (dimensión, asombrosamente muy cercana al ancho de vía internacional actual, como se verá más adelante), distancia que, quizás, es la necesaria para que dos líneas de caballos, dos líneas de seres humanos, o cualquier otro medio de tracción animal, en arreglo paralelo pudieran marchar sin golpearse unos a otros. A lo largo de éstos surcos corrían las ruedas del Olkos, un vehículo análogo a un vagón de plataforma moderno.

Ya en el año 1550 de nuestra era las vías de madera eran un mecanismo común en las minas, debido a la misma premisa básica del menor esfuerzo para circular sobre esta superficie en lugar de sobre el lecho irregular del propio túnel en la mina.

Figura 2.2: Carro minero sobre dos tablones de madera.

Como se puede observar en la figura 2.2, las vías eran muy rudimentarias y consistían en dos tablones de madera separados entre sí muy pocos centímetros, para caber en lo estrecho del túnel minero. De la parte inferior central del carro sobresalía un perno el cual, al quedar entre ambos tablones, servía de guía para no salirse del camino.

Figura 2.3: Vía minera hecha con elementos delgados de madera.

Para el año 1630 comenzó a utilizarse, también en las minas, un sistema que asemeja muchísimo a la forma que tienen actualmente las vías férreas. Para economizar madera, y darle prioridad de uso a los tablones en el apuntalamiento de los túneles, se constituyó la vía por un par de guías en madera delgada, colocadas en forma paralela y unidas entre sí a cada cierta distancia por otros elementos de madera delgada denominados 'durmientes'.

Las ruedas de madera en los carros fueron acanalándose por su constante ir y venir sobre la vía, dando lugar al diseño actual de las ruedas con ceja, que se adecuan a la forma de las guías.

El siguiente avance natural en la tecnología de la vía fue el empleo del hierro para sustituir, debido al excesivo desgaste que sufrían, tanto las ruedas de los carros mineros como las guías de madera.

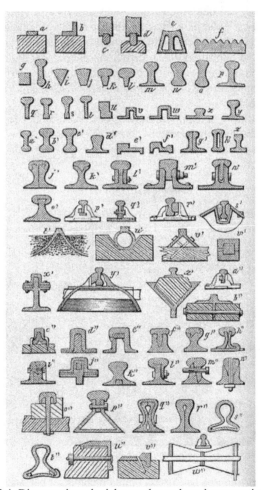

Figura 2.4: Diversos tipos de rieles usados en las minas a partir de 1768

En 1768 nace propiamente el riel, formándose por un elemento de madera recubierto en una plancha de hierro, que redujo significativamente el desgaste y aumentó la duración del elemento. A partir de este mismo año comienzan a aparecer infinidad de modelos y diseños de rieles, cada uno para adecuarse a las necesidades de la mina donde se diseñaban, algunos continuaron siendo de madera recubierta en hierro y otros eran ya completamente de hierro.

De forma paralela al desarrollo de las vías dentro de las minas, se empezó a optimar la fuerza motora que tiraba o empujaba los carros. Los mismos ingenieros mineros comenzaron a adaptar las máquinas de vapor, empleadas para bombear agua desde principios del siglo XVIII, para mover los carros cargados de mineral sustituyendo el trabajo hecho por humanos haciéndolo más eficiente.

2.1 Las primeras redes ferroviarias: Europa

El éxito en la movilidad obtenida en las minas gracias a la vía férrea hizo nacer en muchos empresarios la idea de emplearla para fines de transporte fuera de las instalaciones mineras, llevar mercancías y pasajeros entre diversos destinos, centros poblacionales y de comercio

En 1825 se inauguró la primera línea ferroviaria pública del mundo, que une las ciudades de Stockton y Darlington, en el noreste de Inglaterra, cubriendo un recorrido de aproximadamente 20 kilómetros. Durante algunos años esta vía sólo transportó carga; en ocasiones también utilizaba caballos como fuerza motora.

Posteriormente, en 1830, se inauguró la línea que une las ciudades de Liverpool y Manchester (oeste de Inglaterra), cubriendo un itinerario de casi 60 kilómetros. En esta vía férrea se prescindió del uso de caballos para tirar de los carros y circulaban exclusivamente locomotoras de vapor.

Figura 2.5: Una réplica del tren que cubría el recorrido entre Liverpool y Manchester en 1830.

Muchos más países mineros de Europa también contaban con vías férreas en sus minas desde mediados del siglo XVII y, al igual que Inglaterra, habían desarrollado recorridos cortos públicos con ferrocarril en la segunda década del siglo XIX, pero fue el éxito comercial, económico y técnico de la línea Liverpool-Manchester lo que transformó el concepto de vías férreas. Algo que antes se veía como medio para cubrir recorridos cortos, beneficioso sobre todo para las zonas mineras, se consideró ahora capaz de revolucionar el transporte de largo recorrido, tanto de pasajeros como de mercancías, en toda la Europa Continental.

Rusia (en esos años Imperio Ruso) en 1830 ya contaba con una línea ferroviaria de17 kilómetros entre San Petersburgo y Villa de los Zares; en 1842 comenzó la construcción del ferrocarril San Petersburgo – Moscú, con una longitud cercana a los 720 kilómetros, que fue inaugurada en su recorrido total en 1851.

En 1835 Alemania tenía únicamente en operación pública la vía férrea que une a las ciudades de Núremberg con Fürth, un recorrido con cerca de 10 kilómetros. Para 1850 Alemania ya contaba con 5,000 kilómetros de vías férreas, que comunicaban a todos sus estados confederados, incluido un corredor de 640 kilómetros que enlazaba a Berlín con la ciudad de Aquisgrán, frontera con Bélgica. Este último país también desde 1835 había inaugurado su primera línea férrea de uso público: conectaba a las ciudades de Bruselas y Malinas, con 32 kilómetros de longitud.

En 1837 Francia inaugura la línea Paris – Saint Germain, con similares características de infraestructura y operación que la Liverpool – Manchester. Para 1850 Francia ya contaba con una red ferroviaria tomando a Paris como punto neurálgico, que comunicaba a esa ciudad con todas las fronteras territoriales y marítimas.

Las redes comenzaron a conectar diversas fronteras, lo que detonó el auge del desarrollo y construcción de vías férreas en el resto del continente Europeo.

En 1837 España construye su primera línea Ferroviaria, se trata de la línea La Habana – Bejucal, de 28 kilómetros, en Cuba, que aún era colonia española. Posteriormente, en 1840, se construye la primera vía férrea en territorio propiamente español, uniendo a Barcelona con Mataró, en un recorrido de aproximadamente 32 kilómetros.

Todas las tecnologías de explotación minera que se desarrollaban en Europa se propagaban inminentemente al resto del mundo. Las noticias del empleo de vías férreas fuera de las minas para el beneficio del transporte entre ciudades no fue la excepción y diversas zonas en el mundo comenzaron a construir sus propias líneas de ferrocarril.

2.2 Inicios del ferrocarril en América: conectando océanos.

Los estadounidenses, siempre en continuo intercambio social, cultural y económico con Inglaterra, observaron el inicio del ferrocarril en dicho país y en 1827 comenzaron la construcción de una línea ferroviaria que uniría a la ciudad de Baltimore, en Maryland, con Parkersburg, Ohio. Está línea ferroviaria fue concluida hasta 1852 (cubre 515 kilómetros, aproximadamente) pero durante su construcción se fueron inaugurando ramales con recorridos más cortos que enlazaban distintas poblaciones de tal forma que todo el noreste estadounidense en 1835 ya contó con una red ferroviaria que unía diversas ciudades.

Numerosos trayectos cortos se construían e inauguraban al mismo tiempo en el sur de este país, en 1831 el estado de Luisiana ya contaba con numerosas conexiones partiendo desde la Ciudad de Nueva Orleans.

A mediados del siglo XIX ya existían en Estados Unidos 14,000 kilómetros de vías férreas.

En esas mismas primeras décadas del siglo XIX, en 1837, se inauguró el primer ferrocarril en Cuba, como ya se mencionó en el apartado anterior, y se comenzó la construcción del primer ferrocarril en México, tema que se tratará más a detalle en su correspondiente apartado.

En 1850, por intereses estadounidenses, se comenzó la construcción de la primer vía férrea intercontinental en América: una línea de aproximadamente 75 kilómetros que unía a las costas del océano Atlántico con las costas del océano Pacifico, en Panamá, zona que desde la época colonizadora Europea en América se identificó como un estrecho geográfico para dar continuidad a trayectos marítimos entre Europa y Asia.

Esta vía férrea incrementó en sobremanera el comercio mundial, era un intermedio terrestre a las principales rutas marítimas que partían desde los principales puertos de Inglaterra hacia Australia, China, Japón, California y viceversa.

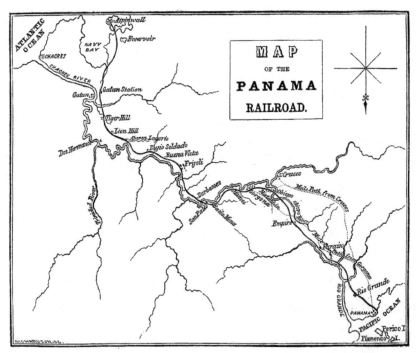

Figura 2.6: Mapa, de 1861, que muestra la ruta del ferrocarril de Panamá.

En la década de 1860 se planeó y construyó la primera línea intercontinental de los Estados Unidos. Unió a las redes ferroviarias del este con el estado de California, en la costa del océano Pacifico. Un recorrido de 3,069 kilómetros cuya construcción inició en dos frentes: arrancó en el este desde Council Bluffs, en Iowa, a la vez que en Sacramento, California. Las vías de ambos frentes se unieron el 10 de mayo de 1869 en el monte 'Promontory', actual estado de Utah.

La construcción de esta línea transcontinental replicó la estrategia de la línea Baltimore-Parkersburg de unir poblaciones a lo largo de su recorrido durante su construcción, lo cual creó una gran red ferroviaria a todo lo ancho de los Estados Unidos, hacia el norte y hacia el sur de la línea principal.

Durante esa misma década, en 1867, Canadá ya contaba con una red ferroviaria que unía diversas poblaciones de los territorios de Ontario y Quebec, ambos en este país, con otras tantas de los estados de Maine, Connecticut, Michigan, Massachusetts, New Hampshire y Vermont, todos en los Estados Unidos.

Figura 2.7: Unión del frente oeste y frente este de la construcción de la primer línea transcontinental de ese país. Monte Promontory, Utah, Estados unidos, 10 de mayo de 1869.

En 1851 Perú y Chile inauguraron sus primeras líneas ferroviarias. En el primero fue el recorrido unió las ciudad de Lima y el puerto de Callao con 18 kilómetros, aproximadamente, de recorrido. En el segundo fue la línea Ciudad de Copiapó – Puerto de Caldera, un recorrido de 81 kilómetros. Ambas vías, en sus respectivos países, sirvieron como eje para la construcción de diversos ramales que crearon una incipiente red ferroviaria local.

Entre 1850 y 1860 se comenzó a consolidar una pequeña red ferroviaria en Brasil, con capital y empresas inglesas, para comunicar al interior productivo del país con los puertos en Rio de Janeiro y Sao Paolo.

Argentina tuvo su primer línea ferroviaria en 1857, conurbada a la ciudad de Buenos Aires, comunicando los centros de producción ganadera con el puerto.

2.3 Primeras vías férreas en Asia: La India; comunicando grandes planicies; y Japón.

Una de las primeras regiones que contó con red ferroviaria en el continente asiático fue La India, gracias a la introducción de la tecnología necesaria por parte de los ingleses, que tenían colonizado dicho país. En 1853 se inauguró el tramo de 34 kilómetros que une el puerto de Bombay con la ciudad de Thana, a partir de este año se fueron añadiendo más tramos que pronto formaron una gran red ferrocarrilera que comunicaba todas las regiones productivas de algodón en el interior del país.

En Japón el conocimiento sobre la existencia del ferrocarril con fines de comunicación entre ciudades llegó desde mediados del siglo XIX, gracias a comerciantes europeos y norteamericanos pero debido a la hostilidad que Japón mostraba a toda influencia extranjera durante su régimen feudal, tuvieron que pasar otros 20 años de ese siglo para que, finalmente, en 1872 que se inaugurara la línea que comunica las ciudades de Tokio y Yokohama, que mide aproximadamente 40 kilómetros.

Por razones geográficas Rusia estuvo desde el principio de la historia ferroviaria ligado a la construcción y conexión de vías férreas con el resto de Europa en su frontera occidental. Sin embargo el Imperio Ruso tenia fronteras en el oriente con China, territorios con costas hasta en el océano Pacifico y grandes extensiones en el Asía Central, lo cual representa una vasta porción del territorio mundial que requería ser comunicada y valía la pena explotar comercialmente.

En 1879 se comienza la construcción del Ferrocarril Trans-Caspio, cuya principal ruta une a Turkmenbashi, puerto del mar Caspio, en el actual Turkmenistán, con la ciudad de Taskent, en el actual Uzbekistán, que cubre un recorrido de 1,900 kilómetros. Este ferrocarril también incluyó ramales desde Mary (también en Turkmenistán) hacia Gusgy (Actual Serhetabat, Turkmenistán) en la frontera con el actual Afganistán, que mide aproximadamente 310 kilómetros; y desde Samarcanda, en el actual Uzbekistán, hasta Dusambé, en el actual Tayikistán, un recorrido de 500 kilómetros. Toda la red de aproximadamente 2,700 kilómetros, estuvo concluida en 1906, pero daba servicio desde sus primeros años.

Figura 2.8: Construcción de vías férreas en Asía por el Imperio Ruso

El Imperio Ruso, continuando con el éxito comercial que le estaba representando el Ferrocarril Trans-Caspio, comenzó en 1891 la construcción del tren Transiberiano que une a Moscú con Vladivostok, en el mar de Japón. La ruta principal mide 9,288 kilómetros, fue terminada e inaugurada como una totalidad en 1904, pero a su paso fue construyendo ramales que conectan a Mongolia, China y Corea del Norte.

En 1897 comienza la construcción del ferrocarril Transmanchuriano, mediante concesión de China al Imperio Ruso, se conceptualizó como un ramal del ferrocarril Transiberiano pero, al conectarse con la red ferroviaria del sur de Manchuria, formó una importante red en el territorio Chino que llega hasta el mar de Japón. La ruta principal, que cubre el recorrido de 2,800 kilómetros, entre la ciudad Rusa de Chita (en Siberia Occidental), y la ciudad de Beijing (o Pekín) en China, fue terminada en 1902.

2.4 Vías férreas en África: repartiendo el continente

Durante el siglo XIX prácticamente todo el territorio de África estaba repartido entre diversos países europeos quienes controlaban regiones muy extensas mediante régimen colonial. Inglaterra contaba con diversas colonias, entre las que destacaban los actuales Egipto, Sudan, Kenia, Uganda, Zimbabue, Zambia, Nigeria, Sudáfrica y otras. Francia colonizaba otra gran porción del continente, entre sus colonias más importantes se puede mencionar a los actuales Argelia, Túnez, Marruecos, Republica del Níger, entre otras.

Otros países Europeos que contaban con colonias en África durante esa época eran España, Italia, Alemania, Portugal y Bélgica.

Entre 1860 y 1870 fueron construidas las primeras líneas cortas en el continente africano a instancias de los respectivos colonizadores, cuyo principal objetivo era lograr la fácil comunicación entre los centros de explotación minera y los puertos.

Figura 2.9: Rutas planificadas para la línea férrea de El Cabo a El Cairo (no todas se terminaron).

A finales del siglo XIX surgieron varios proyectos para atravesar con vías férreas por distintos puntos la totalidad del continente africano, uniendo las líneas cortas ferroviarias con las que ya contaba cada colonia. Entre estos proyectos los que destacaron fueron:

- La línea Cabo – Cairo.

    Inglaterra promovió este proyecto que, partiendo desde Ciudad de El Cabo, en Sudáfrica, debería llegar hasta El Cairo, en Egipto, un recorrido cercano a los 9,000 kilómetros entre sus ciudades extremas, para así contar con una red férrea 'vertical' que recorriera de norte a sur todas las colonias inglesas en África.

- La línea Senegal - Djibouti.

    Francia pretendía recorrer al continente africano de este a oeste, desde la ciudad de Dakar, en Senegal, en las costas del océano Atlántico, hasta la ciudad de Djibouti, capital del país con el mismo nombre, en las costas del golfo de Adén. La línea contaría con, aproximadamente, 7,500 kilómetros entre las ciudades mencionadas.

- La línea Luanda – Maputo.

    Portugal también tuvo pretensiones de conectar dos océanos cruzando África. Una línea ferroviaria que, partiendo desde la ciudad de Luanda, en el actual Angola, llegara hasta la ciudad de Maputo, en el actual Mozambique y así, tras un recorrido de 3,000 kilómetros, aproximadamente, unir un puerto del Océano Atlántico un puerto en el Océano Indico.

No obstante a que por diversos motivos geopolíticos ninguno de los tres proyectos anteriormente mencionados se completó, se logró construir una importante cantidad de redes ferroviarias a través de los diversos territorios por los que se pretendía cruzar. Esas redes son actualmente utilizadas por cada uno de los países en los que se dividieron dichos territorios.

2.5 El Ferrocarril en Oceanía, Australia con diversos anchos de vía

La construcción de vías férreas en Australia comenzó en la década de 1870, cuando la inmigración hizo crecer la población del país desde 400,000 habitantes, en 1850, hasta más de 3,250,000 habitantes en 1890. Este incremento poblacional de más del 800% en 40 años exigía de una infraestructura suficiente para comunicarse desde las ciudades costeras hacia el interior del país. Durante esos 40 años la red ferroviaria de Australia paso de 1,600 kilómetros a poco más de 19,300 kilómetros.

Debido a que en este auge ferrocarrilero no se adoptó un ancho de vía común para las distintas redes australianas no fue sino hasta después de pasada la primera mitad del siglo XX que Australia, después de una gran inversión económica para homogeneizar el ancho de vía, contó con una red ferroviaria plenamente conformada que actualmente está entre las primeras 10 más grandes del mundo.

Figura 2.10: Esquema de la Red Ferroviaria Australiana

2.6 Durante el siglo XX, panorama mundial

Las redes ferroviarias en el mundo, como podemos ver, se propagaron con rapidez en la mayoría de los países desde la segunda mitad del siglo XIX.

En el siglo XX continuó el desarrollo de diversas líneas ferroviarias en países que aún no contaban con estas, y en aquellos que ya contaban con una red se ampliaron muchas más para comunicar nuevos centros industriales con puntos poblacionales, de comercio y/o de continuidad para la logística del transporte.

En el año 2004 la Unión Internacional de Ferrocarriles (UIC, por sus siglas en francés, 'Union Internationale Chemis de Fer') contaba con un censo que sumaba en más de novecientos mil kilómetros la red ferroviaria mundial tal como se puede observar en el siguiente cuadro:

Zona geográfica	Longitud de líneas (km)	Porcentaje respecto al total
Europa	352,450.00	38.19%
África y Medio Oriente	76,970.00	8.34%
América	296,690.00	32.15%
Asia y Oceanía	196,812.00	21.32%
Total	922,922.00	100.00%

Cuadro 2.1: Distribución, por zona geográfica, de la red ferroviaria mundial.

La misma UIC de forma práctica utiliza dos parámetros para referirse la longitud total de vías férreas, el primero es relacionándola a la superficie en la que estas se encuentran y el segundo es relacionándola respecto a la población que se encuentra en esta superficie. De acuerdo a estos criterios se obtienen dos indicadores de densidad: longitud de red por kilómetro cuadrado de superficie que ocupa y longitud de red por millón de habitantes en dicha superficie.

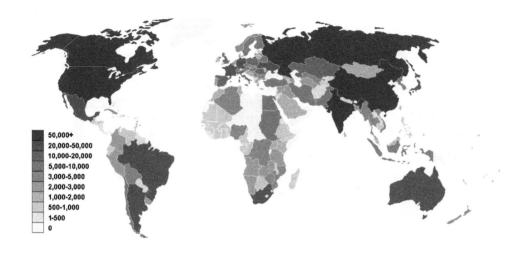

Figura 2.11: Longitud de vías férreas por país.

Figura 2.12: Densidad ferroviaria respecto a los kilómetros cuadrados de cada país.

La densidad de líneas ferroviarias respecto a la superficie en la que estas se localizan oscila entre 3 y 50 kilómetros por cada mil kilómetros cuadrados. El valor más grande corresponde a Europa, en específico La Unión Europea, y el valor más pequeño corresponde a África y el Medio Oriente.

La densidad de líneas ferroviarias respecto a la población dentro de dicha superficie tiene valores entre 65 y 813 kilómetros por cada millón de habitantes. El límite superior corresponde a América y el inferior a Asia y Oceanía.

Zona geográfica	Superficie donde se inserta la red ferroviaria (miles de km²)	Población ahí donde se inserta la red ferroviaria (millones de habitantes)	Longitud de vías férreas	Densidad ferroviaria	
				km/miles km²	km/millones de hab
Europa*	23,685.00	743.10	352,450.00	15	474
África y Medio Oriente	21,710.00	756.60	76,970.00	4	102
América	21,292.00	364.60	296,690.00	14	814
Asia y Oceanía	28,833.00	3,007.60	196,812.00	7	65
Total	95,520.00	4,871.90	922,922.00	10	189
*Nota: los datos de Europa incluyen a los estados Rusos que se encuentran en el continente Asiático.					

Cuadro 2.2: Densidad de vías férreas, criterio UIC

Cabe señalar que, a nivel mundial, durante la segunda mitad del siglo XX, se cerraron numerosas líneas de ferrocarril, principalmente porque sus características geométricas perdieron interés para mantener en ellas servicios comerciales.

También durante este periodo de tiempo se construyeron líneas nuevas, principalmente (gracias a los avances tecnológicos que están desarrollándose a partir de dicha época) dedicadas a la explotación de servicios de alta velocidad. Sin embargo esto no ha permitido compensar, en extensión, al referido cierre de líneas.

Los servicios ferroviarios de alta velocidad son aquellos cuyos trenes pueden operar a velocidades de 200 km/hr y superiores. En Europa existen tramos de vía férrea en los que el tren circula entre 320 y 350 km/hr y en Asia se alcanzan, en algunos trayectos, hasta los 300 km/hr. Los países pioneros en la alta velocidad ferroviaria fueron Japón, Italia, Francia, Alemania, España, Corea del Sur y China.

Además de la velocidad de circulación que desarrollen los trenes, la UIC clasifica a las líneas ferroviarias también de acuerdo al tráfico diario que circula sobre de ellas. Obedeciendo a este criterio las divide en 9 grupos de acuerdo a la siguiente tabla.

Clasificación de la línea ferroviaria	Tráfico sobre la línea en toneladas métricas diarias	
	Mínimo	Máximo
Grupo 1	120,000.00	---
Grupo 2	85,000.00	120,000.00
Grupo 3	50,000.00	85,000.00
Grupo 4	28,000.00	50,000.00
Grupo 5	14,000.00	28,000.00
Grupo 6	7,000.00	14,000.00
Grupo 7	3,500.00	7,000.00
Grupo 8	1,500.00	3,500.00
Grupo 9	---	1,500.00

Cuadro 2.3: Clasificación UIC para las líneas ferroviarias de acuerdo a su tráfico

2.7 Historia del ferrocarril en México

La historia del ferrocarril en México se remonta a pocos años después de su fundación como país en 1824.

En el año de 1837 el Presidente Anastasio Bustamante otorgo 'privilegio exclusivo' para construir y explotar una línea ferroviaria entre el puerto de Veracruz y la Ciudad de México, tramo que en su totalidad recorre 424 kilómetros.

Figura 2.13: Mapa del Ferrocarril Mexicano en funcionamiento, año de 1877

El acontecer de eventos históricos cruciales en México a partir de 1838 tales como:

- La Primera Intervención Francesa (1838 a 1839).
- El intento de escisión para formar la 'Republica de Rio Grande' (1840).
- El primer intento de escisión para formar la 'Republica de Tabasco' (1839 a 1841).
- Recuperación de la 'Republica de Yucatán' (que se separó de México en 1840 y se reintegró en 1848).
- La Guerra contra Estados Unidos (1842-1848).
- La Revolución de Ayutla (1854-1857).
- La Guerra de Reforma (1857-1861).
- La Segunda intervención Francesa (1862-1867).

Ocasionó que se distrajeran los recursos administrativos y económicos para atender dicho proyecto y se fuera postergando en cada periodo presidencial/imperial que ocurrió durante esa época, pero sin ser abandonado o descartado por ninguno (le dieron primordial interés en las administraciones de Anastasio Bustamante, Antonio López de Santa Anna, Maximiliano de Habsburgo y Benito Juarez), de tal forma que en 1867 (30 años después de iniciado el proyecto) apenas se habían concluido, por el frente oriente, 76 kilómetros (tramo Veracruz – Paso del Macho, ambos en el actual estado de Veracruz), y por el frente poniente 139.25 kilómetros (tramo Ciudad de México – Apizaco, en el actual estado de Tlaxcala). En 1869 se inauguró el ramal Apizaco, Tlaxcala – Puebla, Puebla, de 47 kilómetros.

Finalmente en diciembre de 1872, siendo presidente Sebastián Lerdo de Tejada, se inauguró la totalidad del tramo México – Veracruz.
De esta forma se conformó el Ferrocarril Mexicano, que incluía la vía troncal México – Veracruz, y los ramales Apizaco – Puebla, Veracruz – Jalapa y Veracruz – Medellín.

En 1876, al terminar el periodo presidencial de Sebastián Lerdo de Tejada, el sistema ferroviario Mexicano constaba de 631 kilómetros, constituidos por El Ferrocarril Mexicano ya descrito, la vía Mérida – Progreso, ambos en el actual Estado de Yucatán, y la vía Ciudad de México – Cuautitlán, en el actual Estado de México.

En el primer y segundo periodo presidencial de Porfirio Diaz se registró gran actividad entre los solicitantes de concesiones para construir líneas férreas en México. Algunos tramos construidos fueron el inicio de rutas que, tiempo después, formarían parte de las líneas que ahora integran el Sistema Ferroviario Mexicano. Se pueden citar entre muchas otras, en orden cronológico, y sin ser limitativo, las siguientes concesiones:

- 1877, tramo México – Toluca, con un ramal a Cuautitlán, en el actual Estado de México.
- 1877, tramo Celaya – León, pasando por Salamanca, Irapuato y Silao, con un ramal a la ciudad de Guanajuato, todas en el actual Estado de Guanajuato.
- 1878, tramo Ciudad de México – Cuautla, en el actual Estado de Morelos.
- 1878, tramo Zacatecas – Aguascalientes – Lagos (en los actuales estados de Zacatecas, Aguascalientes y Jalisco).
- 1878, tramo Mérida – Peto, con un ramal a Tekax (todas en el actual Estado de Yucatán).
- 1878, tramo Mérida – Campeche (actuales estados de Yucatán y Campeche).
- 1878, tramo Veracruz – Alvarado, con un ramal a Antón Lizardo (todas en el actual Estado de Veracruz).
- 1879, tramo San Miguel Ometusco – Pachuca, (actuales Estados de México e Hidalgo).

Al terminar el primer mandato de Porfirio Díaz como presidente, México contaba con 1,080 kilómetros de vías férreas en operación.

En 1880, siendo presidente Manuel González, se otorgaron dos concesiones a empresas constructoras norteamericanas para realizar tres grandes proyectos:

- 8 de septiembre de 1880 se asigna al "Ferrocarril Central Mexicano" (una compañía de Boston, Massachusetts) para la concesión para construir y explotar una línea entre México y Paso del Norte (hoy Ciudad Juárez, Chihuahua), tocando las ciudades de Querétaro, Celaya, Salamanca, Irapuato, Silao, León, Aguascalientes, Zacatecas y Chihuahua, con dos ramales, uno de Silao a Guanajuato y el otro que llegaría a Guadalajara. En esta concesión los gobiernos estatales dentro de la ruta cedieron sus concesiones al Ferrocarril Central Mexicano.

- 13 de septiembre de 1880, se autoriza a la "Compañía Constructora Nacional" (una compañía de Denver, Colorado) la construcción y explotación de dos líneas: la primera de México a Manzanillo, tocando Toluca, Maravatío, Acámbaro, Morelia, Zamora y la Piedad; y la segunda para unir a la Ciudad de México con Nuevo Laredo, Tamaulipas.

En las tres concesiones varios gobiernos estatales traspasaron sus licencias federales para construir vías férreas a las respectivas Compañías. En el año de 1883 la "Compañía Constructora Nacional" se consolidó como "Compañía de Fierro Nacional Mexicana", que posteriormente cambió su razón social a "Compañía del Ferrocarril Nacional Mexicano".

- 1881, se asigna a la Compañía Constructora Internacional la construcción y explotación de la línea Torreón – Piedras Negras, ambas en el actual estado de Coahuila.

Durante el tercer periodo presidencial de Porfirio Díaz, a partir de 1884 y hasta 1911, se continuó con la construcción de nuevos tramos ferroviarios y la inclusión de ramales a los ya mencionados. La mayoría de estos ferrocarriles eran administrados por empresas extranjeras, de tal forma que en 1898 se propuso regular el sistema de concesiones a empresas ferrocarrileras; gracias a esta propuesta se publicó, en 1900, la Primera Ley General de Ferrocarriles, donde se estableció otorgar concesiones para tender líneas férreas únicamente cuando estas satisficieran las necesidades económicas del país y unieran el interior de la República con los puertos comerciales de mayor importancia.

En 1908 se firmó un convenio entre el Gobierno Federal y las empresas "Ferrocarril Central Mexicano" y "Compañía del Ferrocarril Nacional Mexicano" donde se creó la "Compañía de los Ferrocarriles Nacionales de México, (N de M)", dentro de la cual el Gobierno Federal tenía el 58% de participación.

Meses antes de terminar el tercer periodo presidencial de Porfirio Diaz, en 1910, México contaba con 24,700 kilómetros de vías férreas, administradas por Ferrocarriles Nacionales de México.

En el periodo comprendido entre 1910 y 1929, donde acaecieron, entre otras, La Revolución Mexicana y La Guerra de 'Los Cristeros', el sistema ferroviario sufrió gran deterioro debido a su abandono pero, a partir de este último año y hasta 1937 resurgió aún administrado por N de M junto a varias empresas 'hermanas':

- Ferrocarril del Pacífico (FCP).
- Ferrocarril Coahuila y Zacatecas (FC C Y Z)
- Ferrocarril Interoceánico de México (FCI)
- Ferrocarriles Unidos de Yucatán, o Ferrocarriles Unidos del Sur-Este (U DE Y – FUS)

Las cuales eran propiedad de diversas empresas extranjeras, hasta que en 1937, siendo presidente Lázaro Cárdenas del Rio, las expropió en su totalidad, continuaron trabajando con sus respectivas razones sociales y administradas por N de M.

Figura 2.14: Locomotora 430 del Ferrocarril del Pacífico (FCP)

Figura 2.15: Locomotora 82 del Ferrocarril Unidos del Sureste (FUS)

En 1937 se creó la empresa descentralizada del Gobierno Federal "Ferrocarril Sonora Baja Californa (SBC)" y ese mismo año comenzó la construcción de la línea que une ambos estados, partiendo desde Benjamín Hill, en Sonora, hasta Mexicali, en Baja California. La obra fue suspendida durante la Segunda Guerra Mundial, al participar los Estados Unidos en el conflicto ya que la totalidad del material ferroviario provenía de dicho país. Al terminar la guerra se reanudaron los trabajos y en 1947 se inauguró la totalidad del recorrido, de aproximadamente 500 kilómetros.

Figura 2.16: Locomotora 2201 del Ferrocarril Sonora Baja California (SBC)

En el año de 1967 se termina la construcción del ferrocarril Chihuahua al Pacífico. Este proyecto ya había sido ideado desde 1880, durante la presidencia de Manuel González, pero la Revolución Mexicana, la Segunda Guerra Mundial y los enormes gastos que implicó el cruzar la accidentada orografía de la Sierra Tarahumara fue cancelando y aplazando dicho proyecto hasta más allá de la mitad del siglo XX para inaugurarlo en el año primeramente señalado, creando así la empresa "Ferrocarril Chihuahua al Pacífico (CH-P)", cubriendo la ruta entre las ciudades de Chihuahua, Chihuahua, y Los Mochis, Sinaloa, con una longitud aproximada de 650 kilómetros.

Figura 2.17: Locomotora 402 del Ferrocarril Chihuahua al Pacífico (CH-P)

En 1987, durante la presidencia de Miguel de La Madrid, el gobierno Mexicano fusionó a los diversos ferrocarriles en una sola entidad, denominada Ferrocarriles Nacionales de México (FNM) con las administraciones regionales (llamadas Divisiones) Centro, Sur, Pacífico, Pacífico Norte, Sureste y Noreste que eran supervisadas directamente por la Secretaria de Comunicaciones y Transportes (SCT).

Figura 2.18: Locomotora 8790 de los Ferrocarriles Nacionales de México (FNM)

Durante 1994, estando en la presidencia Ernesto Zedillo, se concesionaron las líneas de la División Noreste y algunas líneas de la División Centro a la empresa Transportación Ferroviaria Mexicana TFM. En 1995 se anunció la privatización de todas las divisiones de FNM y, finalmente, a partir de 1996 ya se había definido el mecanismo de concesiones para dar servicio en la mayor parte de las líneas ferroviarias de México, quedando las principales rutas como se muestra en la figura 2.20.

Figura 2.19: Locomotora 1601 de Transportación Ferroviaria Mexicana (TFM)

Sistema Ferroviario de México

Figura 2.20: Principales líneas ferroviarias en México, y empresas que las operan actualmente (2016).

Las empresas concesionarias que operan las líneas del Sistema Ferroviario Mexicano son las siguientes (ver la figura 2.20):

KCSM (Kansas City Southern de Mexico S.A. de C.V.). Sus principales líneas concesionadas están marcadas en color rojo. Da comunicación entre puertos en el Océano Pacifico y Golfo de México, con el centro y noreste del país. Destacan Lázaro Cárdenas, Veracruz, Tampico, Matamoros y Nuevo Laredo.

FXE ó FERROMEX (Ferrocarril Mexicano S.A. de C.V.). Tiene concesionada la mayor cantidad de líneas, las principales se muestran en color azul. Da servicio entre puertos del Océano Pacifico, Mar de Cortés y Golfo de México, con el centro y todo el norte del país. Sus principales puntos son: Manzanillo, Altamira, Piedras Negras, Ciudad Juárez y Nogales.

FSRR (Ferrosur S.A. de C.V.). Sus principales líneas concesionadas se muestran color verde, da servicio entre puertos del golfo y el centro-sur del país. Sus principales ciudades son Veracruz, Coatzacoalcos y Puebla.

FTVM ó FERROVALLE (Ferrocarril y Terminal del Valle de México, S.A. de C.V.). El espacio geográfico que ocupan sus líneas se limita al Valle de México, en el centro del país, el cual se muestra con un punto color verde. Realiza todas las interconexiones de los diversos ferrocarriles para entrega de mercancías o paso a través del mismo Valle de México, abarcando toda la Ciudad de México y municipios conurbados.

LFCD (Línea Coahuila Durango, S.A. de C.V.). Está representado en color violeta en el mapa. Presta servicio entre los estados de la zona nor-central del país: Durango, Coahuila, Chihuahua y Zacatecas.

FIT o Ferroistmo (Ferrocarril del Istmo de Tehuantepec, S.A. de C.V.). Representado en color café dentro del mapa de la figura 8. Une directamente, por transporte terrestre, al Océano Pacifico con el Golfo de México, al conectar los puertos de Salina Cruz y Coatzacoalcos.

FCCM (Compañía de Ferrocarriles Chiapas-Mayab S.A. de C.V.). Representado en color amarillo. Atiende la zona sur, y sureste del país. Sus principales estaciones se localizan en Ciudad Hidalgo, Chiapas; Ixtepec, Oaxaca; Mérida y Escárcega, en Yucatán. Desde el año 2007 a la fecha (2016), está en revisión su concesión ya las líneas no han sido explotadas satisfactoriamente.

BJRR (Baja California Railroad Inc.) es el contratista operador de ADMICARGA (Administradora de Vía Corta Tijuana-Tecate), una entidad paraestatal del Gobierno del Estado de Baja California, y atiende la línea ferroviaria entre ambas ciudades.

Todas estas empresas son reguladas por la Secretaria de Comunicaciones y Transportes (SCT), mediante la Dirección General de Transporte Ferroviario y Multimodal (DGTFM).

3 Configuración del Sistema Ferroviario Mexicano

3.1 Líneas troncales y ramales

El Sistema Ferroviario de México (SFM) está configurado por 133 vías 'principales', de las cuales 31 se denominan 'troncales' (aquellas cuyo itinerario es de primordial importancia, ya sea por su longitud o por su preponderancia económica y social), y otras 102 se denominan 'ramales' (aquellas que derivan de una vía troncal, su importancia económica es tan fuerte como aquella, pero cubre un itinerario más corto).

Actualmente (año 2016) hay en construcción nuevas líneas ferroviarias: libramientos ferroviarios para los trenes de carga (como los de Celaya en Guanajuato, y Matamoros en Tamaulipas), y líneas por las cuales circularán trenes de pasajeros (como el tren Cd. De México – Toluca). No obstante aquí enlistaremos aquellas líneas que ya están construidas a la fecha.

En las siguientes tablas se pueden ver tanto las líneas troncales (remarcando su color negro) como las líneas ramales del SFM:

#	LÍNEA	ESTACIÓN ORIGEN	ESTACIÓN FINAL	#	LÍNEA	ESTACIÓN ORIGEN	ESTACIÓN FINAL
1	**A**	**MÉXICO, CDMX**	**CD. JUÁREZ, CHIH.**	36	FL	CAMPECHE, CAMP.	LERMA, CAMP.
2	AB	TULA, HIDALGO	PACHUCA, HIDALGO	37	FN	MÉRIDA, YUC.	PROGRESO, YUC
3	AC	SALAMANCA, GTO.	JARAL DEL PROGRESO, GTO.	38	FP	MÉRIDA, YUC.	PETO, YUC.
4	AE	SILAO, GTO.	GUANAJUATO, GTO.	39	FS	ACANCEH, YUC.	TOTUTA, YUC.
5	AK	CADENA, DGO.	DINAMITA, DGO.	40	FX	DZITAS, YUC.	VALLADOLID, YUC.
6	AL	SN. JUAN DEL RIO, QRO.	SN. NICOLAS, QRO.	41	**G**	**CÓRDOBA, VER.**	**MEDIAS AGUAS, VER.**
7	AQ	MÉXICO, CDMX	QUERÉTARO, QRO.	42	GA	VERACRUZ, VER.	TIERRA BLANCA, VER.
8	**B**	**PANTACO, CDMX**	**NVO. LAREDO, TAMPS.**	43	GB	TRES VALLES, VER.	SAN CRISTOBAL, VER.
9	**B**	**PINTO , CDMX**	**BOCAS, TAMPS.**	44	GD	RODRIGUEZ CLARA, VER.	SAN ANTONIO TUXTLA, VER.
10	BA	RIO LAJA, GTO.	POZOS, GTO.	45	GE	TRES VALLES, VER.	LOS NARANJOS, VER.
11	BB	VANEGAS, SLP	MATEHUALA, SLP	46	GF	PRESIDENTE JUÁREZ, VER.	PAPALOAPAN, VER.
12	BC	AHORCADO, QRO.	ING. BUCHANNAN, GTO.	47	**H**	**LECHERÍA, MEX.**	**HONEY, HGO.**
13	BD	RINCONCILLO, GTO.	ING. BUCHANNAN, GTO.	48	HA	EMPALME EL REY, MEX.	LA SOLEDAD, HGO.
14	BF	SUR GARCIA, NL	NTE. GARCIA, NL	49	HB	SAN AGUSTÍN, HGO.	SAN LORENZO, HGO.
15	BG	GOMEZ FARIAS, COAH.	MARGARITA, ZAC.	50	HC	TEPATEPEC, HGO.	PACHUCA, HGO.
16	BJ	DESVIO NVO. LAREDO		51	HD	VENTOQUIPA, HGO.	BERISTAIN, PUE.
17	BL	SAN LUIS POTOSI PASAJEROS		52	HE	SOTOTLAN, HGO.	APULCO, HGO.
18	BM	SALINAS VICTORIA,NL	CHIPINQUE, NL	53	**I**	**IRAPUATO, GTO.**	**MANZANILLO, COL.**
19	BQ	MÉXICO, CDMX	COACHITI, GTO.	54	IB	YURECUARO, MICH.	LOS REYES, MICH.
20	BS	ENCANTADA, COAH.	SALTILLO, COAH.	55	IC	OCOTLAN, JAL.	ATOTONILCO, JAL.
21	**C**	**MÉXICO,CDMX**	**OLEA, GRO.**	56	IN	PENJAMO, GTO.	AJUNO, MICH.
22	CNA	VIA DE DESAHOGO		57	IO	ZAPOTLITIC, JAL	PLANTA TOLTECA, JAL
23	DA	**DURANGO, DGO.**	**TORREÓN, COAH.**	58	**J**	**TORREÓN, COAH.**	**VIESCA, COAH.**
24	DB	**DURANGO, DGO.**	**TEPEHUANES, DGO.**	59	**K**	**IXTEPEC, OAX.**	**CD. HIDALGO, CHIS.**
25	DC	**DURANGO, DGO.**	**FELIPE PESCADOR, ZAC.**	60	KA	LOS TOROS	PTO. MADERO
26	DE	**DURANGO, DGO.**	**ASERRADEROS, DGO.**	61	**L**	**CHICALOTE, AGS.**	**DOÑA CECILIA, SLP.**
27	DF	SOMBRERETE, ZAC.		62	**L**	**TAMPICO, TAMPS.**	**VARADERO, TAMPS.**
28	DM	PEDICEÑA, DGO.	VELARDEÑA, DGO.	63	LA	SAN BARTOLO, SLP.	RIO VERDE, SLP.
29	DN	PURISIMA,DGO.	REGOCIJO, DGO.	64	**M**	**TAMPICO**	**GOMEZ PALACIO**
30	**E**	**AMOZOC, PUE.**	**TLACOLULA, OAX.**	65	MA	VALLES, SLP.	TAMUIN, SLP.
31	EA	NUEVO CARNERO, PUE.	ESPERANZA, PUE.	66	MB	ALTAMIRA, TAMPS.	PUERTO ALTAMIRA, TAMPS.
32	EB	OAXACA, OAX.	TAVICHE, OAX.	67	MF	SAN JUAN, NL	LOBOS, NL
33	**F**	**MONTERREY, NL**	**MATAMOROS, TAMPS.**	68	**N**	**MEXICO, CDMX.**	**APATZINGAN, MICH.**
34	FA	**COATZACOALCOS, VER.**	**MÉRIDA, YUC.**	69	NA	TACUBA, CDMX.	SN. RAFAEL, CDMX.
35	FD	MÉRIDA, YUC.	TIZIMIN, YUC.	70	NB	ACAMBARO, MICH.	ESCOBEDO, GTO.

Tabla 3.1: Líneas Troncales (remarcadas en negro) y Líneas Ramales del Sistema Ferroviario Mexicano, 2016.

#	LÍNEA	ESTACIÓN ORIGEN	ESTACIÓN FINAL	#	LÍNEA	ESTACIÓN ORIGEN	ESTACIÓN FINAL
71	NC	CALTZONZIN, MICH.	URUAPAN, MICH.	107	TK	MAZATLAN	MUELLES
72	ND	TULTENANGO, MEX.	EL ORO, MEX.	108	TL	EMP. ORENDAIN, JAL.	AMECA, JAL.
73	NE	CORONDIRO, MICH.	L. CARDENAS, MICH.	109	TM	LA VEGA, JAL.	ETZATLAN, JAL.
74	O	MARAVATIO, MICH.	ZITACUARO, MICH.	110	U	PASCUALITOS, BC.	BENJAMIN HILL, SON.
75	OA	LA JUNTA, MICH.	ANGANGUEO, MICH.	111	UA	MEXICALI, BC.	PASCUALITOS, BC.
76	P	JIMENEZ, CHIH.	ROSARIO, DGO.	112	UB	TIJUANA, BC.	TECATE, BC.
77	PA	EMPALME STA. BARBARA, CHIH.	STA. BARBARA, CHIH.	113	V	LOS REYES, MEX.	VERACRUZ, VER.
78	PB	EMPALME FRISCO, CHIH.	SN. FCO. DEL ORO, CHIH.	114	VA	AMECAMECA, MEX.	CUATLIXCO, MEX.
79	Q	OJINAGA, CHIH.	TOPOLOBAMPO, SIN.	115	VB	AMECAMECA, MEX.	CUATLIXCO, MEX.
80	QA	LA JUNTA, CHIH.	CD. JUAREZ, CHIH.	116	VC	LOS ARCOS, PUE.	CUAUTLA, MOR.
81	R	P. NEGRAS, COAH.	RAMOS ARIZPE, COAH.	117	VE	SAN LAZARO, PUE.	KILÓMETRO VE 3
82	RA	ALLENDE, COAH.	CD. ACUÑA, COAH.	118	VF	ORIENTAL, PUE.	TEZIUTLAN, PUE.
83	RB	SABINAS, COAH.	ROSITA, COAH.	119	VI	CUAUTLIXCO, MEX.	CUAUTLA, MOR.
84	RC	BARROTERAN, COAH.	MUZQUIZ, COAH.	120	VK	XALOSTOC, MEX.	CUAUTLA, MOR.
85	RD	CD. FRONTERA, COAH.	ESCALON, CHIH.	121	VL	AMECAMECA, MEX.	SN. RAFAEL, MEX.
86	RF	EN AGUJITA, COAH.		122	VS	EMPALME METEPEC, MEX.	EMPALME TEOTIHUACAN, MEX.
87	RG	EN CLOETE, COAH.		123	W	PASO DEL TORO, VER.	ALVARADO, VER.
88	RH	EN PALAU, COAH.		124	XX	EMPALME MAGOZAL, VER.	MAGOZAL, VER.
89	RK	EL ORO, COAH.	SIERRA MOJADA, COAH.	125	YA	NONOALCO, CDMX	SAN LÁZARO, CDMX
90	RL	EL REY	QUIMICA EL REY	126	YB	FERROCARRIL INDUSTRIAL, CDMX	
91	S	VALLE DE MÉXICO, MEX.	VERACRUZ, VER.	127	YE	VIA DEL CHOPO, CDMX	
92	SA	APIZACO, TLAX.	PUEBLA, PUEB,	128	YF	EX COLONIA, CDMX	
93	SB	LA VILLA (" DE ACAPULCO"), MEX.		129	YG	TLATILCO, CDMX	
94	SC	JESUS NAZARENO, PUE.	EL ENCINAR, PUEB.	130	YH	EX HIDALGO, CDMX	
95	SH	JALTOCAN, HGO.	TEOTIHUACAN, MEX.	131	YL	INDUSTRIAL VALLEJO, CDMX	
96	T	NOGALES, SON.	GUADALAJARA, JAL.	132	Z	COATZACOALCOS, VER.	SALINA CRUZ, OAX.
97	TA	NOGALES, SON.	NACOZARI, SON.	133	ZA	HIBUERAS, VER.	MINATITLÁN, VER.
98	TB	DEL RIO, SON.	CANANEA, SON.				
99	TC	E. AGUA PRIETA, SON.	AGUA PRIETA, SON.				
100	TD	HERMOSILLO, SON.	CENTRO HERMOSILLO, SON.				
101	TE	CD. INDUSTRIAL, SON.	LA CAMPANA, SON.				
102	TF	EMPALME, SON.	GUAYMAS, SON.				
103	TG	NAVOJOA, SON.	HUATABAMPO, SON.				
104	TH	NARANJO, NL.	GUASAVE, NL.				
105	TI	CULIACAN, SIN.	NAVOLATO, SIN.				

Tabla 3.1, continuación: Líneas Troncales (remarcadas en negro) y Líneas Ramales del Sistema Ferroviario Mexicano, 2016.

La mayoría de las líneas férreas del Sistema Ferroviario Mexicano están siendo operadas actualmente (año 2016) por las empresas privadas mencionadas en el capítulo anterior.

Existen aún algunas líneas que no atrajeron el interés económico de dichas empresas, por lo tanto están en desuso y se conocen, dentro del Sistema Ferroviario, como 'líneas remanentes'.

Figura 3.1: Línea E (Amozoc, Puebla a Tlacolula, Oaxaca) kilómetro E-231+710 (al sur de Tecomovaca, Oaxaca). Ejemplo de una 'línea remanente'.

Las empresas privadas que operan en el país prestan sus servicios de transporte ferroviario a cualquier cliente que se localice en las inmediaciones de sus líneas concesionadas y que cumplan con sus requisitos técnicos.

3.2 KCSM

Kansas City Southern de México S.A. de C.V. es completamente propiedad de Kansas City Southern Railway Company. Tiene concesionados una cantidad próxima a los 4,300 kilómetros de vías férreas; los cuales unen al Océano Pacifico y al Golfo de México con el Centro y la frontera Nor-Este del país. Inició operaciones en el año 2005, dando servicio en las rutas que su antecesor, TFM, utilizaba. Opera únicamente con servicio de transporte mercantil.

Figura 3.2: Locomotora 2402 de KCSM

Las principales líneas concesionadas a KCSM son:

Línea A, desde la estación Huehuetoca, en el estado de México, hasta la estación La Griega, en el estado de Querétaro. Pasando por importantes estaciones, entre ellas Tula, Hidalgo y San Juan del Rio, Querétaro.

Línea B, de la estación La Griega, en el estado de Querétaro, hasta la estación Nuevo Laredo, en Tamaulipas. Esta ruta cruza importantes ciudades, tales como Querétaro, San Luis Potosí, Saltillo y Monterrey.

Línea BC, ramal de la troncal B, de la estación El Ahorcado, en el estado de Querétaro, hasta la estación Ing. Buchannans, en el estado de Guanajuato.

Línea BM, ramal de la troncal B, de la estación Salinas Victoria a la estación Laguna Seca, ambas en el estado de San Luis Potosí.

Línea F, desde la estación Monterrey, Nuevo León, hasta la estación Matamoros, Tamaulipas.

Línea L, desde la estación Tampico, Tamaulipas, hasta la estación Loreto, Aguascalientes. Esta línea cruza la importante ciudad de San Luis Potosí.

Línea N, desde la estación Naucalpan, estado de México, hasta la estación Corondiro, en Michoacán. Esta línea pasa por las ciudades de Toluca y Morelia, entre otras.

Línea NB, ramal de la troncal N, de la estación Acambaro a la estación Empalme Escobedo, ambas en el estado de Guanajuato. Esta línea cruza por la Ciudad de Celaya, también en Guanajuato.

Línea NE, ramal de la troncal N, desde la estación Corondiro hasta la estación del Puerto de Lázaro Cárdenas, ambas en el estado de Michoacán.

Línea V, desde la estación Los Reyes, estado de México, hasta la estación del Puerto de Veracruz, pasando por Oriental, estado de Puebla y Xalapa, en el estado de Veracruz.

Línea VS, ramal de la troncal V, uniendo las estaciones de Metepec y Teotihuacán, ambas en el estado de México.

3.3 FXE ó FERROMEX

Ferrocarril Mexicano S.A. de C.V., pertenece en un 74% a Infraestructura y Transportes México S.A. de C.V. (la cual a su vez pertenece en un 75% por Grupo México y en un 25% a Grupo Financiero Inbursa) y en un 26% al Ferrocarril Union Pacific. Su concesión abarca, aproximadamente, 12,600 kilómetros de vías férreas; esta licencia une al océano Pacifico y al Golfo de México con el Centro, la frontera Nor-Este, la frontera Norte Central, y la frontera Nor-Oeste del país. Inició operaciones en el año 1998, trabaja principalmente el transporte de mercancías pero también ofrece dos servicios de pasajeros, ambos turísticos.

Figura 3.3: Locomotora 4511 de Ferromex

Las principales líneas concesionadas a Ferromex son:

Línea A, desde la estación La Griega, en el estado de Querétaro, hasta la estación de Ciudad Juárez, en Chihuahua. Esta es la línea de mayor longitud en la República Mexicana, cruza importantes ciudades, tales como Querétaro, Celaya, Salamanca, Irapuato, León, Aguascalientes, Zacatecas, Torreón y Chihuahua.

Línea B, desde la estación Huehuetoca, en el estado de México, hasta la estación La Griega, en el estado de Querétaro.

Línea I, desde la estación de Irapuato, estado de Guanajuato, hasta la estación de Manzanillo, estado de Colima. Esta línea cruza las importantes ciudades de Guadalajara y Colima.

Línea IN, ramal de la troncal I, une a la estación de Pénjamo, estado de Guanajuato, con la estación Ajuno, en Michoacán.

Línea M, desde el puerto de Tampico, en Tamaulipas, hasta la ciudad de Gomez Palacio, en Durango. Esta línea cruza Ciudad Victoria, capital del estado de Tamaulipas, y Monterrey, capital de Nuevo León.

Línea MA, ramal de la troncal línea M, une la estación Calles, Tamaulipas, con la estación Tamuín, estado de San Luis Potosí.

Línea MB, ramal de la troncal línea M, une al Puerto de Altamira con el centro de la Ciudad de Altamira, ambas en Tamaulipas.

Línea P, uniendo las ciudades de Jimenez, en Chihuahua, con Rosario, en Durango.

Línea PA, ramal de la troncal P, une a la Estación Santa Barbara con la población de Santa Barbara, ambas en el estado de Chihuahua.

Línea PB, ramal de la troncal P, uniendo a la estación Frisco con la población de San Francisco del Oro, ambas en el estado de Chihuahua.

Línea Q, que inicia en Ojinaga, Chihuahua y termina en el puerto de Topolobampo, Sinaloa. Sobre de esta línea, en el tramo Chihuahua – Topolobampo, presta servicio de pasajeros por medio del tren conocido como 'Chepe', acrónimo de 'Chihuahua – Pacifico'.

Línea R que une la ciudad fronteriza de Piedras Negras con la ciudad de Ramos Arizpe, ambas en el estado de Coahuila.

Línea RA, ramal de la troncal línea R, que une a Ciudad Acuña, frontera con Estados Unidos, con Allende. Ambas ciudades en el estado de Coahuila.

Línea T, que corre desde la ciudad fronteriza de Nogales, en Sonora, hasta Guadalajara, en Jalisco. Esta vía cruza importantes ciudades en otros tantos estados; tales como, Hermosillo y Ciudad Obregón, en Sonora; Culiacán y el Puerto de Mazatlán, en Sinaloa; y la Ciudad de Tepic, en Nayarit.

Línea TA, ramal de la troncal T, que une a Nogales con Nacozari, ambas en Sonora.

Línea TE, ramal de la troncal T, une la zona industrial de Hermosillo, Sonora, con la Estación La Campana, también en las inmediaciones de la mencionada ciudad.

Línea TF, ramal de la troncal T, une a la ciudad de Empalme con el puerto de Guaymas, los dos puntos en Sonora.

Línea TG, ramal de la troncal T, une a la ciudad de Navojoa con el puerto de Huatabampo, también ambos puntos en Sonora.

Línea TH, ramal de la troncal T, une a la estación Naranjo con la ciudad de Guasave, ambos en Sinaloa.

Línea TI, ramal de la troncal T, une a la ciudad de Culiacán con la ciudad de Navolato, ambas en el estado de Sinaloa.

Línea TJ, ramal de la troncal T, que une a las poblaciones de Quila y El Dorado, ambas pertenecientes al municipio de Culiacán, en el estado de Sinaloa.

La línea U, troncal que corre desde la comunidad de Benjamín Hill, en el estado de Sonora, hasta la estación Pascualitos, en Baja California.

La línea UA, ramal de la troncal U, que une a la estación Pascualitos con la ciudad fronteriza de Mexicali, ambas en Baja California.

3.4 FSRR ó FERROSUR

Ferrosur S.A. de C.V., pertenece en su totalidad a Infraestructura y Transportes México S.A. de C.V. (la cual a su vez pertenece en un 75% por Grupo México y en un 25% a Grupo Financiero Inbursa). En el año de 2005 se fusionó con Ferromex. Inició operaciones en el año de 1998 y une al centro del país con la zona sur-este del mismo, dando servicio de transporte de mercancías únicamente, en aproximadamente 2,600 kilómetros de vía férrea.

Figura 3.4 Locomotora 4410 de Ferrosur

Entre las líneas que incluye su concesión se enlistan las siguientes:

Línea AB, ramal de la troncal línea A, uniendo a las ciudades de Tula y Pachuca, ambas en el estado de Hidalgo.

Línea E, troncal que corre desde Amozoc, en el estado de Puebla y hasta Tlacolula, en Oaxaca, pero solo es operada actualmente hasta la ciudad de Oaxaca.

Línea EA, ramal de la troncal Línea E, que une a las estaciones de Nuevo Carnero con Esperanza, ambas en el estado de Puebla.

Línea G, troncal que une la ciudad de Córdoba con la comunidad de Medias Aguas, ambas en el estado de Veracruz.

Línea GA, ramal de la troncal línea G, uniendo las ciudades de Veracruz y Tierra Blanca, ambas en el estado de Veracruz.

Línea GB, que une la ciudad de Tres Valles con la comunidad de San Cristobal, estado de Veracruz.

Línea HA, ramal de la troncal línea H, que une las estaciones de Empalme el Rey, en el Estado de México, con La Soledad, en el estado de Hidalgo.

Línea HB, ramal de la troncal línea H, uniendo las poblaciones de San Agustín y San Lorenzo, ambas en el estado de Hidalgo.

Línea HC, ramal de la troncal línea H, uniendo a la estación de Tepa con la ciudad de Pachuca, ambas en Hidalgo.

Línea S, troncal que une a la Ciudad de México con el Puerto de Veracruz, la concesión de Ferrosur incluye desde Teotihuacán, Estado de México y hasta el Puerto de Veracruz, en Veracruz.

Línea SA, ramal de la troncal línea S, uniendo a las ciudades de Apizaco, en Tlaxcala, y Puebla, Puebla.

Línea VB, ramal de la troncal línea V, que une la comunidad de San Lorenzo, en Hidalgo, con la ciudad de Puebla, Puebla.

Línea VC, ramal de la troncal línea V, que une la estación de Los Arcos, en Puebla, con la ciudad de Cuautla, en el estado de Morelos.

Línea VK, ramal de la troncal línea V, une a la estación Xalostoc, en el Estado de México, con Cuautla, en Morelos, pero Ferrosur solo tiene la concesión para operar entre Los Reyes, Estado de México, y Cuautla.

Línea Z, troncal que corre desde Coatzacoalcos, en Veracruz, hasta Salina Cruz, en Oaxaca, pero Ferrosur solo tiene la concesión para operar entre Coatzacoalcos y Medias Aguas.

3.5 FTVM ó FERROVALLE

Ferrocarril y Terminal del Valle de México, S.A. de C.V., pertenece en conjunto a Kansas City Southern de Mexico, Ferromex, Ferrosur y el Gobierno Federal Mexicano. Inició operaciones en el año de 1998 y presta el servicio de reordenamiento del tráfico procedente de los ferrocarriles KCSM, Ferromex y Ferrosur en el Valle de México, así como dar servicio de arrastre mercantil a industrias particulares dentro de esta demarcación.

Figura 2.5: Locomotora 11012 de Ferrovalle.

Entre las líneas que incluye su concesión podemos mencionar las siguientes:

Líneas A y B, entre la Ciudad de México y Huehuetoca, en el Estado de México.

Línea H, entre la Ciudad de México y Jaltocan, en el Estado de México.

Línea N, entre la Ciudad de México y Naucalpan, en el Estado de México.

Línea S, entre la Ciudad de México y Teotihuacán, en el Estado de México.

Línea SB, ramal de la troncal línea S, entre Xalostoc y Teotihuacán, ambas en el Estado de México.

Línea SH, ramal de la troncal línea S, entre Jaltocán y Teotihuacán, Estado de México.

Línea VK, ramal de la troncal línea K, entre Xalostoc y Los Reyes, ambos en el Estado de México.

El total aproximado de kilómetros concesionados a Ferrovalle es de 850 km.

3.6 LFCD

La Línea Coahuila Durango, S.A. de C.V., pertenece en conjunto a Industrias Peñoles S.A. de C.V. y a Grupo Acerero del Norte S.A. de C.V. Inició operaciones en 1998 y da servicio de transporte mercantil en aproximadamente 1,400 kilómetros de vías férreas en la zona nor-central de la República Mexicana.

Figura 3.6: Locomotora 7835 del Ferrocarril Coahuila-Durango.

Entre las líneas férreas que tiene concesionados LFCD se pueden enlistar:

La línea tronca DA, que une a la ciudad de Durango, en Durango, con la ciudad de Torreón, en Coahuila.

La línea tronca DC, que corre desde la ciudad de Durango hasta la ciudad de Felipe Pescador, en Zacatecas.

Las siguientes líneas ramales de la línea R:

La línea RB, que comunica a la ciudad de Sabinas con la ciudad de Nueva Rosita, ambas en Coahuila.

La línea RC, que comunica a la comunidad de Barroterán con la ciudad de Muzquiz, las dos en el estado de Coahuila.

La línea RD, que une a Ciudad Frontera, en Coahuila, con la estación Escalón, en el municipio de Jimenez, estado de Chihuahua.

La línea RL, ramal de de la línea RD, que une a las estaciones de El Rey y Química de El Rey, ambas en el municipio de Ocampo, en el Estado de Coahuila.

La línea RK, ramal de la línea RD, que une a la estación El Oro con la comunidad Sierra Mojada, las dos en el estado de Coahuila.

3.7 FIT o FERROISTMO

El Ferrocarril del Istmo de Tehuantepec, S.A. de C.V., es una entidad paraestatal Federal Mexicana que asumió la operación de las líneas cuando Ferrocarril Chiapas-Mayab, que tenía rentada la operación, abandonó el negocio en el año 2007. Actualmente está rentada la operación a Ferrosur. Cubre el itinerario de la línea Z entre Medias Aguas, Veracruz, hasta el Puerto de Salina Cruz, Oaxaca, con aproximadamente 210 kilómetros de longitud.

3.8 FCCM

La Compañía de Ferrocarriles Chiapas-Mayab S.A. de C.V., es una empresa subsidiaria de Genesee & Wyoming Inc., operó las líneas desde 1999 y hasta 2007, año desde el cual está en charlas con la SCT para conservar la concesión.

Figura 2.8: Locomotora 9407 del Ferrocarril Chiapas-Mayab

Entre las líneas de esta concesión se encuentran las siguientes:

Línea FA, troncal que corre desde la comunidad de El Chapo, en Veracruz y hasta la Ciudad de Mérida, en Yucatán.

Línea K, troncal que une a la ciudad fronteriza de Ciudad Hidalgo, en Chiapas, con la ciudad de Ixtepec, en Oaxaca. Esta concesión cubre, aproximadamente, 1,150 km de vías.

Muchos de los itinerarios actualmente están siendo atendidos por el FIT en conjunto con Ferrosur.

3.9 BJRR

El Ferrocarril Baja California Railroad Inc., es el contratista operador de ADMICARGA (Administradora de Vía Corta Tijuana-Tecate), una entidad paraestatal del Gobierno del Estado de Baja California. Inició operaciones en el año 2012, cubriendo el itinerario de, aproximadamente, 80 kilómetros que tiene la línea troncal UB, uniendo a las ciudades de Tijuana y Tecate, ambas en Baja California.

3.10 Disposiciones técnicas de las empresas concesionarias

Las empresas concesionarias del servicio ferroviario en Mexico deben prestar servicio a todas las empresas y parques industriales privados, paraestatales y/o gubernamentales, que se localicen en cualquier punto dentro de sus recorridos concesionados.

Las vías férreas de particulares que tengan interés en conectarse a la red ferroviaria concesionada deben cumplir con las especificaciones técnicas que cada empresa dispone y que se basan en mayor o menor medida en disposiciones de organismos estadounidenses, como AREMA (American Railway Engineering and Maintenance of Way Association, traducido al español: Asociación Americana de Ingenieria y Mantenimiento de Vías Ferreas), otros ferrocarriles norte-americanos y las disposiciones que en su momento emitieron los FNM (Ferrocarriles Nacionales de México).

En México solo dos ferrocarriles, actualmente, han desarrollado compendios con sus disposiciones técnicas, estos son el Kansas City Southern de México y Ferromex. Las demás empresas concesionarias aceptan, por lo general, estas disposiciones enriqueciéndolas con los criterios de AREMA y los FNM que se mencionaron anteriormente.

Los manuales técnicos que KCSM y Ferromex han publicado para enlistar los requisitos por cumplir de todas aquellas vías particulares que tengan interés en conectarse a sus líneas concesionadas están basados principalmente en:

- Las disposiciones de la Asociación para Ingeniería Ferroviaria y Mantenimiento de Vía Americana (AREMA, por sus siglas en inglés: American Railway Engineering and Maintenance-of-Way Association), también conocida por su nombre anterior: AREA, Asociación para la Ingeniería Ferroviaria Americana.

- Los criterios para cambios de vía de la empresa privada 'Ferrocarril Burlington Northern Santa Fe' (BNSF, por sus siglas en inglés).

- Los criterios para cambios de vía de la empresa privada 'Ferrocarril Consolidado' (Conrail, por su acrónimo en inglés).

- En algunos de los criterios establecidos en el Manual de Conservación de Vías y Estructuras para los Ferrocarriles Mexicanos, que era editado por los FNM y actualmente se han hecho intentos de actualización por parte de la Asociación Mexicana de Ferrocarriles (AMF).

- En criterios propios que los correspondientes departamentos de ingeniería y/o transportes de KCSM y Ferromex han desarrollado.

3.11 Clasificación de las vías férreas en México

Para cuestiones de operación, explotación, mantenimiento y renovación de líneas ferroviarias en México se ha establecido una clasificación de vías férreas que las divide en seis categorías, denominadas 'clase de vía', valor que se obtiene según su 'índice de importancia', y oscila entre 1 y 6.

El índice de importancia de una línea ferroviaria es un parámetro que depende del tonelaje bruto anual del tramo que se esté estudiando y la velocidad máxima a la que puede circular el tren sobre este. Matemáticamente se expresa como:

$$I = T \cdot 1.01^V \qquad \text{Ecuación 3.1.}$$

Donde:

I = Índice de importancia de la vía [adimensional]
T = Tonelaje bruto anual que circula sobre el tramo [Millones de toneladas métricas]
V = Velocidad máxima a la que pueden operar los trenes más rápidos sobre el tramo [km/hr]

Una vez conocido el índice de importancia de la vía, se hace uso de la siguiente tabla para saber su 'clase de vía':

Índice de importancia	Clase de vía
75 o mayor	1
45 a 74.9	2
25 a 44.9	3
10 a 24.9	4
3 a 9.9	5
0 a 2.9	6

Tabla 3.2: Clase de vía, según su índice de importancia.

4 Componentes y rasgos elementales de la vía férrea

4.1 Configuración General

Brevemente se describe a una vía férrea por su superestructura, la cual es un armazón formado por rieles, su unión, los durmientes y la fijación riel-durmiente, que se apoya sobre un lecho con cierto grado de elasticidad constituido por el balasto; todo esto descansa a su vez en la subestructura, que consta del subbalasto, subrasante y el terraplén.

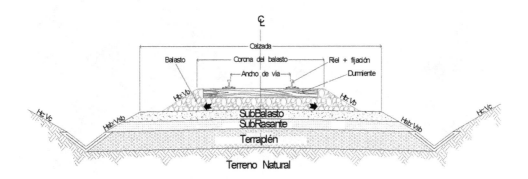

Figura 4.1: Sección transversal de vía férrea en corte

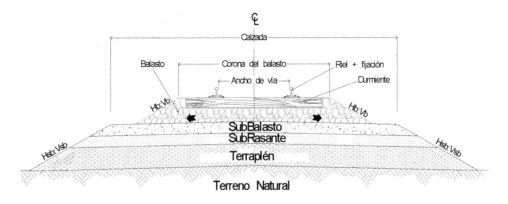

Figura 4.2: Sección transversal de vía férrea en terraplén

Las figuras anteriores permiten apreciar como el riel se apoya en el durmiente y este se encuentra asentado en la capa de balasto. La zona de contacto entre la capa de balasto y el subbalasto, que es la frontera entre la superestructura y la subestructura, debe tener cierta inclinación para evacuar el agua de lluvia hacia las cunetas de desagüe, en el caso de secciones en corte, o bien hacia el talud de las secciones en terraplén, para dirigirla fuera de la calzada.

Figura 4.3: Línea N, entre Acámbaro y Araró, sección en corte.

Figura 4.4: Línea RD, Cd. Frontera-Escalón, al sur de El Oro, Coahuila, sección en terraplén.

La relación horizontal – vertical en los taludes de las distintas capas depende del material que las constituya o también de aquel que esté conformando al terreno natural (en el caso de los cortes).

Para el balasto es recomendable (por cuestiones de estabilidad, dado el ángulo de reposo del material que constituye esta capa, como se verá más adelante) emplear una relación 2 a 1, para el subbalasto y capas subyacentes se recomienda emplear como mínimo una relación 1.5 a 1. En el caso de cortes donde el terreno natural este conformado por suelos cohesivos esta relación también se recomienda mínimo 1.5 a 1, si el terreno natural es arenoso se debe aumentar, pero si es rocoso puede usarse una relación mucho menor (ver figura 4.3).

Cuando una línea ferroviaria está constituida por doble vía se define como *entrevía* la distancia existente entre ejes de cada vía férrea.

Figura 4.5: Línea Juárez-Morelos kilómetro 223; Coyotillos, Querétaro. Línea ferroviaria con doble vía.

La magnitud necesaria para la entrevía viene determinada, primeramente, por el gálibo del material rodante (locomotoras, vagones con carga, carros de pasajeros, etc.) pero, a medida que las velocidades de operación sobre la vía férrea van siendo mayores aparece un nuevo condicionante para la distancia entre ejes de una doble vía: los fenómenos aerodinámicos que se desarrollan al cruzarse dos trenes. En Europa, obedeciendo a la primera condición, originalmente las entrevías medían entre 3.50m y 3.80m. Posteriormente, con el desarrollo e implementación de los trenes de alta velocidad (circulaciones iguales o superiores a los 200 km/hr), esta medida cambió a 4.70m o 5.00m.

En México, basándose en las disposiciones de AREMA e incrementando la seguridad por disposición de los FNM, la entrevía mide desde entre 4.60 m, 5.00 m o mayores.

En la figura 4.6, donde podemos observar un corte en sección longitudinal así como la planta de un tramo de vía férrea, se muestra como los durmientes se colocan a una cierta distancia (que debe ser constante, según el tipo de durmiente de que se trate) bajo los rieles proporcionándoles el apoyo necesario. Por convención internacional se define la distancia entre durmientes consecutivos como la separación existente entre sus respectivos centros, no entre sus caras internas. La magnitud de esta distancia, o separación entre durmientes, varía entre 50 y 63 cm. En las vías férreas Estadounidenses, por comodidad en su sistema de medición, esta separación es de 19.5" = 49.53 cm para los durmientes de madera. En el Sistema Ferroviario Mexicano se usa una separación entre durmientes de madera de 50 cm y para durmientes de concreto de 60 cm. Por convención se conoce como 'separación entre durmientes' a la distancia existente entre centros de los mismos, y no al espacio entre ellos.

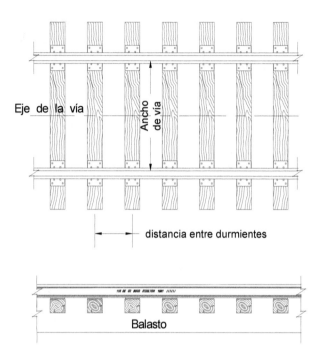

Figura 4.6: Esquema en planta y sección longitudinal de la vía férrea

Los rieles se fijan a los durmientes mediante el sistema de fijación, el cual es un conjunto de elementos que presionan al patín del riel y evitan el movimiento longitudinal y lateral del mismo, así como su giro o volteo a causa de los esfuerzos transversales y verticales transmitidos por el tren.

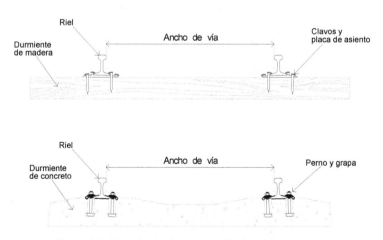

Figura 4.7: Ejemplo de sistemas de fijación riel-durmiente.

Ingeniería de Vías Férreas

Por razones de estabilidad a los vehículos que circulan por la vía férrea, los rieles no están colocados en una posición perfectamente horizontal sobre la superficie del durmiente si no que se encuentran inclinados hacia el centro de la vía. En el Sistema Ferroviario Mexicano esta inclinación tiene un ángulo normal de 1/20.

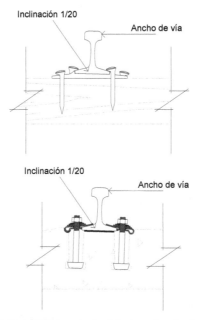

Figura 4.8: Detalle del contacto riel-placa de asiento-durmiente

Además podemos notar que el riel no está en contacto directo con el durmiente si no que intermedio entre ambos elementos se interpone una placa denominada placa de asiento, cuya función es incrementar el área de apoyo a través de la cual el riel transmite los esfuerzos al durmiente.

En vías férreas antiguas o con rieles ligeros, y solo cuando estas cuentan con durmientes de madera, es aún común encontrar que los rieles están directamente apoyados sobre el durmiente; pero la experiencia, el desarrollo de los trenes y el incremento de la carga que estos pueden llevar obligaron a hacer uso de estas placas de asiento.

4.2 El ancho de vía

Se define como ancho de vía a la distancia entre las caras internas de los dos rieles que configuran la vía férrea, esta distancia debe ser medida a 5/8" (15.875 mm) por debajo de la superficie de rodamiento del riel (plano 793-52 de AREMA). También es muy común llamarlo 'trocha' o 'escantillón', siendo este último término el más empleado en México.

En el mundo existe gran diversidad para el ancho de vía, inclusive hay países que manejan varios anchos de vía dentro de su mismo sistema ferroviario. Las principales causas que justifican estas diferencias de ancho son tres: cuestiones técnicas, motivos económicos y motivos defensivos.

Las razones técnicas están relacionadas principalmente con la orografía, ya que una vía más estrecha permite un menor gasto en túneles, anchos de calzada en puentes, cortes y/o rellenos para terraplenes, menor consumo del material que constituye los durmientes debido a su corta longitud, etcétera. Sin embargo una vía más ancha incrementa la seguridad al paso de los trenes, los cuales pueden circular a mayor velocidad.

Los motivos económicos tienen que ver con proteccionismo mercantil, para obstaculizar la entrada y/o distribución de productos ajenos a ciertas regiones o en el paso de fronteras entre países y estados.

Los supuestos motivos defensivos responden a la creencia de que es muy difícil introducir tropas y armamento en un país con distinto ancho de vía, salvo que se transborden a trenes con ese ancho.

En la figura 4.9 podemos ver los diversos anchos de vía que son empleados en el mundo y se complementa con la figura 4.10 donde, empleando el mismo código de colores, se esquematiza la variedad de anchos.

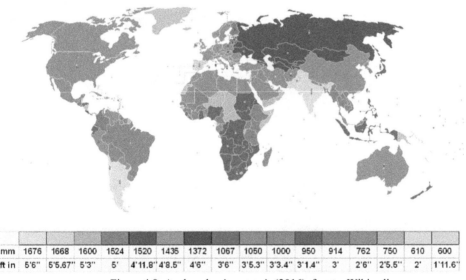

mm	1676	1668	1600	1524	1520	1435	1372	1067	1050	1000	950	914	762	750	610	600
ft in	5'6"	5'5.67"	5'3"	5'	4'11.8"	4'8.5"	4'6"	3'6"	3'5.3"	3'3.4"	3'1.4"	3'	2'6"	2'5.5"	2'	1'11.6"

Figura 4.9: Anchos de vía por país (2016), fuente: Wikipedia.com

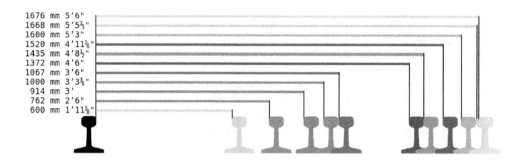

1676	mm	5'6"
1668	mm	5'5⅔"
1600	mm	5'3"
1520	mm	4'11⅝"
1435	mm	4'8½"
1372	mm	4'6"
1067	mm	3'6"
1000	mm	3'3⅜"
914	mm	3'
762	mm	2'6"
600	mm	1'11⅛"

Figura 4.10: Comparativa entre distintos anchos de vía, fuente: Wikipedia.com

Tres de los anchos de vía más empleados en ferrocarriles del mundo y que sirvieron de base en algún momento para el actual Sistema Ferroviario en México son:

a) **914 mm** (1 yarda o 3 pies o 36 pulgadas) - Es empleado en la red secundaria de Estados Unidos, donde se conoce como 'vía de ancho estrecho' y durante mucho tiempo fue utilizado en México, donde se le conoce como 'vía angosta'.

Figura 4.11: Vía férrea con escantillón de 914mm (vía con ancho estrecho) al norte de Plaster City, California, EE. UU.

b) **1,668 mm** (5' 5.67'') – Se conoce como ancho ibérico y es el usado en la red convencional de España y Portugal (para las redes de alta velocidad estos países ya adoptaron el ancho internacional o ancho UIC). Nunca se ha utilizado en México, pero parte de la teoría del diseño ingenieril en vías férreas hace referencia a este ancho.

Figura 4.12: Vía férrea con escantillón de 1,668mm (vía con ancho ibérico); fuente renfe.com

c) **1,435 mm** (4' 8.5'' = 56.5') – Es utilizado en la mayor parte de las redes ferroviarias del mundo (como se puede ver en la figura 4.9), también se conoce como ancho estándar, trocha media, ancho internacional o ancho UIC (Unión Internacional de Ferrocarriles, por sus siglas en Francés). Adquirió carácter de estándar internacional en el año de 1886. Es el más empleado en los ferrocarriles de Canadá y de Estados Unidos, y **es el actualmente empleado en todo el Sistema Ferroviario Mexicano** donde durante muchos años se le llamó 'vía ancha', por la reminiscencia a la 'vía angosta' de 914 mm que existió en el sistema.

Figura 4.13: Vía férrea con escantillón de 1,435mm (vía con ancho internacional); fuente renfe.com

4.3 La superestructura de la vía férrea

Como ya se mencionó al principio de este capítulo, la superestructura de la vía está formada por el riel, la unión entre rieles, los durmientes, la fijación y el balasto.

4.3.1 El riel

El riel es el elemento que está en contacto directo con las ruedas de los trenes y por lo tanto es el encargado de soportar directamente las cargas y acciones dinámicas generadas por la velocidad, el estado de conservación de la vía y el estado de conservación de los vehículos, así como distribuir los esfuerzos hacia los durmientes. Tres características fundamentales del riel son las siguientes:

- Debe ser duro, para resistir la presión de contacto de las ruedas del tren.
- Debe ser rígido, para distribuir los esfuerzos hacia los durmientes.
- Debe ser flexible, para soportar cargas repetidas sin fracturarse.

Los diferentes tipos de rieles existentes en el mercado se identifican por su masa entre unidad de longitud, lo que comúnmente se denomina, en el argot ferrocarrilero mexicano, 'calibre del riel'. En un riel se identifican tres partes: hongo (o cabeza), patín y alma, esta última une a los dos primeros.

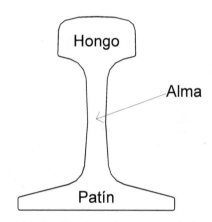

Figura 4.14: Sección de un riel y sus principales partes

Tradicionalmente los rieles se fabrican en longitudes estándar de 30', 33', 39', 40' y 80' (9.14m, 10.06m, 11.89m, 12.19m y 24.38m, respectivamente) que se denominan *rieles elementales* y se montan separados por juntas que tienen como objetivo absorber las dilataciones del material producidas por los cambios de temperatura, evitando así el pandeo lateral.

Sin embargo, desde mediados del siglo XX, se comenzaron a desarrollar métodos para la *liberación de esfuerzos por temperatura en rieles*, lo que permite soldarlos mediante arco eléctrico o fusionarlos mediante reacción alumino-térmica para formar *rieles largos provisionales* con longitudes de 144 metros, 180 metros, 270 metros y 288 metros.

4.3.2 La unión entre rieles

Planchuelas o Eclisas: Para unir entre sí a los rieles elementales se hace uso de las planchuelas o eclisas y así se logra la continuidad requerida en la vía férrea.

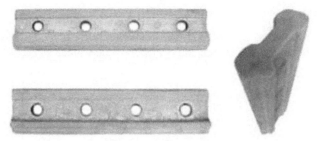

Figura 4.15: Par de planchuelas con 4 barrenos, vista longitudinal, y una planchuela vista transversal.

Figura 4.16: Tornillo de vía, con su tuerca y su roldana

Las planchuelas o eclisas son un par de barras que se ciñen a cada lado en los extremos de dos rieles que se deseen unir y se aprietan mediante tornillos que pasan a través de los elementos gracias a los barrenos con los que cuentan y que fueron previamente practicados en el riel. Generalmente las planchuelas se fabrican en largos de 24", cuando tienen 4 barrenos, y 36" cuando tienen 6 barrenos. Las demás dimensiones, así como la distribución de estos barrenos, obedecen a cada calibre de riel particular, ya que deben embonar correctamente.

Figura 4.17: Dos rieles del mismo calibre unidos mediante planchuelas.

Debido a la amplia gama de calibres existentes en los rieles del mercado, así como los colocados en las diversas vías férreas, existen también planchuelas adecuadas para unir rieles de distinto calibre. Estas se denominan planchuelas compromiso y, al igual que las estándar, se colocan por pares ciñendo cada lado de los rieles a unir, pero colocando a cada uno el peralte que le corresponde.

Figura 4.18: Dos rieles de distinto calibre unidos mediante planchuelas compromiso.

Soldadura por arco eléctrico: En el argot ferroviario este tipo de soldadura también se conoce como "chisporroteo" y es realizado generalmente en plantas especializadas que, mediante la unión de rieles elementales, forman largos rieles provisionales que posteriormente serán trasladados al sitio de su emplazamiento definitivo en la vía. Este tipo de soldadura también se puede realizar directamente en campo por medio de maquinaria diseñada para tal fin.

Figura 4.19: Soldando dos rieles en planta, mediante "chisporroteo" para formar el largo riel provisional.

El largo riel provisional, con medidas de entre 144 y 288 metros, como ya se mencionó, se transporta sobre trenes especiales que lo llevarán al sitio de su colocación en la vía férrea.

Figura 4.20: Tren rielero, transportando los largos rieles provisionales.

Debido a su esbeltez el largo riel provisional, al estar dentro de los vagones del tren rielero, se va curvando y enderezando, adaptándose a la geometría de la vía por la cual circula el tren. Al llegar a su sitio definitivo se le dará la forma requerida por la geometría del tramo de vía en construcción.

Figura 4.21: Soldando rieles en campo, mediante "chisporroteo", por medio del "camión soldador".

Una vez que el largo riel provisional ha llegado al sitio de su colocación se une a otros rieles por el método de chisporroteo, empleando una maquinaria especial que se denomina 'camión soldador', o bien haciendo uso de la soldadura alumino-térmica, que se describe a continuación, para formar finalmente la 'vía sin juntas' que está constituida por *largos rieles soldados* (LRS).

En la figura 4.22 podemos apreciar como se ve finalmente el punto donde fueron unidos dos rieles mediante soldadura de arco eléctrico o chisporroteo.

Figura 4.22: Punto de unión por 'chisporroteo'. Vista final, trabajo realizado por maquina soldadora. Línea A, México-Cd. Juárez, kilómetro A-282, Apaseo el Grande, Guanajuato.

Soldadura alumino-térmica: esta es realizada, por lo general, directamente en campo mediante la unión de rieles elementales o largos rieles provisionales. Básicamente es la fusión de dos rieles, rellenando el espacio vacío que se forma al alinear uno con otro, mediante una fundición férrea compuesta por Aluminio (Al) y Oxido de Fierro ($Fe_2 O_3$).

Figura 4.23: Soldadura alumino-térmica: vertido de la fundición en la junta entre dos rieles.

El objeto final de ambos tipos de soldadura es formar Largos Rieles Soldados (LRS) que garanticen una vía sin juntas, ya sea a partir de rieles elementales o a partir de largos rieles provisionales.

Habitualmente se utiliza la soldadura por arco eléctrico en planta para la construcción de nuevos tramos ferroviarios, quedando la soldadura por arco eléctrico mediante camión soldador y la soldadura alumino-térmica dedicada para trabajos de mantenimiento a estos tramos o para la construcción de patios y/o vías particulares de mucha menor longitud a los tramos ferroviarios.

Figura 4.24: Punto de unión por soldadura alumino-térmica. Vista final.

Ambos tipos de soldadura deben esmerilarse para garantizar que el punto de unión se asemeje lo más posible al perfil del riel; en la zona de rodadura (en el hongo del riel) se debe tener especial cuidado al esmerilar para no dejar ningún borde o saliente que ocasionaría un descarrilamiento del tren.

4.3.3 La fijación del riel al durmiente

Los sistemas de fijación del riel al durmiente cumplen varias funciones, entre ellas es mantener al riel unido con el durmiente, garantizar el ancho de vía, evitar el volteo del riel y, la primordial, absorber y transmitir la presión reciba por el riel hacia el durmiente. La fijación se puede dividir en dos grandes grupos: las fijaciones rígidas y las fijaciones elásticas.

Fijación rígida: en este tipo de fijación el riel se une al durmiente mediante un elemento de anclaje, los más comunes en México son el clavo de vía y el perno tirafondo. Intermedio entre riel y durmiente se coloca una placa de asiento metálica que distribuye los esfuerzos del primero al segundo.

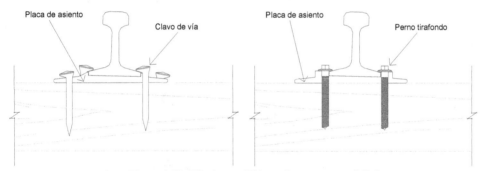

Figura 4.25: Fijaciones rígidas más comunes en México

Su comportamiento es plástico: no amortigua la energía de los choques que se producen al paso del tren y los movimientos verticales ocasionan que los clavos o pernos se aflojen sin recuperar por si mismos su posición original. El desapretado de la sujeción ocasiona el rápido deterioro de los elementos y deja al riel en mayor libertad de deslizarse debido a los esfuerzos longitudinales, expandirse o contraerse debido a los cambios de temperatura ambiente, es por eso que la fijación rígida solo se recomienda para rieles elementales y no es adecuada para la vía sin juntas, constituida por largos rieles soldados.

Sin embargo sobre los rieles elementales también actúan esfuerzos longitudinales al paso del tren sobre de ellos o por la dilatación y contracción térmica. Es por eso que las fijaciones rígidas deben acompañarse por las *anclas para vía*.

Figura 4.25a: Tipos de anclas para vía más empleadas en México

Existen en el mercado gran variedad de anclas, pero las más comunes en México son el modelo 'woodings' (parte superior izquierda de la figura 4.25a), el modelo 'unit' (parte superior derecha de la figura 4.25a) y el modelo 'improved fair' (parte inferior de la figura 4.25a).

Figura 4.25b: Ubicación de las anclas en la vía férrea

Las anclas se colocan aprisionando el patín del riel y en contacto con la cara interna del durmiente (por ambos lados del durmiente), de tal forma que, al actuar los esfuerzos longitudinales sobre el riel y deslizarse el ancla presionará al durmiente, cuyo peso, más el del balasto, impedirá su movimiento.

Fijación elástica: como elemento de anclaje para esta fijación se pueden emplear pernos y grapas o clips y grapas, los más comunes en México son los pernos RS más su grapa elástica, para la fijación 'RNY', y los clips 'e' más su grapa acero-plástico, para la fijación 'Pandrol'. Intermedio entre el patín del riel y la superficie del durmiente se coloca una placa de hule o neopreno.

Tal cual su nombre indica, este tipo de fijación tiene un comportamiento elástico: la placa de asiento ahulada absorbe la energía que produce el desplazamiento vertical del riel, al circular el tren sobre la vía, y los elementos de anclaje realizan un efecto de muelleo para que el riel regrese a su posición original.

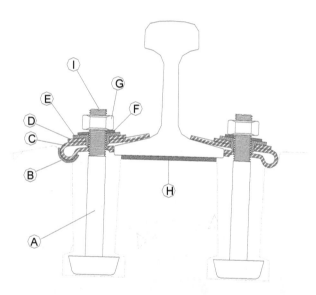

Figura 4.26a: Fijación elástica RNY, para durmiente de concreto.

Los componentes de la fijación RNY, para durmiente de concreto, son:

A = Perno RS
B = Cojinete amortiguador
C = Grapa de resorte
D = Placa de refuerzo a la grapa
E = Casquillo aislante
F = Roldana
G = Tuerca
H = Placa de neopreno
I = Ranura del perno, que debe quedar paralela al riel.

Figura 4.26b: Fijación elástica RNY, para durmiente de concreto.

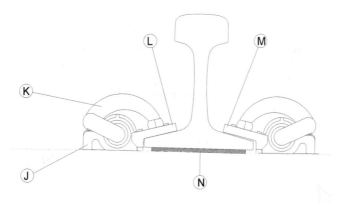

Figura 4.27a: Fijación elástica Pandrol, con clip 'e', para durmiente de concreto.

Los componentes de la fijación Pandrol, con clip 'e', para durmiente de concreto, son:

J = Soporte para el clip 'e' (empotrado en el concreto).
K = Clip 'e'.
L = Grapa de acero y plástico, exterior (color negro).
M = Grapa de acero y plástico, interior (color amarillo).
N = Placa de hule

Figura 4.27b: Fijación elástica Pandrol, con clip 'e', para durmiente de concreto (en la imagen aparece sin apretar).

La gama de fijaciones elásticas se ha popularizado; continuamente se desarrollan nuevos y mejorados modelos, en México se comienzan a usar con gran aceptación los modelos NY-ES y NY-GN, que son variantes del sistema RNY mucho más convenientes para emplearse en tramos curvos.

No obstante las imágenes aquí mostradas, que ejemplifican únicamente sobre durmientes de concreto, existen modelos que son adecuados para emplearse también en durmientes de madera, aunque es importante saber que la introducción de los durmientes de concreto generalizó el uso se fijaciones elásticas y aceleró exponencialmente el conocimiento en técnicas mejoradas para la construcción de vía sin juntas con largos rieles soldados.

Figura 4.27c: Fijación elástica Pandrol, con clip 'e', para durmiente de madera (imagen tomada del catálogo Nylco Mexicana).

La propiedad de la fijación elástica de mantener el riel en su posición original sobre el durmiente hace que esta sea la recomendable para usarse en largos rieles soldados, sin ser limitativo, ya que puede usarse con muy buen desempeño en rieles elementales; al mantener al riel siempre estable, hace que los esfuerzos longitudinales a su eje se anulen, por lo tanto al emplear fijaciones elásticas sobre durmientes de concreto no se requiere el uso de anclas para vía.

4.3.4 Los durmientes

Históricamente la madera se ha usado como elemento de soporte a los rieles; las propiedades físicas y mecánicas de este material, y su eventual abundancia a principios del desarrollo de los sistemas ferroviarios en el mundo, hizo que esta materia prima se empleara para fabricar los durmientes en la mayoría de los países.

A partir de la segunda mitad del siglo XX el mejoramiento en el diseño de estructuras de concreto y acero, aunado a las cada vez más escasas zonas boscosas productoras de madera, determinaron gran interés por construir durmientes con estos materiales.

Los durmientes de concreto reforzado generalmente tienen una vida útil de dos a tres veces mayor que la de aquellos hechos con madera, al paso del tiempo mantienen constancia en sus propiedades físicas y proporcionan una mayor resistencia lateral a la vía frente a los esfuerzos transversales transmitidos por el tren. Su peso, entre 200 y 350 kg, hace difícil manejarlos manualmente para la construcción, pero ese mismo peso ayuda a dar estabilidad a la vía a esfuerzos longitudinales y transversales que ocurren en el riel; además los equipos y maquinaria modernos han mecanizado a tal grado el tendido de vía que, al construir grandes tramos ferroviarios, facilita la colocación de estos durmientes.

Figura 4.28: Línea T, kilómetro T-421, al este de Empalme, Sonora. Vía sobre durmientes de madera.

Figura 4.29a: Línea Z, al sur de Jáltipan, Veracruz. Vía sobre durmientes monolíticos de concreto.

Figura 4.29b: Línea BC, al norte de Amazcala, Querétaro. Vía sobre durmientes bi-block de concreto.

Los durmientes de acero son fabricados partiendo con chapa de este material y tienen forma de artesa, sus extremos se desdoblan para formar una pala que incremente su resistencia a los esfuerzos transversales al ofrecer una mayor superficie de contacto con el balasto. Es necesario soldar carcasas en su superficie para colocar el sistema de fijación que mantendrá a los rieles en la distancia requerida según los diversos anchos de vía. Son mucho más ligeros que los durmientes de concreto y su vida útil triplica a los de madera, además pueden reciclarse como mismo durmiente después de un ligero tratamiento contra la corrosión, u otros productos de acero al fundirlos una vez retirados de la vía.

Figura 4.30: Vía férrea sobre durmientes de acero. Fuente: NARSTCO Steel Railroad Ties and Turnouts.

En fechas recientes se han comenzado a producir y comercializar durmientes de plástico o de compuestos plásticos; diversos ferrocarriles en México y otros países han aceptado la colocación de algunos de estos durmientes en tramos de vías férreas con diferentes exigencias de tránsito para efectos de monitorear su comportamiento. Son fabricados a partir de resinas del plástico reciclado y/o caucho reciclado proveniente de otros productos diversos que tienen uso cotidiano (neumáticos, botellas, bolsas, empaques, etc.). Los fabricantes afirman que estos durmientes pueden tener una vida útil de entre 30 y 80 años.

Figura 4.31: Vía férrea sobre durmientes de plástico. Fuente: Recycled platic ties, Thomas Noske.

Sea cual fuere el material del que esté fabricado, las características más importantes que debe cumplir un durmiente son: sus dimensiones, que inciden directamente en tener un área de apoyo adecuada para reducir las presiones que se transmiten a la capa de balasto, y el peso, que contribuye a proporcionar estabilidad longitudinal y transversal a la vía.

Actualmente en México (año 2016) son tres tipos de durmientes los que más se emplean en el Sistema Ferroviario: los de madera (figura 4.32-A), los monolíticos de concreto (figura 4.32-B) y los de concreto bi-bloque (figura 4.32-C). Estos últimos constan de dos cuerpos hechos en concreto reforzado, donde se apoyan los rieles, unidos por un perfil de acero que sirve para arriostrar ambos bloques; ya no se producen y los que aún se encuentran en vías troncales o ramales del Sistema Ferroviario Mexicano (ver figura 4.29b) están siendo sustituidos por durmientes monolíticos de concreto, una vez que se han retirado pueden re-utilizarse en patios o vías particulares.

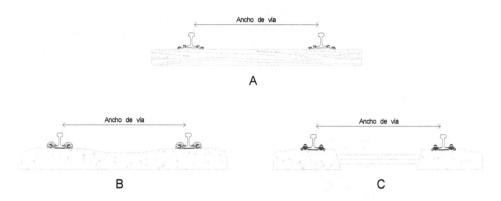

Figura 4.32: Tipos de durmientes más empleados actualmente (2016) en México

4.3.5 El balasto

La capa de material granular que se encuentra debajo y envolviendo a los durmientes desempeña un papel importantísimo en el comportamiento de una vía férrea ante las acciones verticales y transversales ejercidas al paso de los trenes, así como frente a los efectos del intemperismo.

Específicamente el balasto debe cumplir las siguientes funciones:

a) Proporcionar elasticidad y amortiguamiento a la vía, para reducir la magnitud de los esfuerzos dinámicos que son ejercidos al paso del tren.
b) Disminuir y distribuir de manera uniforme las presiones que lleguen a la superficie del subbalasto o terraplén.
c) Soportar la abrasión que sus partículas pueden experimentar como consecuencia de su contacto con estructuras rígidas tales como losas de alcantarillas, puentes, el propio durmiente y al choque entre las mismas partículas.
d) Soportar el deterioro de sus partículas debido al constante golpeteo de los durmientes sobre de estas a causa de la circulación del tren.
e) Proporcionar un drenaje adecuado para encauzar las aguas de lluvia que ocurran en la vía férrea y alejarlas del contacto con rieles, fijación, durmientes, etc.

Para cumplir con las funciones a) y b) es necesario disponer de cierto espesor de balasto por debajo del durmiente, magnitud que en el argot ferroviario se denomina 'cama de balasto'. Para hacer frente a la abrasión mencionada en el inciso c) el balasto debe cumplir con cierto valor del coeficiente de Deval. La calidad de sus partículas para resistir el deterioro debido al golpeteo (inciso d)) se determina mediante el coeficiente de Los Ángeles. Finalmente, para cumplir con la función e), garantizar un correcto drenaje, el balasto debe cumplir con ciertos tamaños de sus partículas, que se determina por medio del ensayo granulométrico, y tener resistencia a los sulfatos.

Figura 4.33a: Escoria de fundición empleada como capa de balasto. Vía particular conectada en el kilómetro A-502+744, Villa de Reyes, San Luis Potosí.

Figura 4.33b: Vista en detalle de la escoria de fundición en la capa de balasto de la figura 4.33a.

En México los concesionarios del Sistema Ferroviario permiten se emplee material proveniente de rocas sanas o escoria de fundición para la capa de balasto, siempre y cuando cumplan los parámetros requeridos de granulometría, coeficiente de Deval, coeficiente de Los Ángeles y resistencia a los sulfatos.

Figura 4.34a: Vía férrea en construcción donde se emplea piedra basáltica como balasto. Vía particular conectada en el kilómetro DA-9+320, Durango, Durango.

Figura 4.34b: Vista en detalle de la piedra basáltica en la capa de balasto de la figura 4.34a.

Por ejemplo, KCSM en sus Especificaciones para Diseño y Construcción de Vías Industriales Particulares, limita que la roca a emplear como balasto en las vías principales sea basáltica o granito (una vez ya triturada). Para vías industriales de servicio permite usar la escoria de fundición.

Ferromex, por su parte, en sus Lineamientos para vías particulares, permite emplear 'roca triturada', sin especificar el tipo de roca y también permite emplear escoria de fundición.

Los demás concesionarios, aunque no hacen especificaciones al respecto, se apegan a lo dispuesto por los dos anteriormente citados.

4.4 La subestructura de la vía férrea

La subestructura de una vía férrea es aquella formación terrea que subyace inmediatamente después del balasto y consta, principalmente, del subbalasto, la subrasante y el terraplén. Da soporte a todos los elementos que definen a la vía y sirve de transición entre la superestructura y el terreno natural donde se emplazará la vía de ferrocarril.

4.4.1 El subbalasto

El subbalasto es la capa de material granular-terreo sobre de la cual descansa directamente el balasto. La calidad del material que constituye esta capa y su forma de construcción deben ser propicias para soportar las presiones transmitidas desde la superestructura de la vía, su superficie debe tener un acabado liso que garantice la correcta distribución, acomodo y armado de los elementos constituyentes de la vía férrea, así como tener pendientes longitudinales y transversales suficientes para encauzar el agua de lluvia fuera de la estructura de la vía.

Para cumplir esta última condición el recomendable aplicar un riego de impregnación con emulsión asfáltica a toda la superficie del subbalasto y así garantizar una superficie impermeable que evitará la disgregación del subbalasto. Posterior a la impregnación se aplica un ligero riego de arena, también llamado 'poreo', para que al paso de los vehículos, equipo y personal que efectúan el armado de la vía férrea esta película impermeable no se desprenda.

Figura 4.35: Proceso de construcción de la capa subbalasto para un ladero de apoyo a la línea HB, kilómetro HB-25, Tepeapulco, Hidalgo.

La capa de subbalasto debe cumplir las siguientes funciones:

a) Tener la capacidad portante suficiente para recibir las presiones que le son transmitidas por el balasto.
b) Distribuir uniformemente estas presiones hacia la capa subyacente o hacia el terraplén.
c) Proporcionar un drenaje adecuado para encauzar las aguas de lluvia que ocurran en la vía férrea.
d) Garantizar una superficie lisa y nivelada para distribuir el material que constituirá la vía.

Para cumplir la condición de tener la suficiente resistencia a las presiones transmitidas el pará-metro conmensurable es la capacidad portante, o presión admisible, del material que constituye esta capa y está ligado a su espesor. La distribución adecuada de estas presiones hacia las capas subya-centes se garantizara también con un espesor, del material que cumpla la primera condición, adecuado en la capa finalmente construida.

Para efectos de optimizar técnica y económicamente la estructura de la vía debajo del subba-lasto pueden existir capas de materiales con calidades que van decreciendo hasta llegar a aquella con las que cuenten el terraplén y/o el terreno natural. Esto es válido solo si al momento de diseñar la capa de subbalasto se obtienen valores con espesores muy grandes.

4.4.2 La subrasante

La capa, o capas, de subrasante se pueden formar con el mismo material que el terraplén, pero se les da un tratamiento especial para mejorarlas respecto a este. El mejoramiento para que el material cumpla como subrasante puede consistir en agregar materiales que mejoren la granulometría o, cuando ya se cuenta con una granulometría adecuada, aplicándole un mayor grado de compactación que a este. Su función principal es la de lograr un lecho suavizado y estable sobre el cual se construirá el subbalasto.

4.4.3 El terraplén

Esta capa es la que se encuentra inmediatamente después, y por encima, del terreno natural. Su función principal es la de obtener los niveles requeridos por el proyecto. Puede usarse material pro-cedente de cortes para conformar al terraplén, siempre y cuando este cumpla la calidad adecuada ya que, si bien esta no es tan buena como la de la subrasante o el subbalasto, también debe ser controlada para evitar los efectos nocivos que pudiera ocasionar algún suelo expansivo y en todo momento evitar los suelos orgánicos y/o con presencia de materia vegetal.

Figura 4.36: Construcción del terraplén para un ladero de apoyo a la línea T, kilómetro T-282, Hermosillo, Sonora.

La resistencia del terraplén debe garantizar, además de las prestaciones exigidas por la vía férrea, la circulación de los equipos que se harán cargo de construir las capas subyacentes al subbalasto (dado el caso de requerirse estas) y el subbalasto mismo.

Previo a la construcción del terraplén se debe garantizar que el terreno natural ha sido estabilizado mecánicamente y liberado de cualquier rastro de material orgánico.

4.5 Interacción entre la vía férrea y el tren

El peso de los trenes debe ser soportado por las vías férreas permitiendo una circulación a la vez suave y segura y que cada vez tiene exigencias de velocidad y aceleración mucho más altas.

Es debido a esto que la técnica actual en la industria ferroviaria avanza simultáneamente en dos ramas:

- Mejorando las características del material móvil o equipo rodante (vagones, coches y locomotoras).
- Mejorando la superestructura de la vía férrea.

En lo que se refiere a la vía férrea, que es el tema del presente estudio, se deben considerar las siguientes características:

- **Comportamiento elástico de la vía**

  Para evitar reacciones violentas, así como efectos dinámicos incontrolables o imprevisibles en la vía férrea y en el equipo rodante, debe siempre buscarse la mejor elasticidad en la vía férrea, evitándose zonas duras o de discontinuidad en la elasticidad. Puntos especiales de estudio en este caso pueden las transiciones de un terraplén a una alcantarilla, o en vías dentro de patios industriales que exijan que la vía esté encofrada en el pavimento y/o piso industrial.

- **Calidad geométrica**

  Se debe garantizar la continuidad geométrica tanto en rectas como en curvas así como la del ancho de vía. Además se debe procurar un trazado suave y adecuado a la velocidad de circulación.

  Ya se mencionó que los rieles guardan una inclinación hacia el centro de la vía de 1/20 para mejorar su estabilidad y evitar su volteo, aunado a esto, las ruedas de los trenes tienen forma troncocónica para suavizar el contacto y reducir los desgastes tanto en el riel como en la propia rueda.

  Los diseñadores del equipo tractivo siempre buscan que este se adapte lo mejor posible a la vía férrea sobre la que se produce la rodadura. Las ruedas están unidas entre sí mediante un eje, denominándose eje montado, y el conjunto de dos o más ejes montados dentro de un bastidor se denomina 'bogie'.

Figura 4.37: Bogie ferroviario de dos ejes montados.

- **Juego de la vía**

La interacción entre la rueda del tren y el riel de la vía férrea exige cierta holgura entre el ancho de vía y la separación entre las ruedas. Por lo tanto el 'juego de la vía' es la diferencia entre el ancho de vía y la distancia entre los bordes exteriores de las pestañas de las ruedas montadas en su eje.

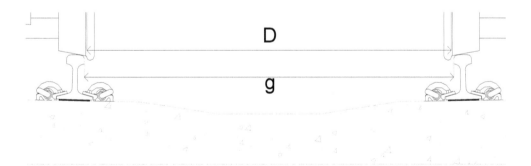

Figura 4.38: Comparativa entre el ancho de vía (g) y la separación entre las cejas de las ruedas (D)

juego de vía=g-D   Ecuación 4.1

AREA, en su 'Portafolio de Planos para Trabajos de Vía' (plano 793-52), especifica que, para vía con ancho internacional (4' 8.5'' = 1.4351 metros), los carros de vía deben tener una separación entre los bordes exteriores de las pestañas de sus ruedas de 4' 7-11/16'' (1.4145 metros).

De acuerdo a esto el juego de vía será de 13/16'' = 20.60 milímetros.

Los Ferrocarriles Nacionales de México (FNM) especifican en su 'Reglamento de Conservación de Vía y Estructuras' (regla 638) que este juego de vía sea de 13/16'' = 20.60 milímetros, de forma idéntica a lo estipulado por AREA.

- **Sobre-ancho en curva**

En las curvas las ruedas traseras de un bogie tienen un apoyo oblicuo sobre el riel, lo que aumenta las presiones y genera desgastes excesivos en el hongo del riel al interior de la curva. Para evitar este fenómeno se hace uso de un 'sobre-ancho' al ancho de la vía establecido en curvas con radios pequeños menores de 300 metros, con valores que son variables y han sido obtenidos de forma empírica pero pueden justificarse si analizamos la geometría de las propias ruedas del tren.

La estabilidad en la circulación de los trenes sobre el emparrillado que constituye a la vía férrea se logra, inicialmente, por la geometría que tienen las ruedas de los vehículos, la cual podemos asimilar, al prolongar la silueta transversal de la pisada en las ruedas hacia la parte interna del emparrillado, como un bi-cono donde ambas figuras cónicas son simétricas, están unidas por la base y el ángulo en su vértice es igual a la inclinación de la mencionada pisada (generalmente en proporción 1/20). Esta geometría, aunada a que el centro de gravedad de cada eje está muy bajo, confiere a todo el conjunto una gran estabilidad.

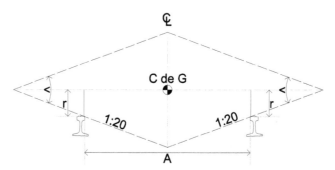

Comportamiento esperado en tangente

El comportamiento esperado de este bi-cono al transitar en un tramo recto (o tangente) será aquel donde el centro de gravedad del eje en el equipo rodante coincida con el centro de línea de la vía férrea, sin embargo esta situación muy rara vez se cumple debido a dos factores: el juego necesario que debe existir entre los rieles y las ruedas, y la propia forma troncocónica del bi-cono; razones por las cuales se estará, mientras el tren tiene marcha, en un constante movimiento transversal sinusoidal de los vehículos. Este efecto se conoce como "movimiento de lazo" y, entonces, el centro de gravedad del eje estará cambiando continuamente de posición respecto al centro de línea, pero siempre tendiendo a regresar a este.

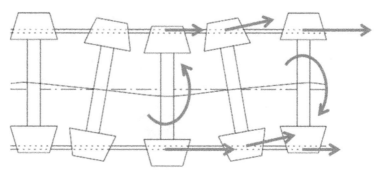

Comportamiento real en tangente

Al circular el tren dentro de una curva el movimiento de lazo se anula, en cierta medida, debido a la aceleración centrifuga que provoca el desplazamiento de todo el eje hacia el riel exterior del trazado. En este caso el centro de gravedad del eje se mantendrá más cargado hacia el exterior de la curva. Esto resulta en un efecto benéfico y es otra de las grandes ventajas que ofrece el bi-cono: para que un eje gire perpendicular a la vía en curva, dado que deberá recorrer una mayor distancia en el riel exterior que en el interior, el radio de la rueda en contacto con el riel exterior deberá ser mayor que el radio de aquella que esté en contacto con el riel interior.

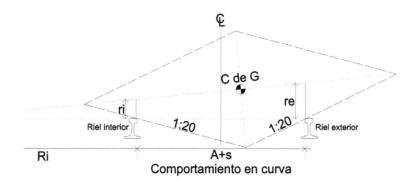

Comportamiento en curva

De acuerdo a la semejanza de triángulos se debe cumplir, entonces, la siguiente relación:

$$\frac{Ri + A + s}{re} = \frac{Ri}{ri}$$

Despejando s:

$$s = \left[\frac{Ri \cdot re}{ri}\right] - Ri - A$$

Donde:

Ri = radio de la curva horizontal respecto al riel interior.
A = Ancho de vía.
ri = radio de la rueda en el contacto con el riel interior.
Re = radio de la rueda en el contacto con el riel exterior.
s = sobre-ancho.

En los Ferrocarriles Nacionales de México, de acuerdo a su documento 'Nociones sobre Curvas', es práctica común aumentar aproximadamente 1/10" (2.54 milímetros) al ancho de vía por cada grado de curvatura adicional a los 4° pero sin sobrepasar un máximo ancho de vía establecido hasta donde se garantice la seguridad al paso de los trenes.

Por ejemplo, para el ancho de vía internacional, 1.4351 metros, que es el escantillón empleado en todas las vías del Sistema Ferroviario en Mexico actualmente (año 2016), la variación en el ancho de vía será tal como se muestra en la siguiente tabla, pero sin exceder un escantillón de 1.4540 metros.

Grado de la curva (métrico)	Medida del escantillón
4° o menores	1.4351 metros
De 4°01' a 5°	1.4375 metros
De 5°01' a 6°	1.4400 metros
De 6°01' a 7°	1.4425 metros
De 7°01' a 8°	1.4450 metros
De 8°01' a 9°	1.4475 metros
De 9°01' a 10°	1.4500 metros
De 10°01' a 11°	1.4525 metros
De 11° o más	1.4540 metros

Tabla 4.1: Ancho de vía (escantillón) permitido por los FNM en curvas horizontales.

En el capítulo de 'Geometría de la Vía' se expondrá a detalle el tema de curvas horizontales para las vías férreas.

4.6 Interacción entre la superestructura y la subestructura de la vía

La vía soporta las cargas verticales que corresponden al peso de los trenes que sobre de ella circulan. El riel distribuye las cargas a los durmientes, estos al balasto y este último al subbalasto y capas subyacentes de la plataforma terrea.

- **Módulo de la vía**

    Se define como 'módulo de la vía' a la relación entre una carga uniformemente distribuida en una longitud de vía y el desplazamiento vertical, o asentamiento, que esta carga le ocasiona a la propia vía.

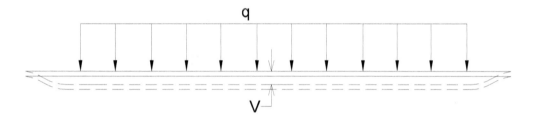

Figura 4.39: Módulo de la vía

$$K_v = \frac{q}{V}$$ Ecuación 4.2

Donde:
   Kv = módulo de vía [kg/cm²]
   q = carga uniformemente distribuida [kg/cm]
   V = desplazamiento vertical [cm]

Haciendo un análisis dimensional de las unidades con las que se mide el módulo de la vía podemos decir que este se comporta de manera análoga a un 'módulo elástico'.

Como sabemos el módulo elástico es la medida de la tenacidad y rigidez de un material, o su capacidad elástica. Mientras mayor el valor del módulo, más rígido el material. Por ende, al aplicarlo al emparrillado en conjunto de la vía, podemos decir que a mayor valor del módulo de la vía, más rígida será esta.

Si analizamos el comportamiento de la ecuación 4.2 podemos darnos cuenta lógicamente de que a menor desplazamiento vertical 'v', mayor será la rigidez de la vía 'Kv'.

- **Rigidez vertical de la vía**

    La 'rigidez vertical de la vía' (conocida también por algunos autores como 'coeficiente de rigidez del durmiente') es la relación existente entre la reacción en el durmiente y el asentamiento que este experimenta.

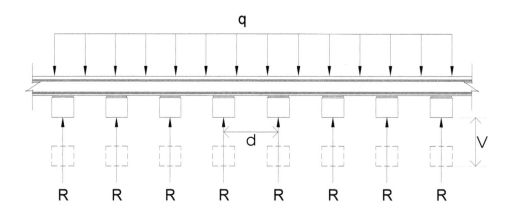

Figura 4.40: Rigidez vertical de la vía

$$K_T = \frac{R}{V}$$ Ecuación 4.3

Donde:
   K_T = rigidez vertical de vía [kg/cm]
   R = reacción en el durmiente [kg]
   V = desplazamiento vertical [cm]

La rigidez vertical de la vía está relacionada con el módulo de la vía debido a que:

$$R = q \cdot d$$

Por lo tanto:

$$K_T = \frac{q \cdot d}{V}$$

Y finalmente:

$$K_T = K_v \cdot d$$ Ecuación 4.4

Donde:

K_T = rigidez vertical de vía [kg/cm]
Kv = módulo de vía [kg/cm²]
d = separación entre durmientes [cm]

Haciendo un análisis dimensional de las unidades con las que se mide la rigidez vertical de la vía podemos decir que esta se comporta de manera análoga a una 'carga distribuida'. Por ende, al aplicarlo al durmiente dentro del conjunto de la vía, podemos decir que a mayor valor de la rigidez de la vía, más carga puede soportar.

Si analizamos el comportamiento de la ecuación 4.3 podemos darnos cuenta lógicamente de que a menor desplazamiento vertical 'v', el comportamiento del durmiente 'K_T' es más rígido.

- **Coeficiente de balasto**

El 'coeficiente de balasto' corresponde a la presión reaccionante sobre la superficie del durmiente relacionada con el asentamiento que este provoca en el balasto.

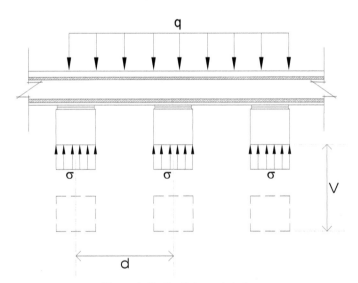

Figura 4.41: Coeficiente de balasto

$$K_B = \frac{\sigma}{V}$$ Ecuación 4.5

Donde:

K_B = coeficiente de balasto [kg/cm³]
σ = presión reaccionante sobre la superficie del durmiente [kg/cm²]
V = desplazamiento vertical [cm]

El coeficiente de balasto varia con relación al área donde se aplique la carga. En laboratorio es usual determinar este coeficiente por medio de una placa circular con 30" de diámetro bajo una presión tal que produzca una penetración de 0.05".

El 'coeficiente de balasto' está relacionado con el módulo de la vía y con la rigidez de la vía debido a que:

$$\sigma = \frac{R}{S}$$

Por lo tanto:

$$K_B = \frac{R}{S \cdot V}$$

Además:

$$K_T = \frac{R}{V}$$

Entonces:

$$K_B = \frac{K_T}{S}$$

Sustituyendo la ecuación 4.4 en la expresión anterior obtenemos finalmente:

$$K_B = \frac{K_V \cdot d}{S} \qquad\qquad \text{Ecuación 4.6}$$

Donde:

K_B = coeficiente de balasto [kg/cm³]
K_V = módulo de vía [kg/cm²]
S = Superficie de contacto durmiente-balasto [cm²]
d = separación entre durmientes [cm]

Haciendo un análisis dimensional de las unidades con las que se mide el módulo de balasto (también llamado coeficiente de balasto o módulo de Winkler) podemos darnos cuenta que es una unidad de densidad, lo que equivale a suponer que se trata de un 'liquido' con densidad 'K_B'.   De esta forma deducimos que se comporta de manera análoga a un 'módulo de reacción del suelo'. Y como sabemos el módulo de reacción del suelo representa la carga que puede anular este, dado su espesor.

Si analizamos el comportamiento de la ecuación 4.5 podemos darnos cuenta lógicamente de que a menor desplazamiento vertical 'v', mayor será el módulo de balasto 'K_B'.

5 Características generales del equipo rodante

El conjunto de carros, vagones y locomotora del que se constituye un tren por lo general es conocido como 'equipo rodante' y este, de forma tradicional, ha sido clasificado en tres grupos: el primero es el equipo que proporciona la tracción al tren, el segundo es el equipo que sirve para el traslado de pasajeros y finalmente, el tercero es aquel equipo dedicado al transporte de mercancías.

Dentro de cada grupo existen infinidad de categorías, subcategorías y modelos pero, desde la perspectiva de los objetivos que pretende este libro, solo consideraremos los aspectos generales de aquel equipo que tiene una incidencia relevante sobre la vía férrea y con más frecuencia se puede encontrar en el Sistema Ferroviario de México.

5.1 Características generales de las locomotoras

Refiriéndonos en primer lugar al material motor convencional podemos decir que una locomotora está formada por una caja que constituye el esqueleto sobre el que se instalan los equipos necesarios para la tracción y el frenado de todo el tren, fundamentalmente.

La caja consta de un bastidor definido por largueros laterales sobre los que está montada la caja propiamente dicha. A su vez el bastidor reposa sobre dos o tres carretones llamados *bogies* constituidos cada uno de ellos por dos o tres ejes.

Figura 5.1: Ensamblando una locomotora nueva en taller.

Figura 5.2: Bogie de una locomotora, en taller.

De una forma muy general, en la actualidad, siendo la era de las locomotoras Diésel-Eléctricas, se habla frecuentemente de locomotoras del tipo B-B cuando estas tienen dos bogies con dos ejes cada uno y locomotoras del tipo C-C cuando estas tienen dos bogies con tres ejes cada uno.

Un bogie dispone de un bastidor que une el conjunto de los ejes que lo configuran. Entre el eje del bogie y el bastidor del mismo se disponen elementos de suspensión y amortiguación que en conjunto se denomina 'suspensión primaria'. Del mismo modo, entre el bastidor del bogie y el bastidor principal de la locomotora, los elementos de suspensión y amortiguación se denominan, en conjunto, 'suspensión secundaria'.

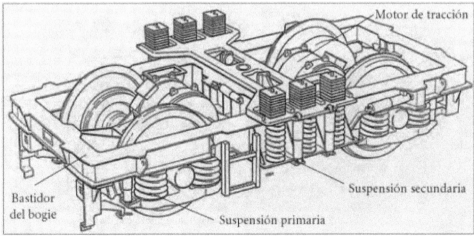

Figura 5.3: Elementos de suspensión, amortiguación y tracción en el bogie de una locomotora.

Figura 5.4: Armando un motor nuevo para locomotora, en taller.

A la distancia existente entre los ejes consecutivos de un mismo bogie se le denomina 'empate'. En una locomotora del tipo BB, el empate ronda valores entre 2.60 y 2.80 metros, mientras que en una locomotora del tipo CC el empate se reduce a un valor de entre 1.50 y 1.60 metros.

Entre los bogies se localizan los depósitos para el combustible que, en la actualidad, es Diésel que sirve para accionar los motores eléctricos.

Las locomotoras cuentan con un depósito de arena cuya función es verter cantidades controladas de este material, a través de diversas salidas distribuidas a lo largo del bastidor, sobre el hongo del riel para incrementar la superficie de rozamiento y mejorar la adherencia, lo cual resulta vital para un tren al momento de partir del reposo; no obstante puede utilizarse en cada ocasión que el vehículo ferroviario pierda adherencia.

Esta arena tendrá un tamaño granulométrico cumpla la clasificación del SUCS para una arena mal graduada (SP), pero que sus partículas sean angulosas y su calidad esté completamente libre arcillas, limos y cualquier impureza que pueda reaccionar con el agua. El tamaño más común, comercialmente, está comprendido entre 0.85 y 1.70 milímetros.

El arenero puede ser activado manualmente, por el conductor, o a través de dispositivos de control automáticos. En los sistemas modernos, si el freno de emergencia es aplicado, el arenero se activa automáticamente para disminuir la distancia de frenado. Para su correcto funcionamiento, el recipiente que almacena la arena, debe ser capaz de mantenerla seca y sin humedad; de lo contrario, se obstruiría el mecanismo de aplicación.

5.1.1 Locomotoras empleadas actualmente en el Sistema Ferroviario Mexicano

Entre las locomotoras más comúnmente empleadas actualmente (año 2016) por las empresas concesionarias del Sistema Ferroviario de México se pueden encontrar la locomotora modelo AC4400 GE, y la locomotora ES44AC, fabricadas por la empresa "General Electric"; así como la locomotoras, fabricadas por la empresa "Electro Motive Diesel", serie EMD SD70 (varios modelos), serie EMD SD60 (varios modelos), la locomotora GP22ECO y la locomotora SDP40.

Figura 5.5: Locomotora GE AC4400

Ficha técnica	
Locomotora GE AC4400	
Tipo de energia	Diésel-Eléctrica
Fabricante	General Electric
Diámetro y carrera del motor	9" x 10.5"
Revoluciones por minuto (máximo/mínimo)	1,050/450
Generador principal:	GE-GMG196A
Potencia:	4,400 HP
Relación de transmisión	83:20
Velocidad máxima:	70 millas/hora
Bogies	6 ruedas cada uno
Configuración de los bogies	C-C de alta adherencia
Sopladores para el motor de tracción	Dos, impulsados mecánicamente
Esfuerzo de tracción (al arranque)	180,000 lb con un 35% de adherencia
Esfuerzo de tracción (continuo)	145,000 lb a las 13.70 millas/hora
Capacidad para acoplar varias unidades	Si
Frenado dinámico	Si
Generador auxiliar	GYA30A
Alternador	GYA30A
Frenos de aire	Westinghouse 26L
Compresor de aire	Westinghouse 3CDC
Peso de la locomotora, sin combustible, agua o arena	426,000 Lb
Longitud total	73' 02"
Diámetro de las ruedas	42"
Base del bogie	13' 02"
Altura total hasta la cubierta del motor	15' 06"
Altura total hasta la cubierta de la cabina	15' 04"
Ancho de la cabina	10' 03"
Ancho de la cubierta del motor	9' 11"
Altura de la calzada	9' 06"
Ancho de la calzada	5' 05"
Distancia entre paños de los bogies	53'
Distancia del bogie delantero a la nariz	1' 07.5"
Distancia del bogie trasero a la cola	1' 07.5"
Distancia entre centros de los bogies	66' 02"
Radio de giro mínimo	21° curvatura inglés = 272.84 ft
Depósito de combustible	5,000 US gal
Depósito para aceite lubricante	410 US gal
Depósito para agua enfriadora	380 US gal
Depósito de arena	55 ft³

Figura 5.6: Locomotora de la serie EMD SD70

Ficha técnica	
Locomotora EMD SD70	
Tipo de energía	Diésel-Eléctrica
Fabricante	Electro Motive Diesel
Diámetro y carrera del motor	9.02" x 11"
Revoluciones por minuto (máximo/mínimo)	904/318
Generador principal:	GM AR20
Potencia:	4,000 HP
Relación de transmisión	70:17
Velocidad máxima:	70 millas/hora
Bogies	HTC-RII de 6 ruedas cada uno
Configuración de los bogies	C-C
Sopladores para el motor de tracción	Cuatro, impulsados eléctricamente
Esfuerzo de tracción (al arranque)	175,500 lb con un 33% de adherencia
Esfuerzo de tracción (continuo)	137,000 lb a las 12 millas por hora
Capacidad para acoplar varias unidades	Si
Frenado dinámico	Si
Generador auxiliar	GM A8589
Alternador	GM CA7A
Frenos de aire	Westinghouse 26L
Compresor de aire	Gardner-Denver WLASC
Peso de la locomotora, sin combustible, agua o arena	394,000 LB
Longitud total	72' 04"
Diámetro de las ruedas	42"
Base del bogie	13' 07"
Altura total hasta la cubierta del motor	14' 08.5"
Altura total hasta la cubierta de la cabina	15' 07.5"
Ancho de la cabina	10' 03"
Ancho de la cubierta del motor	10'
Altura de la calzada	9' 04.5"
Ancho de la calzada	3' 08.5"
Distancia entre paños de los bogies	46' 07"
Distancia del bogie delantero a la nariz	2' 03"
Distancia del bogie trasero a la cola	2' 03"
Distancia entre centros de los bogies	60' 02"
Radio de giro mínimo	29° curvatura inglés = 197.57 ft
Depósito de combustible	5,000 US gal
Depósito para aceite lubricante	283 US gal
Depósito para agua enfriadora	250 US gal
Depósito de arena	50 ft^3

Figura 5.7: Locomotora ES44AC

Ficha técnica	
Locomotora ES44AC	
Tipo de energía	Diésel-Eléctrica
Fabricante	General Electric, motor GEVO 12
Diámetro y carrera del motor	250 x 320mm
Revoluciones por minuto (máximo/mínimo)	1,050/450
Generador principal:	GE-GMG196A
Potencia:	4,400 HP
Relación de transmisión	83:20
Velocidad máxima:	70 millas/hora
Bogies	6 ruedas cada uno
Configuración de los bogies	C-C de alta adherencia
Sopladores para el motor de tracción	Koppers 872-22
Peso de la locomotora, sin combustible, agua o arena	432,000 lb
Esfuerzo de tracción (al arranque)	183,000 lb con un 35% de adherencia
Esfuerzo de tracción (continuo)	166,000 lb a las 13.70 millas por hora
Capacidad para acoplar varias unidades	Si
Frenado dinámico	Si
Generador auxiliar	GE GYA30A
Alternador	GYA30A
Frenos de aire	Westinghouse 26L
Compresor de aire	Westinghouse 3CDC
Peso de la locomotora, sin combustible, agua o arena	432,000 lb
Longitud total	73' 02"
Diámetro de las ruedas	42"
Base del bogie	13' 02"
Altura total hasta la cubierta del motor	15' 05"
Ancho de la cabina	10' 03"
Ancho de la cubierta del motor	9' 11"
Distancia entre centros de los bogies	53'
Radio de giro mínimo	21° curvatura inglés = 272.84 ft
Depósito de combustible	5,000 US gal
Depósito para aceite lubricante	450 US gal
Depósito para agua enfriadora	450 US gal
Depósito de arena	40 ft³

Figura 5.8: Locomotora de la serie SD60

Ficha técnica	
Locomotora EMD SD60	
Tipo de energia	Diésel-Eléctrica
Fabricante	Electro Motive Diesel
Diámetro y carrera del motor	9.02" x 10"
Revoluciones por minuto (máximo/mínimo)	904/318
Generador principal:	AR11A
Potencia:	3,800 HP
Relación de transmisión	77:17
Velocidad máxima:	70 millas/hora
Bogies	HTC de 6 ruedas cada uno
Configuración de los bogies	C-C
Sopladores para el motor de tracción	Cuatro, impulsados eléctricamente
Esfuerzo de tracción (al arranque)	98,250 lb con un 25% de adherencia
Esfuerzo de tracción (continuo)	100,000 lb a las 9.8 millas por hora
Capacidad para acoplar varias unidades	Si
Frenado dinámico	Si
Generador auxiliar	Delco A8102
Alternador	GMD18
Frenos de aire	Westinghouse 26L
Compresor de aire	Gardner-Denver WBO
Peso de la locomotora, sin combustible, agua o arena	368,000 lb
Longitud total	71' 02"
Diámetro de las ruedas	40"
Base del bogie	13' 07"
Altura total hasta la cubierta del motor	14' 07.5"
Altura total hasta la cubierta de la cabina	15' 07.5"
Ancho de la cabina	10' 03"
Ancho de la cubierta del motor	10'
Altura de la calzada	9' 04.5"
Ancho de la calzada	3' 08.5"
Distancia entre paños de los bogies	45' 10"
Distancia del bogie delantero a la nariz	2' 03"
Distancia del bogie trasero a la cola	2' 03"
Distancia entre centros de los bogies	59' 05.5"
Radio de giro mínimo	29° curvatura inglés = 197.57 ft
Depósito de combustible	4,400 US gal
Depósito para aceite lubricante	283 US gal
Depósito para agua enfriadora	250 US gal
Depósito de arena	56 ft^3

Figura 5.9: Locomotora GP22ECO

Ficha técnica	
Locomotora GP22ECO	
Tipo de energía	Diésel-Eléctrica
Fabricante	Electro Motive Diesel
Diámetro y carrera del motor	9.06" x 11"
Revoluciones por minuto (máximo/mínimo)	904/200
Generador principal:	GM-AR10
Potencia:	2,150 HP
Relación de transmisión	62:15
Velocidad máxima:	65 millas/hora
Bogies	HTB de 4 ruedas cada uno
Configuración de los bogies	B-B
Sopladores para el motor de tracción	4 impulsados eléticamente (Delco)
Esfuerzo de tracción (al arranque)	61,000 lb con un 25% de adherencia
Esfuerzo de tracción (continuo)	54,700 lb a las 11.10 millas por hora
Capacidad para acoplar varias unidades	Si
Frenado dinámico	Si
Generador auxiliar	GM CA6
Alternador	GM AR10
Frenos de aire	Westinghouse 26L
Compresor de aire	Gardner-Denver WBO
Peso de la locomotora, sin combustible, agua o arena	245,000 lb
Longitud total	59' 02"
Diámetro de las ruedas	40"
Base del bogie	9'
Altura total hasta la cubierta del motor	14' 06"
Altura total hasta la cubierta de la cabina	15' 05"
Ancho de la cabina	10' 04"
Ancho de la cubierta del motor	10' 03"
Altura de la calzada	9' 04.5"
Ancho de la calzada	3' 08.5"
Distancia entre paños de los bogies	34'
Distancia del bogie delantero a la nariz	3' 10"
Distancia del bogie trasero a la cola	3' 10"
Distancia entre centros de los bogies	43'
Radio de giro mínimo	42° curvatura inglés = 136.42 ft
Depósito de combustible	2,600 US gal
Depósito para aceite lubricante	243 US gal
Depósito para agua enfriadora	254 US gal
Depósito de arena	56 ft³

Figura 5.10: Locomotora EMD SDP40

Ficha técnica	
Locomotora EMD SDP40	
Tipo de energia	Diésel - Eléctrica
Fabricante	Electro Motive Diesel
Diámetro y carrera del motor	8.5" x 10"
Revoluciones por minuto (máximo/mínimo)	900/215
Generador principal:	GM - D32
Potencia:	3,000 HP
Relación de transmisión	59:15
Velocidad máxima:	95 millas/hora
Bogies	6 ruedas cada uno
Configuración de los bogies	C-C
Sopladores para el motor de tracción	Dos, activados eléctricamente
Esfuerzo de tracción (al arranque)	90,000 lb con un 25% de adherencia
Esfuerzo de tracción (continuo)	82,100 lb a las 6.6 millas por hora
Capacidad para acoplar varias unidades	Si
Frenado dinámico	Si
Generador auxiliar	GM
Alternador	Delco 64-72
Frenos de aire	WestinghoUse 26L
Compresor de aire	Gardner-Denver WBO
Peso de la locomotora, sin combustible, agua o arena	368,000 Lb
Longitud total	65' 08"
Diámetro de las ruedas	40"
Base del bogie	13' 07"
Altura total hasta la cubierta del motor	15' 02"
Altura total hasta la cubierta de la cabina	15' 07.5"
Ancho de la cabina	10' 04"
Ancho de la cubierta del motor	10' 03"
Altura de la calzada	8' 09.5"
Ancho de la calzada	3' 08.5"
Distancia entre paños de los bogies	40'
Distancia del bogie delantero a la nariz	3' 09"
Distancia del bogie trasero a la cola	3' 09"
Distancia entre centros de los bogies	53' 07"
Radio de giro mínimo	57° curvatura inglés = 100.52 ft
Depósito de combustible	3,200 US gal
Depósito para aceite lubricante	243 US gal
Depósito para agua enfriadora	295 US gal
Depósito de arena	56 ft³

Figura 5.11: Locomotora GE C44-9W

Ficha técnica	
Locomotora C44-9W	
Tipo de energia	Diésel - Eléctrica
Fabricante	General Electric
Diámetro y carrera del motor	9" x 10.5"
Revoluciones por minuto (máximo/mínimo)	1050 / 450
Generador principal:	GE - GMG197
Potencia:	4,400 HP
Relación de transmisión	74:18
Velocidad máxima:	74 millas/hora
Bogies	6 ruedas cada uno
Configuración de los bogies	C-C de alta adherencia
Sopladores para el motor de tracción	Dos, activados mecanicamente
Esfuerzo de tracción (al arranque)	142,000 lb con un 25% de adherencia
Esfuerzo de tracción (continuo)	105,640 lb a las 13 millas por hora
Capacidad para acoplar varias unidades	Si
Frenado dinámico	Si
Generador auxiliar	GYA30A
Alternador	GYA30A
Frenos de aire	WestinghoUse 26L
Compresor de aire	WestinghoUse 3CDC
Peso de la locomotora, sin combustible, agua o arena	400,000 Lb
Longitud total	73' 08"
Diámetro de las ruedas	42"
Base del bogie	13' 04"
Altura total hasta la cubierta del motor	15' 05"
Altura total hasta la cubierta de la cabina	15' 05"
Ancho de la cabina	10' 03"
Ancho de la cubierta del motor	10' 03"
Altura de la calzada	9' 11"
Ancho de la calzada	5' 05"
Distancia entre paños de los bogies	53'
Distancia del bogie delantero a la nariz	1' 07.5"
Distancia del bogie trasero a la cola	1' 07.5"
Distancia entre centros de los bogies	66' 02"
Radio de giro mínimo	23° curvatura inglés = 249.11 ft
Depósito de combustible	5,300 US gal
Depósito para aceite lubricante	410 US gal
Depósito para agua enfriadora	380 US gal
Depósito de arena	55 ft^3

Figura 5.12: Locomotora EMD SD75M

Ficha técnica	
Locomotora EMD SD75M	
Tipo de energia	Diésel - Eléctrica
Fabricante	Electro Motive Diesel
Diámetro y carrera del motor	9.02" x 11"
Revoluciones por minuto (máximo/mínimo)	950 /290
Generador principal:	AR20ABE
Potencia:	4,300 HP
Relación de transmisión	70:17
Velocidad máxima:	70 millas/hora
Bogies	6 ruedas cada uno
Configuración de los bogies	C-C
Sopladores para el motor de tracción	Cuatro, activados electricamente
Esfuerzo de tracción (al arranque)	175,000 lb con un 33% de adherencia
Esfuerzo de tracción (continuo)	137,000 lb a las 12 millas por hora
Capacidad para acoplar varias unidades	Si
Frenado dinámico	Si
Generador auxiliar	GM A8589
Alternador	GM CA7A
Frenos de aire	WestinghoUse 26L
Compresor de aire	Gardner-Denver WLASC
Peso de la locomotora, sin combustible, agua o arena	390,000 Lb
Longitud total	72' 04"
Diámetro de las ruedas	42"
Base del bogie	13' 07"
Altura total hasta la cubierta del motor	14' 08.5"
Altura total hasta la cubierta de la cabina	15' 07.5"
Ancho de la cabina	10' 03"
Ancho de la cubierta del motor	10' 03"
Altura de la calzada	9' 04.5"
Ancho de la calzada	3' 08.5"
Distancia entre paños de los bogies	46' 07"
Distancia del bogie delantero a la nariz	2' 03"
Distancia del bogie trasero a la cola	2' 03"
Distancia entre centros de los bogies	60' 02"
Radio de giro mínimo	29° curvatura inglés = 197.58 ft
Depósito de combustible	5,000 US gal
Depósito para aceite lubricante	450 US gal
Depósito para agua enfriadora	390 US gal
Depósito de arena	40 ft³

No obstante los modelos de locomotoras aquí descritos, en el Sistema Ferroviario de México circulan una mayor variedad de ellos, siendo los más representativos los aquí mostrados.

Para los movimientos en patios, ya sean concesionados o de las diversas empresas particulares que se conectan al Sistema, se emplean locomotoras pequeñas con capacidad de movimientos limitados y destinadas para mover una cantidad reducida de carros. Debido a su tamaño estas máquinas, en comparación con las locomotoras, son pequeñas y versátiles.

Algunas de estas máquinas de patio cuentan con dos opciones para su rodadura: ruedas para circular sobre la vía férrea y neumáticos para circular sobre las vialidades pavimentadas de las industrias y/o para acceder y salir de las infraestructuras ferroviarias cuando se necesite.

Existen varios fabricantes de este tipo de máquinas y cada uno cuenta con varios modelos que satisfacen las necesidades de arrastre específicas de cada cliente. Entre las más populares en México podemos mencionar al tractor ferroviario 'Hercules', fabricado por la empresa "Trackmobile", que cuenta con un esfuerzo de tracción al arranque de 46,000 lb.; o el 'RK330', fabricado por la empresa "Rail King", con un peso de 43,250 lb y logra un esfuerzo de tracción al arranque de 46,550 lb.

Figura 5.13: El Trackmobile 'Hercules' y el Rail King RK330

5.1.2 La locomotora Diésel-Eléctrica más potente fabricada hasta la fecha

La locomotora modelo DDA40X ("La Centenaria" o "El Big Jack") es una locomotora diésel-eléctica con 6,600 caballos de potencia que fue fabricada a finales de los años sesenta y principios de los años setenta del siglo XX por la empresa "General Motors, Electro Motive Diesel", para el Ferrocarril "Union Pacific". Cuenta con dos bogies que tienen 4 ejes cada uno, lo que la clasifica como una locomotora D-D.

Nunca ha circulado por el Sistema Ferroviario Mexicano, y actualmente el Union Pacific solo cuenta con una de estas en operación en los Estados Unidos, pero es un referente para diveros diseños ferroviarios en el continente Americano y en el mundo.

La ficha técnica de esta locomotora se puede ver a continuación.

Figura 5.14: Locomotora DDA40X

Ficha técnica	
Locomotora DDA40X	
Tipo de energía	Diésel-Eléctica
Fabricante	Electro Motive Diesel
Diámetro y carrera del motor	8.5" x 10"
Revoluciones por minuto (máximo/mínimo)	800/275
Generador principal:	Dos GM-AR12
Potencia:	6,600HP
Relación de transmisión	59:18
Velocidad máxima:	90 millas/hr
Bogies	8 ruedas cada uno
Configuración de los bogies	D-D
Sopladores para el motor de tracción	4 Belt-Drive
Esfuerzo de tracción (al arranque)	113,940 lb con un 25% de adherencia
Esfuerzo de tracción (continuo)	103,000 lb a las 12 millas por hora
Capacidad para acoplar varias unidades	Si
Frenado dinámico	Si
Generador auxiliar	GM
Alternador	Delco A8102
Frenos de aire	Westinghouse 26L
Compresor de aire	Gardner-Denver WBO
Peso de la locomotora, sin combustible, agua o arena	521,980 LB
Longitud total	98' 05"
Diámetro de las ruedas	40"
Base del bogie	17' 01"
Altura total hasta la cubierta del motor	16' 04.5"
Altura total hasta la cubierta de la cabina	17' 03.5"
Ancho de la cabina	10' 03"
Ancho de la cubierta del motor	10'
Altura de la calzada	10' 09"
Ancho de la calzada	4' 07.5"
Distancia entre paños de los bogies	65'
Distancia del bogie delantero a la nariz	7' 01.5"
Distancia del bogie trasero a la cola	7' 01"
Distancia entre centros de los bogies	82' 01.5"
Radio de giro mínimo	57° curvatura inglés = 100.52 ft
Depósito de combustible	5,200 US gal
Depósito para aceite lubricante	610 US gal
Depósito para agua enfriadora	600 US gal
Depósito de arena	53 ft³

5.2 Características generales de los coches para pasajeros

La mayor parte de los coches para pasajeros utilizados en el ferrocarril están formados por una caja apoyada sobre un bastidor que, a su vez, reposa sobre dos bogies de dos ejes cada uno.

En un bogie para coches de pasajeros se distingue, de forma similar a como se expuso respecto a los bogies de las locomotoras, la suspensión primaria entre el eje del vehículo y el bastidor del bogie, y la suspensión secundaria, entre el bastidor del bogie y la caja del vehículo.

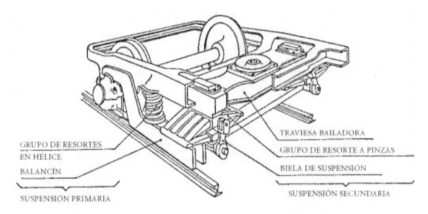

Figura 5.15: Elementos de suspensión y amortiguación en el bogie de un coche para pasajeros.

Para fines del interés en la infraestructura de la vía, en los coches para pasajeros el bogie es el elemento de referencia, designando a estos con la letra 'Y' seguida de un número par correlativo (impar si se trata de bogies para vagones de mercancías). Así, por ejemplo, se identifican los bogies 'Y24' y 'Y26' que son aptos para circular a velocidades de hasta 160 km/hr, el primero, y hasta 200 km/hr, el segundo. El peso de cada uno de estos bogies no supera las 6 toneladas.

Figura 5.16: Bogie Y24

5.2.1 Coches para pasajeros utilizados actualmente en el Sistema Ferroviario Mexicano

Como se ha mencionado en capítulos anteriores, en el Sistema Ferroviario de México únicamente en la línea Q, en el tramo de Chihuahua a Topolobampo, y en la línea T, en el tramo de Tequila a Guadalajara se presta actualmente (año 2016) servicio de pasajeros. El primero con fines turísticos, y también con un recorrido regular para conectar las diversas estaciones en la Sierra Tarahumara, y el segundo con fines únicamente turísticos.

Los carros de pasajeros empleados en estas líneas fueron construidos durante la década de los años 80's del siglo XX por el consorcio fabricante de vagones y carros de ferrocarril "Concarril – Kinki Sharyo" y daban servicio a todo el país. Posteriormente, cuando los servicios en trenes de pasajeros se limitaron a las mencionadas líneas, gran parte de estos fueron adquiridos por Ferromex para ser empleados, después de remodelar los carros, en el Tren Chihuahua – Pacifico (Chepe) y para el Tren Tequila Express.

Figura 5.17: Carro para pasajeros del tren Tequila Express, bogies Y26.

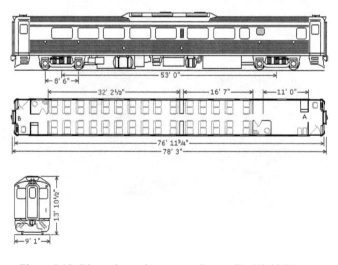

Figura 5.18: Dimensiones de un carro Concarril – Kinki Sharyo

En la figura 5.18 podemos ver las dimensiones para el carro de pasajeros más largo en servicio actualmente en los trenes Chepe y Tequila Express. Estos tienen capacidad para hasta 68 pasajeros, servicios sanitarios para hombres y mujeres, así como un área destinada al almacenaje de equipaje.

El tren de primera clase del Chepe, reservado para recorridos turísticos, cuenta con carro comedor y carro cantina, cuya configuración interior está diseñada para tal efecto, pero las dimensiones no exceden a las mostradas en la mencionada figura.

No obstante los carros para pasajeros de los trenes Chepe y Tequila Express cuentan con bogies 'Y26', las condiciones orográficas del terreno y geométricas de las vías por donde circulan no son aptas para circulas a velocidades mayores de 100 km/hr.

5.3 Características generales de los vagones para mercancías

Los diversos vagones destinados al transporte de mercancías, al igual que los carros para pasajeros, están conformados por un bastidor con una caja o depósito afín a los productos que vayan a transportar.

A diferencia de los carros para pasajeros, los vagones de mercancías pueden ser vehículos a ejes o vehículos a bogies, dependiendo básicamente de la carga que se deba transportar.

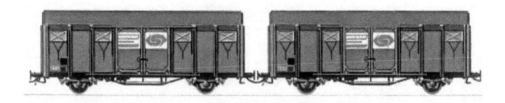

Figura 5.19: Esquema de dos vagones 'a ejes'

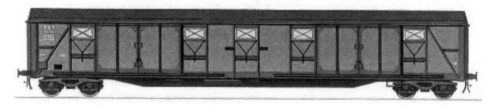

Figura 5.20: Esquema de un vagón 'a bogies'.

Una diferencia característica de los vagones a bogies con relación a los coches para viajeros es la ausencia de suspensión secundaria. Este hecho, debido a que el transporte de mercancías no requiere la misma comodidad que el transporte de personas, reduce los costos de adquisición y de mantenimiento en los bogies de los vagones para mercancías.

De entre los bogies existentes para vagones de mercancías mencionaremos el Y25, que tiene capacidad para circular a 120 km/hr, el bogie Y31 que es capaz de circular a 140 km/hr y el bogie Y37 que puede circular hasta 160 km/hr. Estos bogies son los que con más frecuencia se pueden observar en los vagones que los concesionarios utilizan en el Sistema Ferroviario Mexicano, no obstante que en este, debido a la orografía del terreno y calidad geométrica de las vías férreas, la velocidad máxima de circulación no suele exceder los 120 km/hr.

Figura 5.21: Bogie Y25

Figura 5.22: Bogie Y31

Figura 5.23: Bogie Y37

5.3.1 Vagones para mercancías utilizados actualmente en el Sistema Ferroviario Mexicano

Existe una gran cantidad de modelos y dimensiones, así como otro tanto de fabricantes, reconstructores y remodeladores de vagones para las diversas mercancías que se transportan en el Sistema Ferroviario Mexicano pero, para ser congruentes con el mercado y la logística en México en la actualidad (año 2016), adoptaremos la clasificación que Ferromex ha hecho de los vagones para transporte de mercancías:

A) Vagones para transporte de automóviles.
B) Vagones para transporte de líquidos.
C) Vagones para transporte de productos a granel.
D) Vagones para transporte de carga general.

5.3.1.1 Vagones para transporte de automóviles.

En años recientes la construcción de vehículos automotores ha desempeñado un segmento muy importante de la economía en México. Para el transporte de vehículos terminados los ferrocarriles cuentan con vagones especializados, de entre estos destaca el vagón "Automax II":

Figura 5.24: Vagón Automax II

Automax II
Longitud total, con coples = 145'4"
Ancho total = 10' 8"
Altura total = 20' 2"
Peso neto, sin carga = 260,000 lb
Capacidad máxima de carga = 110,000 lb

5.3.1.2 Vagones para transporte de líquidos.

Entre los líquidos que más se pueden encontrar transportándose por trenes están la sosa cáustica, el amoniaco, el combustóleo, el diésel, petróleo, aceites naturales y/o sintéticos, diversos acidos, etcétera.

Los vagones para transportar estos materiales se denominan 'carro tanques' y uno de los más comunes es el "Carro tanque 43".

Figura 5.25: Carro tanque 43'

Carro Tanque 43'
Longitud total, con coples = 13.30 metros.
Longitud total, sin coples = 12.30 metros.
Altura total = 4.80 metros.
Peso neto, sin carga = 37.19 toneladas métricas.
Capacidad máxima de carga = 66,525 litros.

5.3.1.3 Vagones para transporte de productos a granel.

Para el transporte de productos a granel se emplean vagones descubiertos, denominados góndolas y/o tolvas abiertas, donde se transportan aquellas mercancías que no requieren protegerse contra el intemperismo, tales como minerales, carbón, coque, chatarra, entre otros, o vagones cubiertos, denominados góndolas cubiertas, o tolvas, donde se transportan aquellas mercancías que requieren protegerse de los agentes medioambientales, tales como rollos de lámina rolada, productos agrícolas a granel (maíz, trigo, azúcar, sorgo, canola, frijol, arroz, etcétera, también fertilizantes) y cemento a granel.

Figura 5.26: Góndola

Góndola
Longitud total, con coples = 17.40 metros.
Longitud total, sin coples = 15.80 metros.
Altura total = 2.87 metros.
Peso neto, sin carga = 29.70 toneladas métricas.
Capacidad máxima de carga = de 90 a 100 toneladas métricas.

Figura 5.27: Tolva abierta

Tolva abierta
Longitud total, con coples = 20.80 metros.
Longitud total, sin coples = 17.60 metros.
Altura total = 4.25 metros.
Peso neto, sin carga = 27.40 toneladas métricas.
Capacidad máxima de carga = 91 toneladas métricas.

Figura 5.28: Góndola cubierta

Góndola cubierta
Longitud total, con coples = 15.30 metros.
Longitud total, sin coples = 13.30 metros.
Altura total = 4.10 metros.
Peso neto, sin carga = 25 toneladas métricas.
Capacidad máxima de carga = 85 toneladas métricas.

Figura 5.29: Tolva granelera

Tolva granelera
Longitud total, con coples = 18.30 metros.
Longitud total, sin coples = 15.80 metros.
Altura total = 4.70 metros.
Peso neto, sin carga = 28.30 toneladas métricas.
Capacidad máxima de carga = 101.70 toneladas métricas.
Volumen interior = 147 m³.

Figura 5.30: Tolva cementera

Tolva cementera
Longitud total, con coples = 12.50 metros.
Longitud total, sin coples = 12.00 metros.
Altura total = 4.60 metros.
Peso neto, sin carga = 25.40 toneladas métricas.
Capacidad máxima de carga = 90 toneladas métricas.

5.3.1.4 Vagones para transporte de carga en general

Los ferrocarriles denominan carga general a todo aquel producto terminado que ya venga empacado de origen, que se transporta por medio de furgones, o sea fácil de acomodar dentro de contenedores los cuales se transportan por medio de plataformas. En las plataformas también es común transportar maquinaria o piezas de maquinaria, barcos, trenes, etc.

Figura 5.31: Furgón 50'

Furgón 50'
Longitud total, con coples = 58' 5.5"
Longitud total, sin coples = 50' 6"
Altura total = 17'
Peso neto, sin carga = 75,000 lb.
Volumen interior = 6,197 ft³

Figura 5.32: Furgón 60'

Furgón 60'
Longitud total, con coples = 66' 1.5"
Longitud total, sin coples = 60' 9-3/4"
Altura total = 17' 7/8"
Peso neto, sin carga = 87,200 lb.
Volumen interior = 7,598 ft³

Figura 5.33: Plataforma multiusos

Plataforma multiusos
Longitud total, con coples = 20.10 metros.
Longitud total, sin coples = 18.20 metros.
Peso neto, sin carga = 30 toneladas métricas.
Capacidad de carga = 70 toneladas métricas.

Figura 5.34: Plataforma intermodal 'Multi Stack III'.

Plataforma intermodal 'Multi Stack III'
Longitud de cinco unidades = 89 metros.
Longitud por unidad = 17.80 metros.
Altura sin contenedores = 3.30 metros.
Peso neto, sin carga, por unidad = 98.40 toneladas métricas.
Capacidad de carga, por unidad = 266 toneladas métricas.

5.4 Resistencias a la rodadura ferroviaria

El sistema de rodadura en el transporte ferroviario posee dos características fundamentales que lo hacen más favorable sobre otros modos de transporte terrestre:

- Muy baja fricción; la rodadura se realiza en el contacto rueda-riel, siendo ambos elementos de acero. Esto acarrea condiciones cinemáticas de bajo rozamiento y baja adherencia.

- El movimiento en el transporte ferroviario es guiado; ya que la trayectoria está prefijada por el trazo de la vía férrea, en ciertos tramos, y durante ciertos periodos de tiempo, se puede llegar a la conducción automática.

En este escenario, no obstante, para que un tren circule debe de vencer ciertas resistencias al avance de tal forma que la fuerza disponible por el equipo tractivo sea la suficiente para sacar al conjunto vagones-carros-locomotora de su estado en reposo.

Entre las resistencias que se deben vencer las más significativas son:

a) Resistencia ordinaria
b) Resistencia debida a las pendientes
c) Resistencia debida a las curvas horizontales
d) Resistencia a la propia inercia del vehículo arrastrado más el equipo tractor.

Estas resistencias se deben calcular en su expresión 'unitaria' y se dimensionan en kilogramos por tonelada [kg/ton], es decir los kilogramos de resistencia que ofrece cada escenario por cada tonelada que carga el tren.

a)   Resistencia ordinaria

La resistencia ordinaria es aquella que se presenta de forma inherente a la circulación de los vehículos ferroviarios sobre la vía, considera los siguientes efectos:

Por la rodadura:
- Rozamiento en la superficie de contacto entre la rueda y el riel.
- Rozamientos ocasionales de las pestañas en las ruedas contra las caras internas del riel.
- Sacudidas y oscilaciones de la carga que se transmiten a la suspensión de los vehículos.

Por la fricción interna:
- Rozamiento interno de los cojinetes al interior de las cajas de grasa en las ruedas de los vehículos.

Figura 5.35: Cojinetes dentro de una caja de grasa en una rueda de ferrocarril

Por la fricción con el aire:

- Resistencia aerodinámica ofrecida por el volumen de los vehículos.

En la segunda mitad del siglo XX se desarrollaron, empíricamente, ecuaciones que, adicionando entre sí estos efectos, nos permiten conocer la magnitud unitaria de la resistencia a la rodadura. Estas ecuaciones se conocen como 'Fórmulas de Davis':

- Para conocer la fricción ordinaria unitaria en locomotoras:

$$r_{oL} = \left(0.65 + \frac{13.15}{w_L}\right) + (0.00932 \cdot v) + \left(\frac{0.004525 \cdot A_L \cdot v^2}{P_L}\right)$$

Ecuación 5.1

- Para conocer la fricción ordinaria unitaria en vagones o carros:

$$r_{oV} = \left(0.65 + \frac{13.15}{w_V}\right) + (0.01398 \cdot v) + \left(\frac{0.000943 \cdot A_V \cdot v^2}{n \cdot w_V}\right)$$

Ecuación 5.2

José Antonio Guerrero Fernández

Donde:

r_{OL} = resistencia ordinaria en 1 locomotora[kg/Ton]
w_L = Peso promedio por eje de la locomotora [Ton]
v = Velocidad del tren [km/hr]
A_L = Área frontal de la locomotora [m²]
P_L = Peso total de la locomotora [Ton]
r_{OV} = resistencia ordinaria en 1 vagón o carro [kg/Ton]
w_V = Peso promedio por eje de un vagón o carro [Ton]
A_V = Área frontal de un vagón o carro [m²]
n = Cantidad de ejes en el vagón o carro considerado

En las ecuaciones 5.1 y 5.2 se pueden identificar tres términos, separados entre sí mediante paréntesis; el primero de estos términos corresponde a la resistencia que se debe a la rodadura, el segundo a la resistencia que emana por la fricción interna de las ruedas y el tercero a la resistencia que se ocasiona por los efectos aerodinámicos.

b)   Resistencia debida a las pendientes

La resistencia debida a las pendientes depende del peso del vehículo ferroviario subiendo un tramo ascendente; si el tramo es descendente sería todo lo contrario, es decir, sería un impulso en lugar de una resistencia. Para el cálculo de la fuerza tractiva necesaria en una locomotora se considera el caso de tramos ascendentes.

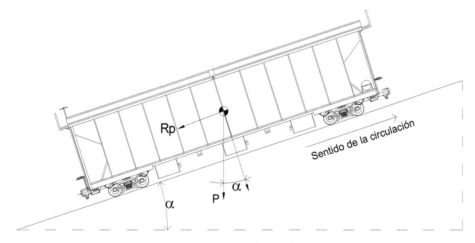

Figura 5.36: Resistencia debida a la pendiente

$$R_p = P \cdot \text{sen}\alpha$$

Pero sabemos que, en los trazados ferroviarios, α adquiere valores muy pequeños, por lo tanto se puede considerar que sen α = tan α, como se verá en el capítulo 'Geometría de la Vía', por lo tanto:

$$R_p = P \cdot \text{tan}\alpha$$

Entonces:

$$\text{tan}\alpha = \frac{R_p}{P}$$

Ecuación 5.3

Donde:

Rp = Fuerza resistente debido a la pendiente [Ton]
P = Peso del vehiculo ferroviario [Ton]
α = ángulo de inclinación

Y, para obtener el valor unitario [kg/Ton] de la resistencia debida a la pendiente, para el caso de las locomotoras, se aplicará:

$$r_p = \frac{R_p \cdot 1000}{P}$$

Pero sabemos, por la ecuación 5.3, que Rp/P = tan α, por lo tanto:

$$r_p = \text{tan}\alpha \cdot 1000$$

Ecuación 5.4

Donde:

r_p = Resistencia unitaria debido a la pendiente [Kg/Ton]
α = ángulo de inclinación

c) Resistencia debida a las curvas horizontales

La resistencia debida a las curvas horizontales se origina al acomodarse el rodado hacia la curvatura de los rieles y la pestaña de la rueda exterior friccionar contra la cara interna en el hongo del riel exterior.

Esta resistencia puede estimarse por medio de la ecuación empírica de Desdouit:

$$r_c = \frac{500 \cdot g}{R}$$

Ecuación 5.5

Donde:

r_C = Resistencia unitaria debido a la curva horizontal [Kg/Ton]
g = Ancho de vía, o escantillón de la vía [m]
R = Radio de la curva [m]

d) Resistencia debida a la inercia

La resistencia debida a la inercia es aquella que el vehículo ferroviario en reposo ofrecerá al equipo tractivo cuando este lo requiera mover. En esta resistencia también se debe considerar la inercia de rotación, es decir vencer la fuerza que oponen los ejes motores para ponerse en movimiento.

Empíricamente esta resistencia puede estimarse de acuerdo a la siguiente ecuación:

$$r_i = 100 \cdot a \cdot \beta$$

Ecuación 5.6

Donde:

r_i = Resistencia unitaria debido a la inercia [Kg/Ton]
a = Aceleración que puede adquirir el vehículo ferroviario [m/s²]
β = Coeficiente que considera vencer la inercia de rotación que ofrecen las ruedas. Adquiere valores entre 1.04 y 1.08.

La aceleración que es capaz de adquirir una locomotora puede obtenerse de acuerdo a la Segunda Ley de Newton:

$$F = m \cdot a$$

Despejando a la aceleración:

$$a = \frac{F}{m}$$

Donde:

F = Fuerza de tracción [kgf]
m = masa total de la locomotora (a capacidad total de combustible, agua, aceite y arena) [kg]
a = Aceleración que puede adquirir el vehículo ferroviario [m/s²]

5.5 Tracción ferroviaria

La resistencia total que actúa a la rodadura de un tren será la suma de cada una de las resistencias unitarias que se presentan en cada uno de los escenarios expuestos anteriormente, de acuerdo a la siguiente expresión:

$$r_T = r_o + r_P + r_c + r_i \qquad \text{Ecuación 5.7}$$

Donde:

r_T = Resistencia unitaria total [Kg/Ton]
r_o = Resistencia unitaria ordinaria [Kg/Ton]
r_P = Resistencia unitaria debido a la pendiente [Kg/Ton]
r_C = Resistencia unitaria debido a la curvatura horizontal [Kg/Ton]
r_i = Resistencia unitaria debido a la inercia [Kg/Ton]

Entonces la fuerza tractiva del equipo motor debe garantizar, como mínimo, vencer la resistencia que le presente un tren a lo largo de un itinerario particular donde ocurra una pendiente máxima y cuente con cierto radio de curvatura mínimo.

Matemáticamente esto se puede expresar como:

$$F = r_T \cdot (W_{TREN})$$

Y el peso total del tren será la suma de los vagones y/o carros más la locomotora:

$$W_{TREN}=P_{V'S}+ P_L$$

Entonces:

$$F=r_T \cdot (P_{V'S}+ P_L) \hspace{3cm} \text{Ecuación 5.8}$$

Donde:

F = Fuerza de tracción requerida para mover al tren [kgf]
r_T = Resistencia unitaria total [Kg/Ton]
P_{VS} = Peso de todos los vagones y/o carros [Ton]
P_L = Peso total de la locomotora (a capacidad total de combustible, agua, aceite y arena) [Ton]

Cuando la fuerza de tracción requerida para mover a cierto tren durante un itinerario específico excede la fuerza de tracción propia de una sola locomotora comercial disponible, se acoplan varias locomotoras al tren. El sincronismo entre los generadores eléctricos de cada locomotora buscará siempre garantizar el equilibrio, haciendo que cada uno siempre esté generando la misma potencia, de modo que la fuerza tractiva de cada locomotora puede acumularse.

En la figura 5.37 podemos ver a la locomotora BNSF-982, que es una C44-9W, con 4400 HP, acoplada a la locomotora Ferromex-4038, que es una ES44AC, con 4400 HP, y finalmente acoplada la locomotora Santa Fe-(sin número legible), que es una SD75M, con 4300 HP; marchando en sincronía para arrastrar a un tren.

Figura 5.37: Dos locomotoras del ferrocarril BNSF y una locomotora de Ferromex arrastrando un tren.

5.6 Potencia de las locomotoras

Sabemos que la fuerza es la acción capaz de poner un cuerpo en movimiento, o de modificar ese movimiento.

Para tirar de un tren, la locomotora debe desarrollar una cierta fuerza, esa fuerza, sobre plano horizontal se evalúa en libras. El esfuerzo de tracción es la fuerza que la locomotora desarrolla para tirar del tren.

Dicho esfuerzo de tracción produce un trabajo cuando desplaza al tren del que tira. Si el desplazamiento tiene lugar siguiendo la dirección de la fuerza, se mide el trabajo multiplicando la fuerza en libras por el camino recorrido, en pies.

$$W=F\cdot d \qquad \text{Ecuación 5.9}$$

Donde:

W = Trabajo efectuado por la locomotora [lb-ft]
F = Fuerza de tracción de la locomotora [lb]
d = Distancia recorrida [ft]

Es también conocido que la potencia es la relación directa entre el trabajo y la duración de este, relación medida por el trabajo efectuado en un segundo, cuando este trabajo es uniforme.

$$P=\frac{W}{t} \qquad \text{Ecuación 5.10}$$

Donde:

P = Potencia de la locomotora [lb-ft/seg]
W = Trabajo efectuado por la locomotora [lb-ft]
t = Duración en la cual la locomotora realiza el trabajo [seg]

Ahora bien, sabemos que la velocidad es la relación inversa entre la distancia recorrida y el tiempo que tomó recorrer dicha distancia:

$$v=\frac{d}{t}$$

Despejando al tiempo, obtenemos:

$$t=\frac{d}{v}$$

Sustituyendo este valor del tiempo y el valor del trabajo, obtenido en la ecuación 5.9, dentro de la ecuación 5.10, nos arroja:

$$P = \frac{F \cdot d}{\frac{d}{v}}$$

Y, simplificando, finalmente nos da:

$$P = F \cdot v \qquad \qquad \text{Ecuación 5.11}$$

Donde:

P = Potencia de la locomotora [lb-ft/seg]
F = Fuerza de tracción de la locomotora [lb]
v = Velocidad de la locomotora [ft/seg]

5.7 La adherencia rueda-riel

El hecho de que las locomotoras puedan hacer que el tren se mueva está basado en la fuerza de fricción entre las ruedas y los rieles. En circunstancias desfavorables, cuando la fuerza de tracción supera a la fuerza de fricción rueda-riel, se produce un fallo en forma de patinaje o deslizamiento de la rueda sobre el riel que ocasiona la inmovilidad del tren y el prematuro desgaste de los rieles, en los que se forma un daño conocido como "quemadura del riel".

Figura 5.38: Falla conocida como 'riel quemado', cuando las ruedas del tren patinan por falta de adherencia.

La fuerza de adherencia es el producto del coeficiente de fricción rueda-riel y la carga soportada por las ruedas motrices. Matemáticamente:

$$F_{adh} = \mu_{adh} \cdot P_L \qquad \text{Ecuación 5.12}$$

Donde:

F_{adh} = Fuerza de adherencia [kg]
μ_{adh} = Coeficiente de fricción rueda-riel [adimensional]
P_L = Peso total de la locomotora (considerando la cantidad actual de combustible, agua, aceite y arena) [Kg]

Como es natural la adherencia disminuye con la velocidad, numerosos estudios han arrojado formulas empíricas para estimar el coeficiente de adherencia. Una de las ecuaciones más aceptadas es la siguiente:

$$\mu_{adh} = \frac{0.33}{1+0.036v} \qquad \text{Ecuación 5.13}$$

Donde:

μ_{adh} = Coeficiente de fricción rueda-riel [adimensional]
v = velocidad a la que circula el tren [km/hr]

Muchos factores influyen en la adherencia, entre ellos las condiciones climatológicas, el perfil de la rueda y de la cabeza del riel, la contaminación en el riel y/o en el sistema de tracción.

De la ecuación 5.12 podemos deducir directamente que mientras más pesado sea el equipo que proporciona la fuerza motriz mayor será la fuerza de adherencia. Sin embargo, no es económicamente viable fabricar locomotoras cada vez más pesadas con el único argumento de mejorar la adherencia, es por esto que se han mejorado los mecanismos de suspensión y los controles de tracción en el equipo tractivo.

En cuanto a las condiciones de la vía que permiten obtener una elevada adherencia podemos mencionar: el buen estado de la misma en cuanto a nivelación, alineación y estabilidad de la vía (mientras más pesado sea el emparrillado de la vía, más estable será esta) el uso de largos rieles soldados y, sobre todo, el estado superficial del riel.

En situaciones particulares, cuando el riel está mojado, en zonas nevadas o con pendientes fuertes, el uso de la arena con la que cuenta la locomotora ayuda significativamente a incrementar la adherencia.

Figura 5.39: Depósito de arena en una locomotora y su tubo para verter el material sobre el riel.

6 Geometría de la vía férrea

Teniendo como criterios primordiales lograr un eficiente consumo de combustible para los trenes, buscar la disminución del desgaste en los componentes de la vía y mantener la máxima velocidad permitida constante en el mayor recorrido posible para completar los itinerarios en menos tiempo, las vías férreas, quizás con mayor preponderancia que cualquier otra vía de comunicación terrestre, buscan proyectarse usado lo más posible líneas rectas, curvas horizontales de gran radio y curvas verticales con rampas de pendientes pequeñas.

Figura 6.1: Línea I, Irapuato-Manzanillo, tramo Armería. Alineación recta.

La alineación más natural, entonces, es la recta (también llamada tangente, en el argot ferroviario). Pero esta no siempre puede lograrse en tramos de gran longitud debido diversos factores tales como las características orográficas del terreno, motivos económicos, sociales, turísticos, arqueológicos y ecológicos.

Entre las características orográficas del terreno se pueden mencionar las formaciones montañosas, cañadas, desfiladeros, etcétera. Cuando no es viable la construcción de túneles o puentes que sigan un alineamiento recto, se unen los tramos tangentes mediante curvas.

Figura 6.2a: Línea B, México-Nuevo Laredo, entre Saltillo y Monterrey. Alineación curva horizontal.

Figura 6.2b: Línea R, Piedras Negras – Ramos Arizpe, "Cerro del Mercado". Alineación con curvas horizontales y curvas verticales.

Algunos de los motivos económicos que imposibilitan mantener siempre la alineación recta son la construcción de estaciones de carga y descarga, patios ferroviarios para trasvase de mercancías y la conexión de vías particulares con las vías troncales del sistema ferroviario.

Figura 6.3: Vía particular de la planta Cementos Apasco, Hermosillo, Sonora, que se conecta a la línea TE.

Entre los motivos sociales se puede mencionar la inclusión de centros poblacionales dentro de marcos sustentables, para comunicar a las personas entre sí, o desde zonas habitacionales hacia los centros laborales y viceversa.

Figura 6.4: Curva horizontal de la línea B, dentro de la zona urbana de Santiago de Querétaro, Querétaro.

Los recorridos turísticos buscan conectar sitios de interés para los viajeros, la disposición de estos sitios en el terreno difícilmente estará dentro de un itinerario recto, y por eso la necesidad del empleo de curvas.

Figura 6.5: Línea T, tramo Tequila-Guadalajara, Jalisco. Recorrido turístico 'Tequila Express'.

Entre los motivos arqueológicos se puede mencionar el respeto para conservación de estructuras que guardan valor histórico en las distintas zonas.

Figura 6.6: Línea HB, San Agustin – San Lorenzo, bajo el Acueducto Tembleque, estado de Hidalgo.

La construcción de una vía férrea, al igual que cualquier obra hecha por el ser humano, implica cierto grado de impacto ambiental. Los motivos ecológicos que impiden el trazo de un itinerario completamente recto obedecen a la mitigación de dicho impacto ambiental para los diversos ecosistemas, respeto a parques nacionales, reservas de la biosfera, etcétera.

Figura 6.7: Línea S, México-Veracruz, vía curva dentro de túnel, Acultzingo (Parque Nacional Cañón del Rio Blanco)

6.1 Curvas horizontales

En un proyecto de vías férreas, las curvas horizontales para unir los tramos tangentes de distinto rumbo son generalmente circulares, ya sean simples o compuestas, empleando las espirales para las transiciones graduales tal como se verá más adelante.

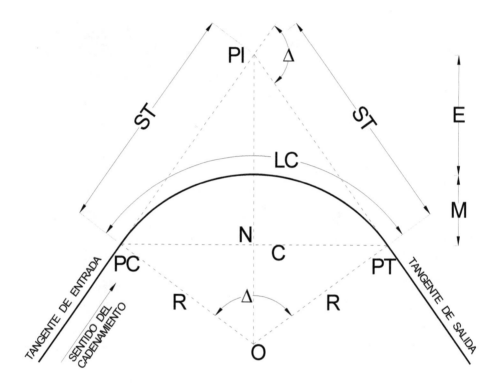

Figura 6.8: Nomenclatura para curvas circulares

Una curva se traza inicialmente con dos líneas rectas llamadas tangentes, ambas tangentes se extienden hasta que se intersectan en el *punto de inflexión* (PI). En el sentido del cadenamiento, a la primera tangente se le llama *tangente de entrada* y a la segunda se le llama *tangente de salida*.

La curva se traza de manera que toque ambas tangentes en los *puntos sobre las tangentes*, los cuales se denominan *punto de curvatura* (PC), que es propiamente donde inicia la curva, y *punto de tangencia* (PT), que es donde terminará el segmento circular.

La distancia entre cada uno de los puntos sobre las tangentes y el punto de inflexión se denomina *sub-tangente* (ST), la cual es la misma tanto a la entrada como a la salida, y el ángulo que se forma entre ambas sub-tangentes se llama *ángulo de deflexión* (Δ).

La recta que uniría al punto de curvatura con el punto de tangencia se le conoce como *cuerda larga,* o simplemente *cuerda* (C). La distancia medida sobre el segmento circular se llama *longitud de la curva* (LC). La distancia entre el punto medio de la cuerda y el punto medio del segmento circular se llama *ordenada media* (M), y la distancia entre el punto medio del segmento circular y el punto de inflexión se conoce como *distancia externa* (E).

Finalmente, el *radio de la curva* se expresa como R.

6.1.1 Radio y grado de curvatura

Para definir qué tan cerrada es una curva se consideran los siguientes criterios:

A) Radio de curvatura: "mientras menor sea el radio, más cerrada será la curva".

B) Grado de curvatura: "mientras mayor sea el grado, más cerrada será la curva". El grado de la curva puede obtenerse por dos métodos:

   B.1) **Primer método.** Con base en la 'cuerda unidad'. Este método define al grado de curvatura como al ángulo central que subtiende una 'cuerda unidad', como se observa en la siguiente figura:

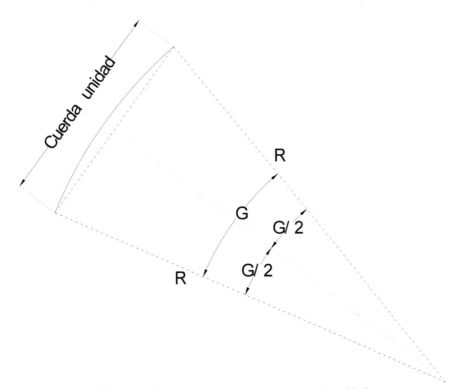

Figura 6.9: Grado de la curva en base a la 'cuerda unidad'

   Este método se basa en la premisa de que una curva es una sucesión de pequeñas rectas ligadas unas con otras.

De la figura 6.9, por trigonometría, podemos saber que:

$$\operatorname{sen}\frac{G}{2}=\frac{\dfrac{\text{Cuerda unidad}}{2}}{R}$$

Ecuación 6.1.

En el sistema inglés la 'cuerda unidad' vale 100 pies (100 ft), por lo tanto la ecuación 6.1 se transforma a:

$$G = 2 \cdot \left(\operatorname{sen}^{-1}\frac{50}{R} \right)$$

Ecuación 6.2.

Donde:

G = grado de la curva. [Grados, minutos y segundos]
R = radio de la curva. [ft]

En el sistema métrico decimal la 'cuerda unidad' vale 20 metros, por lo tanto la ecuación 6.1 se transforma a:

$$\operatorname{sen}\frac{G}{2}=\frac{10}{R}$$

y finalmente:

$$G = 2 \cdot \left(\operatorname{sen}^{-1}\frac{10}{R} \right)$$

Ecuación 6.3.

Donde:

G = grado de la curva. [Grados, minutos y segundos]
R = radio de la curva. [m]

B.2) **Segundo método.** Con base en el 'arco unidad'. Este método define al grado de curvatura como al ángulo central que subtiende un 'arco unidad', como se observa en la siguiente figura:

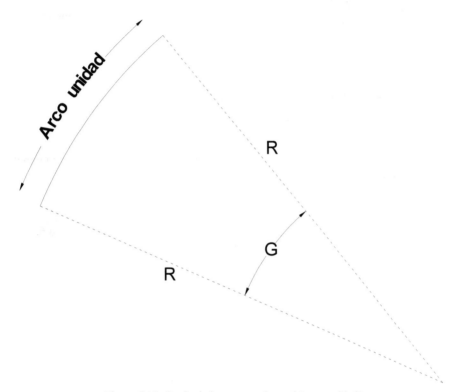

Figura 6.10: Grado de la curva en base al 'arco unidad'

Este método se fundamenta en que una curva es una sucesión de pequeñas arcos ligados unos con otros. Si comparamos el arco de una circunferencia completa ($2\pi R$), que subtiende un ángulo de 360°, con un arco unidad, que subtiende un ángulo G tenemos que:

$$\frac{2\pi R}{360°} = \frac{Arco\ unidad}{G}$$

Y despejando G, obtenemos:

$$G = \frac{360°Arco\ unidad}{2\pi R}$$

Ecuación 6.4.

En el sistema inglés el 'arco unidad' vale 100 pies (100 ft), por lo tanto la ecuación 6.4 se transforma a:

$$G = \frac{5{,}729.58}{R}$$ Ecuación 6.5.

Donde:

G = grado de la curva. [Grados, minutos y segundos]
R = radio de la curva. [ft]

En el sistema métrico decimal el 'arco unidad' vale 20 metros, por lo tanto la ecuación 6.4 se transforma a:

$$G = \frac{1{,}146}{R}$$ Ecuación 6.6.

Donde:

G = grado de la curva. [Grados, minutos y segundos]
R = radio de la curva. [m]

Para las vías férreas que se proyectan y construyen en la República Mexicana el grado o radio de la curva puede calcularse con cualquiera de los dos métodos mencionados. Los valores no varían significativamente debido a que los concesionarios del servicio ferroviario exigen grados de curvatura pequeños. KCSM, en sus 'Especificaciones para diseño y construcción de vías industriales particulares', permite como máximo curvas con un G=8° (métricos); y Ferromex, en sus 'Lineamientos para vías particulares' dispone que el grado máximo de curvatura sea de G=10° (métricos). Los demás concesionarios se apegan a estos valores.

En la tabla 6.1 se puede observar los radios de curvatura, obtenidos a partir del grado de la curva, empleando el método de 'cuerda unitaria' (segunda columna) y empleando el método de 'arco unitario' (tercera columna).

GRADO DE LA CURVA (MÉTRICO)	RADIO DE LA CURVA (m), PRIMER MÉTODO	RADIO DE LA CURVA (m), SEGUNDO MÉTODO
10° 00'	114.74	114.60
9° 00'	127.45	127.33
8° 00'	143.36	143.25
7° 00'	163.80	163.71
6° 00'	191.07	191.00
5° 00'	229.26	229.20
4° 00'	286.54	286.50
3° 00'	382.02	382.00
2° 00'	572.99	573.00
1° 00'	1,145.93	1,146.00
0° 30'	2,291.84	2,292.00

Tabla 6.1. Radio de la curva, comparativa de dos métodos: 'cuerda unitaria' (primer método) vs 'arco unitario' (segundo método), sistema métrico.

Como se puede notar, a partir de la ecuación 6.5 y ecuación 6.6, el grado de curvatura no tendrá el mismo valor numérico entre el Sistema Inglés y el Sistema Métrico Decimal. Esto es debido a la distinta convención aceptada por cada sistema para asignar un valor a la 'cuerda unitaria' o al 'arco unitario'.

RADIO DE LA CURVA (m)	RADIO DE LA CURVA (ft)	GRADO DE CURVA MÉTRICO	GRADO DE CURVA INGLÉS
114.60	375.98	10° 00'	15° 14' 20''
127.33	417.76	9° 00'	13° 42' 54''
143.25	469.98	8° 00'	12° 11' 28''
163.71	537.12	7° 00'	10° 40' 02''
191.00	626.64	6° 00'	9° 08' 36''
229.20	751.97	5° 00'	7° 37' 10''
286.50	939.96	4° 00'	6° 05' 44''
382.00	1,253.28	3° 00'	4° 34' 18''
573.00	1,879.92	2° 00'	3° 02' 52''
1,146.00	3,759.84	1° 00'	1° 31' 26''
2,292.00	7,519.69	0° 30'	0° 45' 43''

Tabla 6.2: Grado de la curva, comparativa entre el Sistema Métrico Decimal y el Sistema Inglés.

En la tabla 6.2 podemos observar cómo, para curvas con un mismo radio, el Sistema Métrico Decimal asigna un valor distinto al grado de la curva que aquel asignado por el Sistema Inglés.

De esta forma podemos establecer que una curva con un grado de curvatura métrico (G=1°), equivale, o es la misma curva, que aquella con un grado, treinta y un minutos, veintiséis segundos de curvatura inglés (G=1°31'26'').

6.1.2 Ecuaciones para la curva circular

Las ecuaciones 6.1 y 6.4 definen como obtener el grado de la curva, a partir del radio o viceversa. Las demás ecuaciones de la curva pueden obtenerse por trigonometría al observar la figura 6.8.

La medida de la sub-tangente es:

$$ST = R \cdot \tan\frac{\Delta}{2}$$

Ecuación 6.7.

La longitud de la cuerda se calcula con:

$$C = 2 \cdot R \cdot \text{sen}\frac{\Delta}{2}$$

Ecuación 6.8.

La distancia externa se obtiene al analizar el triángulo O-PC-PI:

$$cos\frac{\Delta}{2} = \frac{R}{R+E}$$

$$R + E = \frac{R}{cos\frac{\Delta}{2}}$$

y finalmente:

$$E = R \cdot \left(\frac{1}{cos\frac{\Delta}{2}} - 1\right)$$

Ecuación 6.9.

La magnitud de la ordenada media lo obtenemos al resolver el triángulo O-N-PC:

$$cos\frac{\Delta}{2} = \frac{R-M}{R}$$

$$R - M = R \cdot cos\frac{\Delta}{2}$$ y finalmente:

$$M = R \cdot \left(1 - cos\frac{\Delta}{2}\right)$$ Ecuación 6.10.

Para conocer la longitud comparamos el arco de una circunferencia completa (2πR), que subtiende un ángulo de 360°, con la longitud del arco, que subtiende un ángulo Δ, entonces:

$$\frac{2\pi R}{360°} = \frac{LC}{\Delta}$$ Y despejando LC, obtenemos:

$$LC = \frac{2\pi R\Delta}{360°}$$ Ecuación 6.11.

Para el Sistema Inglés, de la ecuación 6.5, sabemos que:

$$R = \frac{5,729.58}{G}$$ Sustituimos en 6.11 y obtenemos:

$$LC = \frac{\frac{2\pi \cdot 5,729.58 \cdot \Delta}{G}}{360°}$$

$$LC = \frac{100\Delta}{G}$$

Ecuación 6.12.

Donde:

G = grado de la curva. [Grados, minutos y segundos]
LC = longitud de la curva. [ft]

Y para el Sistema Métrico Decimal, de la ecuación 6.6, sabemos que:

$$R = \frac{1,146}{G}$$

Sustituimos en 6.11 y obtenemos:

$$LC = \frac{\frac{2\pi \cdot 1,146 \cdot \Delta}{G}}{360°}$$

$$LC = \frac{20\Delta}{G}$$

Ecuación 6.13.

Donde:

G = grado de la curva. [Grados, minutos y segundos]
LC = longitud de la curva. [m]

6.2 Tipos de curvas circulares

Habiendo establecido las ecuaciones para las alineaciones curvas circulares, comentaremos ahora las diversas formas geométricas que estas pueden adoptar en el trazado ferroviario.

Las curvas circulares horizontales para las vías férreas se dividen en dos: las curvas sencillas y las curvas compuestas, también llamadas policéntricas. Estas segundas, a su vez, se dividen también en dos tipos: curvas compuestas en el mismo sentido y curvas compuestas de sentidos contrarios, también llamadas curvas inversas o curvas reversas.

Las curvas circulares sencillas tienen un único valor del radio a todo lo largo de su desarrollo.

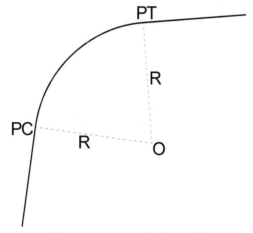

Figura 6.11: Curva circular sencilla

Figura 6.12: Línea B, México-Nuevo Laredo, cerca de San Miguel de Allende, Gto. Curva circular sencilla

Las curvas circulares compuestas en el mismo sentido están constituidas por una sucesión de curvas cuyos radios son diferentes, pero del mismo signo y son tangentes. El punto donde hacen tangencia se denomina *punto de curvatura compuesta* (PCC), podemos notar que el PCC equivale al PT de la primera curva y también al PC de la segunda curva.

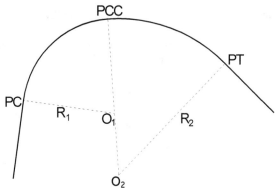

Figura 6.13: Curva circular compuesta en el mismo sentido

Las curvas circulares compuestas de sentidos contrarios, curvas inversas o curvas reversas, están constituidas por una sucesión de curvas cuyos radios pueden ser iguales o diferentes, pero de signo contrario.

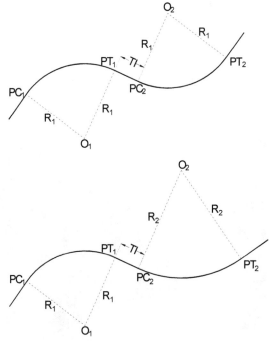

Figura 6.14: Curva circular compuesta reversa: con un mismo radio y con distinto radio.

Las diversas especificaciones para el diseño y construcción de vías férreas, de aceptación en la República Mexicana, en muy pocas ocasiones permiten que las curvas reversas o inversas sean tangentes. En la mayoría de los casos se especifica una longitud de 'Tangente intermedia' (TI) mínima.

Por ejemplo el manual de AREMA, en su capítulo 5, divide a las curvas reversas en dos: aquellas que no tienen longitud de transición ni peralte (generalmente para vías férreas en patios y/o dentro de estaciones) y aquellas que si cuentan con longitud de transición así como peralte (generalmente para vías férreas en recorridos principales, vías troncales y ramales).

Figura 6.15: Línea N, Naucalpan-Apatzingán, entre Acámbaro y Morelia, curva circular compuesta reversa.

Las recomendaciones de AREMA para las curvas reversas que no cuentan con longitud de transición ni peralte se pueden observar en la siguiente tabla:

GRADO DE CURVA (INGLÉS)	GRADO DE CURVA (MÉTRICO)	TANGENTE INTERMEDIA MÍNIMA RECOMENDADA	
		(FT)	(M)
Menor de 6°	Menor de 3° 56'14"	0	0.0000
De 6° a 7°	De 3° 56' 14" a 4° 35' 37"	10	3.0480
De 7° a 8°	De 4° 35' 37" a 5° 14' 59"	20	6.0960
De 8° a 9°	De 5° 14' 59" a 5° 54' 21"	25	7.6200
De 9° a 10°	De 5° 54' 21" a 6° 33' 44"	30	9.1440
De 10° a 11°	De 6° 33' 44" a 7° 13' 06"	40	12.1920
De 11° a 12°	De 7° 13' 06" a 7° 52' 29"	50	15.2400
De 12° a 13°	De 7° 52' 29" a 8° 31' 51"	60	18.2880

Tabla 6.3: Tangente intermedia mínima recomendada, por AREMA, para curvas reversas sin longitud de transición y sin peralte.

Respecto a las curvas reversas que si cuentan con longitud de transición y con peralte, AREMA recomienda que la longitud mínima de la tangente intermedia sea no menor a la longitud del vagón o vehículo más largo que circule por dichas curvas.

El ferrocarril KCSM es más estricto en cuanto a la longitud de la tangente intermedia, en sus Especificaciones para Diseño y Construcción de Vías Industriales Particulares, menciona que las curvas inversas o reversas deben estar separadas por una tangente de al menos 35 metros de longitud.

6.3 Peralte

Como hemos visto, una parte importante de la longitud de las redes ferroviarias discurre por alineaciones curvas de mayor o menor radio en planta, conocer la interacción vía-vehículo en dichas secciones resulta imprescindible para determinar *el confort*, que corresponde al estado de circulación donde el viajero no experimenta una sensación de incomodidad, y que la carga de mercancías no se desequilibra ocasionando vuelcos de la misma o a todo el tren (ver figuras 6.16 y 6.17).

Figura 6.16: Línea Q, Ojinaga-Topolobampo, tramo Barrancas del Cobre

Figura 6.17: Línea N, Naucalpan-Apatzingán, tramo Caltzontzin – Tipitaro

Para compensar la acción de la fuerza centrífuga en el trazado de vías férreas dentro de curvas horizontales se proporciona cierto *peralte* a las vías mediante la elevación del riel exterior colocando un mayor espesor del balasto bajo los durmientes en dicha zona.

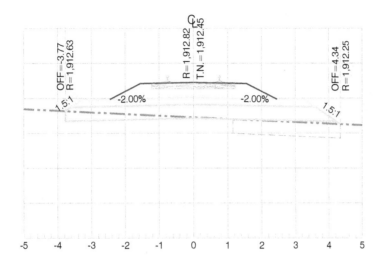

Figura 6.18: Sección transversal para alineación recta

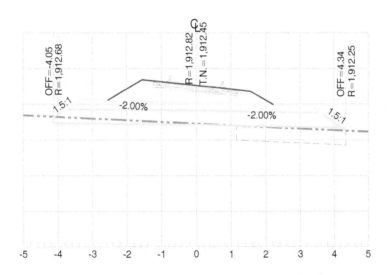

Figura 6.19: Sección transversal para alineación curva

El esquema de fuerzas que actúan en plena curva, peso del vehículo y fuerza centrífuga, puede descomponerse según el plano paralelo a la vía. El objeto es cuantificar el valor de la aceleración que recibiría el viajero o la carga y obligar a que este valor no exceda el límite de confort.

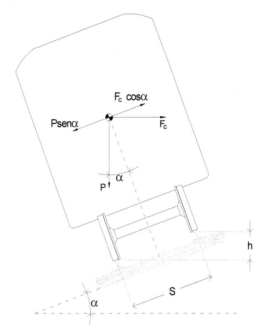

Figura 6.20: Esquema de fuerzas que actúan en curva

Matemáticamente podemos expresar la fuerza que finalmente se percibirá:

$$F_t = F_c \cos\alpha - P\sin\alpha \qquad \text{Ecuación 6.14.}$$

Siendo F_t la fuerza total que será percibida, F_c la fuerza debida a la aceleración centrífuga, P el peso del vehículo más su contenido y α el ángulo que forma la vía, ya peraltada, respecto a un plano horizontal idóneo.

La fuerza centrífuga es producida por la inercia de los vehículos al moverse en torno a un eje, pues estos tenderán a seguir una trayectoria tangencial a la curva sobre la que van circulando. El eje en torno al cual los trenes giran en una curva horizontal corresponde a una línea imaginaria que parte del centro de la curva y es perpendicular al plano horizontal idóneo.

La fuerza centrífuga aumenta con el radio de giro (R) y con la masa del cuerpo (M), siendo:

$$F_c = M \cdot R \cdot \omega^2$$

Donde ω es la velocidad angular. Además, por la Segunda Ley de Newton sabemos que:

$$F_c = M \cdot a$$

Entonces se deduce que la aceleración es igual al radio de la curva (R) por el cuadrado de la velocidad angular:

$$a = R \cdot \omega^2$$

Y la velocidad angular es igual a la velocidad tangencial (v) dividida por el radio de la curva (R), entonces:

$$a = R \cdot \left(\frac{v}{R}\right)^2 ;$$

$$a = R \cdot \frac{v^2}{R^2}$$, y finalmente:

$$a = \frac{v^2}{R}$$, con lo que la expresión para la F_c queda:

$$F_c = M \cdot \frac{v^2}{R}$$ Ecuación 6.15.

Dado que el ángulo máximo de la vía respecto al plano horizontal idóneo no debe superar, como se explicará posteriormente, los 5° a 6°, se puede suponer que:

$$cos\alpha = 1$$

Y, al observar la figura 6.20, sabemos que:

$$sen\alpha = \frac{h}{S}$$

Donde h es el peralte de la vía y S es la distancia entre ejes de los rieles, está última no se debe confundir con el ancho de vía, también llamado escantillón, en la figura 6.21 se muestran esas dimensiones.

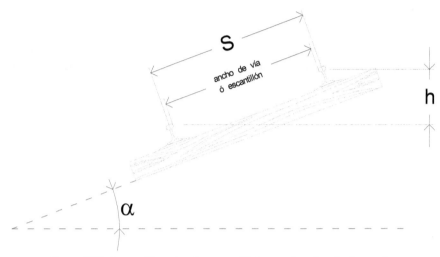

Figura 6.21: Separación entre ejes, escantillón, peralte y ángulo de peralte.

Sustituyendo la ecuación 6.15, y los valores de cosα y senα, en la ecuación 6.14 obtenemos:

$$F_t = \frac{Mv^2}{R} - \frac{Ph}{S}$$

Pero la masa de un cuerpo es igual a su peso (P) entre el valor de la gravedad (g), por lo tanto:

$$F_t = \frac{Pv^2}{gR} - \frac{Ph}{S}$$

Ecuación 6.16.

Y, de nuevo por la Segunda Ley de Newton:

$$F_t = M \cdot a = \frac{P}{g} \cdot \gamma_T$$

, siendo γ_T la aceleración total que se experimenta al circular por la curva.

Sustituyendo este valor de F_t en la ecuación 6.16, tenemos:

$$\frac{P}{g} \cdot \gamma_T = \frac{Pv^2}{gR} - \frac{Ph}{S}$$

Al despejar γ_T llegamos a:

$$\gamma_T = \frac{v^2}{R} - \frac{hg}{S}$$

Ecuación 6.17.

Donde:

γ_T = aceleración que se experimenta al circular por la curva [m/s²]
v = velocidad con la cual el tren circula por la curva [m/s]
R = radio de la curva [m]
h = peralte de la curva [m]
g = aceleración de la gravedad [m/s²]
S = separación entre ejes de los rieles [m]

Para que los pasajeros y la carga permanezcan en su sitio dentro del tren se supone no experimenten aceleración; por lo tanto se debe lograr que esta sea igual a cero ($\gamma_T = 0$) lo que se obtiene haciendo variar el valor del peralte h.

Por este razonamiento llegamos a la expresión para el *peralte teórico* (h_T), la cual se obtiene de sustituir el valor $\gamma_T = 0$ y despejar para h en la ecuación 6.17, tal cual se muestra a continuación:

$$h_T = \frac{v^2 S}{Rg}$$

Ecuación 6.18.

Donde:

v = velocidad con la cual el tren circula por la curva [m/s]
R = radio de la curva [m]
h_T = peralte teórico de la curva [m]
g = aceleración de la gravedad [m/s²]
S = separación entre ejes de los rieles [m]

El valor obtenido mediante la ecuación 6.18 se denomina peralte teórico debido a que, si bien en una curva el valor de su radio (R) es constante, por ella pasarán diferentes trenes que circularán a distintas velocidades.

Si se cuenta en la vía con el peralte (h) calculado para la velocidad (v) de los trenes más rápidos el confort en los pasajeros será perfecto; sin embargo en los trenes lentos, que normalmente son los de mercancías, las pestañas de sus ruedas desgastarán el riel interior de la curva, sobre los que siempre estarían en contacto, además de que, dado el caso de ser necesario detenerse por completo en esa curva, la vuelta a la marcha sería muy difícil porque habría que vencer el rozamiento pestaña-riel.

En el caso contrario, si se calcula el peralte (h) con la velocidad (v) de los trenes lentos, el confort sería malo para los trenes de viajeros y se produciría el desgaste en el riel exterior de la curva.

Existe, además, la limitación del peralte, que es su valor absoluto máximo. Las principales razones por las que es necesario limitar el peralte en curva son:

- Los viajeros experimentarían una gran dificultad para desplazarse a lo largo de un tren que circule sobre una curva con peralte alto. Esta dificultad se vuelve crítica en el caso de que los viajeros deban ascender o descender del tren cuando se haya detenido en dicha curva.

- Un tren de mercancías que haya tenido necesidad de detenerse en una curva con gran peralte tendrá mucha dificultad para ponerse en marcha nuevamente. Las ruedas al interior de la curva tendrían sus cejas en fuerte contacto con el riel interior y generarían una excesiva fricción.

- El talud en la capa de balasto se disgregaría con facilidad en una curva muy peraltada, ocasionando que la vía fuera perdiendo soporte paulatinamente; además de que sería muy difícil lograr mantener el talud en su dimensión por los equipos y/o personal de mantenimiento.

Debido a esto para las vías férreas en México, en base a la experiencia obtenida por los FNM desde antes de 1996, se determinó deben contar con un peralte máximo de 6" = 152.40 mm.

Posterior a 1996, cuando se dividió en distintos concesionarios el sistema de los FNM, estos optaron por mantener vigente dicho valor.

Por lo tanto, al calcular el peralte de una curva, según el criterio de los FNM, se pueden presentar dos casos:

a) El peralte calculado $h_T > 6$", entonces se adopta como peralte real el de 6".
b) El peralte calculado $h_T < 6$", entonces se adopta como peralte real el que haya resultado del cálculo.

Otros valores para el peralte máximo, adoptado por diversas administraciones en su respectivo país, pueden observarse en la siguiente tabla:

País	Peralte máximo
Líneas convencionales	
España	160 mm
Francia	160 mm
Inglaterra	150 mm
Alemania	150 mm
Estados Unidos	150 mm
Rusia	150 mm
Líneas de alta velocidad (de 200 a 300 km/hr)	
Francia	180 mm
Japón (Tokio - Osaka)	200 mm
Japón (Osaka – Hakata)	220 mm

Tabla 6.4: Peralte máximo para distintos países. Fuente: Curvas Horizontales en los trazados ferroviarios – José A. Escolano Paul, Revista de Obras Públicas, Marzo 1988

Como podemos ver, debido a esta limitación del peralte, se corrobora que (en la figura 6.20) h << S, con lo cual se justifica el considerar cosα = 1, para el cálculo de las fuerzas en la ecuación 6.14.

La ecuación 6.18 es funcional tal cual está descrita, pero para su uso en México puede simplificarse gracias a los siguientes fundamentos:

- El ancho de vía que más se emplea actualmente en México es el 'ancho internacional'. Este es igual a 56-1/2", es decir 1.4351 metros.

- Las dimensiones que comercialmente existen en el mercado para los rieles. Los de mayor aceptación comercial actualmente en México (año 2016) son dos: el riel 115RE y el riel 136RE, cuya cabeza mide 0.07 m y 0.075 m, respectivamente.

- La aceleración de la gravedad se acepta tenga un valor promedio, para cualquier zona de México, de 9.81 m/s².

- Para efectos de diseño es más común trabajar a partir de grados de curvatura. De las ecuaciones para curvas horizontales sabemos que, en el sistema métrico, el grado de una curva, para arcos unidad de 20 metros, es:

$$G = \frac{1{,}146}{R}$$; y despejando el radio, tenemos:

$$R = \frac{1{,}146}{G}$$

Por lo tanto, si adaptamos la ecuación 6.18 para una vía en curva con rieles calibre 115 lb/yd tenemos:

$$h_T = \frac{v^2(0.035+1.4351+0.035)}{\frac{1,146}{G} \cdot 9.81} = \frac{1.5051v^2}{\frac{11,242.26}{G}}$$ Y finalmente:

$$h_T = 0.0001339v^2G$$

Ahora adaptamos la ecuación 6.18 para una vía en curva con rieles calibre 136 lb/yd, y tenemos:

$$h_T = \frac{v^2(0.0375+1.4351+0.0375)}{\frac{1,146}{G} \cdot 9.81} = \frac{1.5101v^2}{\frac{11,242.26}{G}}$$ Y finalmente:

$$h_T = 0.0001343v^2G$$

Podemos observar que, al menos para estos dos tipos de riel, el valor de la constante en ambas ecuaciones es muy similar (0.0001339) y (0.0001343); por lo tanto aceptamos una ecuación que contemple el promedio de ambas:

$$h_T = 0.0001341v^2G$$ Ecuación 6.19.

Donde:

v = velocidad con la cual el tren circula por la curva [m/s]
G = grado de la curva para cuerdas de 20m [grados sexagesimales]
h_T = peralte de la curva [m]

Para efectos prácticos resulta más conveniente emplear el peralte en milímetros y la velocidad en kilómetros por hora, por lo tanto la ecuación 6.19 debe ser afectada por un factor para poder trabajar en dichas unidades:

$$h_T = 0.0001341v^2 G \left(\frac{1{,}000mm/_{1m}}{(3.6km/hr)^2/_{(1m/s)^2}} \right)$$

Y así obtendremos:

$$h_T = 0.01034v^2 G \qquad \text{Ecuación 6.20.}$$

Donde:

v = velocidad con la cual el tren circula por la curva [Km/hr]
G = grado de la curva para cuerdas de 20m [grados sexagesimales]
h_T = peralte de la curva [mm]

Además, es costumbre entre las cuadrillas y equipos de construcción y mantenimiento de vías férreas en México, emplear como unidades de velocidad el kilómetro por hora, pero para medir el peralte utilizan la pulgada, redondeándola a octavos. Entonces la misma ecuación 6.19 debe ser multiplicada por otro factor para trabajar en dichas unidades:

$$h_T = 0.0001341v^2 G \left(\frac{39.37inch/_{1m}}{(3.6km/hr)^2/_{(1m/s)^2}} \right)$$

Para obtener:

$$h_T = 0.000407v^2 G \qquad \text{Ecuación 6.21.}$$

Donde:

v = velocidad con la cual el tren circula por la curva [Km/hr]
G = grado de la curva para cuerdas de 20m [grados sexagesimales]
h_T = peralte de la curva [pulgadas]

En la siguiente tabla tenemos la resolución de la ecuación 6.20 para distintos grados de curvatura y diversas velocidades.

$$h_T = (0.01034v^2 \text{G})$$ Para ancho de vía internacional, g = 1.4351 m, riel calibre 115RE ó 136RE

GRADO DE LA CURVA	SOBRE-ELEVACIÓN DEL RIEL EXTERIOR EN MILÍMETROS																								
	VELOCIDAD EN KILÓMETROS POR HORA																								
	20	25	30	35	40	45	50	55	60	65	70	75	80	85	90	95	100	110	120	130	140
0° 30' 00''	2	3	5	6	8	10	13	16	19	22	25	29	33	37	42	47	52	63	74	87	101
1° 00' 00''	4	6	9	13	17	21	26	31	37	44	51	58	66	75	84	93	103	125	149		
1° 30' 00''	6	10	14	19	25	31	39	47	56	66	76	87	99	112	126	140	155				
2° 00' 00''	8	13	19	25	33	42	52	63	74	87	101	116	132	149							
2° 30' 00''	10	16	23	32	41	52	65	78	93	109	127	145									
3° 00' 00''	12	19	28	38	50	63	78	94	112	131	152										
4° 00' 00''	17	26	37	51	66	84	103	125	149												
5° 00' 00''	21	32	47	63	83	105	129														
6° 00' 00''	25	39	56	76	99	126	155														
7° 00' 00''	29	45	65	89	116	147															
8° 00' 00''	33	52	74	101	132																
9° 00' 00''	37	58	84	114	149																
10° 00' 00''	41	65	93	127																	
11° 00' 00''	45	71	102	139																	
12° 00' 00''	50	78	112	152																	
13° 00' 00''	54	84	121																		
14° 00' 00''	58	90	130																		
15° 00' 00''	62	97	140																		

Tabla 6.5: Sobre-elevación del riel exterior para una velocidad y un grado de curva dados.

6.4 Insuficiencia y exceso de peralte

De acuerdo a lo visto en el apartado anterior podemos darnos cuenta de que la vía férrea en curva quizás esté construida con un peralte menor que el necesario para que, en el caso de los trenes más rápidos, pueda conseguirse el equilibrio de las componentes paralelas al plano de la vía del peso y de la fuerza centrífuga. En esta situación los trenes circularan con *insuficiencia de peralte*.

De forma análoga, si circulase un tren lento se tendrá, en esa misma curva, un *exceso de peralte*.

Bajo este escenario solo se cumplirá la situación de equilibrio para un determinado peralte (h_T) cuando los trenes que circulen sobre la curva con grado (G) lo hagan a la velocidad (v) que satisfaga la ecuación del peralte (véase ecuación 6.20 y la tabla 6.5, que dan la sobre-elevación del riel exterior).

Todos los trenes que superen esta velocidad sufrirán una insuficiencia de peralte y todos los trenes que circulen a una velocidad inferior sufrirán un exceso de peralte.

En la ecuación 6.18 definimos el valor del peralte para una curva:

$$h_T = \frac{v^2 S}{Rg}$$

Lo que significa que el tren circula a la velocidad (v) exigida por el radio (R) de la curva.

Sin embargo, cuando el tren circule a su velocidad real (v_r), al paso por la misma curva de radio (R), el peralte que realmente necesitaría sería:

$$h_n = \frac{v_r^2 S}{Rg}$$

Si la velocidad real es mayor a la exigida por la ecuación 6.18, es decir ($v_r > v$), al pasar el tren por una curva de radio (R) y peralte (h_T) se estará en el supuesto de insuficiencia de peralte:

$$I = h_n - h_T$$

Si sustituimos los valores de h_n y h_T tenemos:

$$I = \frac{v_r^2 S}{Rg} - \frac{v^2 S}{Rg}$$, o bien:

$$I = \frac{S}{Rg}(v_r^2 - v^2)$$ Ecuación 6.22

Donde:

v = velocidad exigida para que el tren circule por la curva [m/s]
v_r = velocidad real con la que el tren circula por la curva [m/s]
R = radio de la curva [m]
g = aceleración de la gravedad [m/s²]
S = separación entre ejes de los rieles [m]
I = insuficiencia de peralte [m]

En el caso contrario, si la velocidad real es menor a la exigida por la ecuación 6.18, es decir (v_r < v), al pasar el tren por una curva de radio (R) y peralte (h_T) se estará en el supuesto de exceso de peralte:

$$E = h_T - h_n$$

Si sustituimos los valores de h_T y h_n tenemos:

$$E = \frac{v^2 S}{Rg} - \frac{v_r^2 S}{Rg}$$, o bien:

$$E = \frac{S}{Rg}(v^2 - v_r^2)$$ Ecuación 6.23.

Donde:

v = velocidad exigida para que el tren circule por la curva [m/s]
v_r = velocidad real con la que el tren circula por la curva [m/s]
R = radio de la curva [m]
g = aceleración de la gravedad [m/s²]
S = separación entre ejes de los rieles [m]
E = exceso de peralte [m]

6.5 Aceleración sin compensar

Al hablar de insuficiencia o exceso de peralte nos percatamos entonces de que en un porcentaje muy alto de las ocasiones en que el tren circule por las curvas horizontales del trazado, existirán *aceleraciones sin compensar* sobre los viajeros o mercancías que ocupen dicho tren.

Sin embargo, como ya se explicó anteriormente, construir vías férreas con curvas que presenten gran peralte resulta inviable y poco práctico. Por lo tanto lo que se debe lograr es conocer un valor permisible para la insuficiencia o exceso de peralte y así poder determinar la velocidad máxima de circulación sobre cada curva para que los pasajeros no experimenten incomodidad y para que las mercancías no se desequilibren.

Siendo así, la aceleración que se ejerce sobre los pasajeros o mercancías al interior del tren es la suma de la aceleración centrífuga que sí es compensada por el peralte más la aceleración centrífuga que no es compensada por el mismo.

Matemáticamente:

$$\gamma = \gamma_C + \gamma_{SC}$$
Ecuación 6.24.

Donde:

γ = aceleración centrifuga total.
γ_c = aceleración centrifuga compensada.
γ_{sc} = aceleración centrifuga sin compensar.

Sabemos, por la ecuación 6.18, que el peralte para una curva de radio (R) donde un tren debe circular a una velocidad (v) es:

$$h_T = \frac{v^2 S}{Rg} \text{, o bien:}$$

$$\frac{h_T g}{S} = \frac{v^2}{R}$$

Y, en el movimiento circular uniforme la aceleración es igual al cuadrado de la velocidad entre el radio de giro; por lo tanto:

$$\gamma_C = \frac{v^2}{R}$$

Entonces, la aceleración centrifuga que alcanza a compensar el peralte h_T, se puede también expresar como:

$$\gamma_C = \frac{h_T g}{S}$$
Ecuación 6.25.

Donde:

γ_C = aceleración centrifuga compensada.
h_T = peralte de la curva.
g = aceleración de la gravedad.
S = separación entre ejes de los rieles.

Análogamente, el peralte necesario para una curva de radio (R) donde un tren circula a su velocidad real (v_r) es:

$$h_n = \frac{v_r^2 S}{Rg} \text{, o bien:}$$

$$\frac{h_n g}{S} = \frac{v_r^2}{R}$$

De nueva cuenta, en el movimiento circular uniforme la aceleración es igual al cuadrado de la velocidad entre el radio de giro; por lo tanto:

$$\gamma = \frac{v^2}{R}$$

Entonces, la aceleración centrifuga total actuante debido a la velocidad real del tren circulando por la curva de radio R, se puede también expresar como:

$$\gamma = \frac{h_n g}{S}$$
Ecuación 6.26

Donde:

γ = aceleración centrifuga total actuante.
h_n = peralte requerido.
g = aceleración de la gravedad.
S = separación entre ejes de los rieles.

Al sustituir las ecuaciones 6.25 y 6.26 en la ecuación 6.24, obtenemos:

$$\frac{h_n g}{S} = \frac{h_T g}{S} + \gamma_{SC}$$, por lo tanto:

$$\gamma_{SC} = \frac{h_n g}{S} - \frac{h_T g}{S}$$, o bien:

$$\gamma_{SC} = \frac{g}{S}(h_n - h_T)$$

Pero sabemos que la insuficiencia de peralte es igual al peralte requerido menos el peralte de la curva: $I = h_n - h_T$, entonces:

$$\gamma_{SC} = \frac{g}{S} \cdot I \qquad \text{Ecuación 6.27}$$

Donde:
γ_{SC} = aceleración centrifuga sin compensar.
I = insuficiencia de peralte.
g = aceleración de la gravedad.
S = separación entre ejes de los rieles.

Numerosos estudios han determinado los niveles de aceleración aceptables por los viajeros (γ_V) dentro de los trenes.
Los ferrocarriles franceses, entre las décadas de los 60's y 70's del siglo XX, determinaron los valores de esta aceleración, relacionándola con el nivel de confort del pasajero, tal cual como se muestra en la tabla 6.6:

Valores de la aceleración transversal soportable por los viajeros		
Nivel de Confort	Posición del viajero	
	Sentado	De pie
Muy bueno	1.00 m/seg^2	0.85 m/seg^2
Bueno	1.20 m/seg^2	1.00 m/seg^2
Aceptable	1.40 m/seg^2	1.20 m/seg^2
Aceptable excepcionalmente	1.50 m/seg^2	1.40 m/seg^2

Tabla 6.6: Aceleración soportable por los viajeros, según los SCNF (Sociedad Nacional de Ferrocarriles Franceses), fuente: Infraestructuras Ferroviarias, Andrés López Pita, 2006.

La experiencia de los Ferrocarriles en Japón también arroja valores para dicha aceleración, quienes han elaborado graficas del tipo que se muestran a continuación (figuras 6.22, a, b y c):

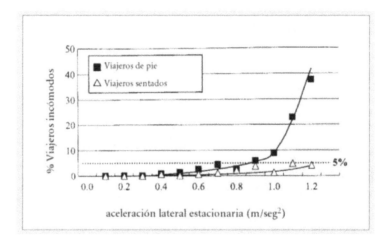

Figura 6.22a: Aceleración soportable por los viajeros, experiencias Japonesas. Fuente: Infraestructuras Ferroviarias, Andrés López Pita, 2006.

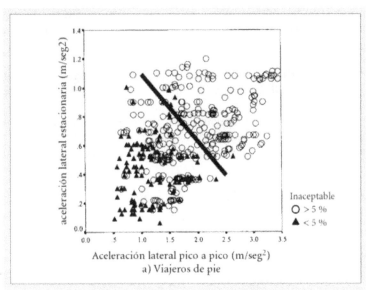

Figura 6.22b: Aceleración soportable por los viajeros, experiencias Japonesas. Fuente: Infraestructuras Ferroviarias, Andrés López Pita, 2006.

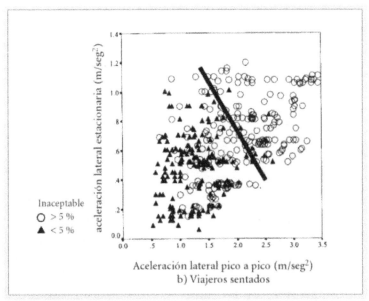

Figura 6.22c: Aceleración soportable por los viajeros, experiencias Japonesas. Fuente: Infraestructuras Ferroviarias, Andrés López Pita, 2006.

A consecuencia de estudios como los mencionados anteriormente se ha aceptado que la aceleración aceptable por los viajeros sea igual a un 9 por ciento de la aceleración de la gravedad, es decir $\gamma_V=0.09g$.

Esta aceleración centrifuga que los viajeros experimentan dentro del tren ya incluye los efectos a consecuencia de la "flexibilidad transversal" que sufren los vehículos ferroviarios a causa de la libertad elástica que otorgan los mecanismos de suspensión al propio vehículo.

Si se observa un vagón, o una locomotora, detenidos en una curva peraltada podemos notar que el vehículo adopta una posición de equilibrio no centrada (ver figuras 6.16 y 6.17) caracterizada por una rotación y un desplazamiento de la caja hacia el interior de la curva (ver figura 6.23).

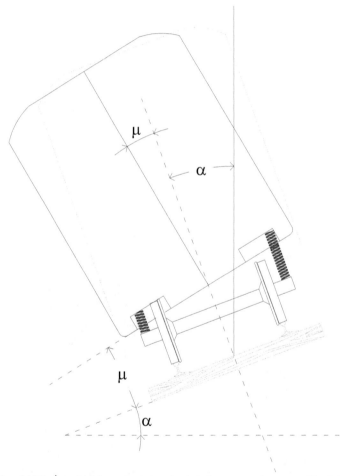

Figura 6.23: Ángulo del peralte y ángulo de balanceo por la suspensión del tren.

Esto ocasiona que el vehículo se mueva un ángulo de balanceo (μ), debido a la componente lateral de su peso, hacia el centro de la curva horizontal. La relación entre el ángulo del peralte y el ángulo de balanceo por la suspensión se denomina "coeficiente de flexibilidad" y es más conocido por la traducción francesa de la palabra 'flexibilidad', es decir, "coeficiente de souplesse".

Matemáticamente tenemos:

$$\tau = \frac{\mu}{\alpha}$$

Donde:

μ = ángulo de balanceo por la suspensión del vehículo.
α = ángulo del peralte.
τ = coeficiente de souplesse.

Entonces podemos establecer que la aceleración realmente experimentada dentro del tren, cuya magnitud ya fue determinada en base a los estudios previamente descritos, se define como la aceleración sin compensar acrecentada por el coeficiente de "souplesse", es decir:

$$\gamma_V = \gamma_{SC}(1 + \tau)$$

Donde:

γ_V = aceleración realmente experimentada.
γ_{SC} = aceleración sin compensar.
τ = coeficiente de souplesse.

El coeficiente de souplesse aumenta a medida que la elasticidad de las suspensiones se ha ido incrementando para mejorar el confort de los pasajeros. Los fabricantes actuales de carros para ferrocarril han logrado mantener dicho coeficiente en el orden de entre 0.2 y 0.4, siendo un valor aceptable considerar $\tau = 0.35$.

Despejando la aceleración sin compensar, de la ecuación anterior, tenemos:

$$\gamma_{SC} = \frac{\gamma_V}{(1+\tau)} \qquad\qquad \text{Ecuación 6.28}$$

Al sustituir los valores comentados en la ecuación 6.28, obtenemos la aceleración sin compensar que es aceptada por los diversos ferrocarriles que han estudiado el fenómeno:

$$\gamma_{SC} = \frac{0.09 \cdot (9.81 m/s^2)}{(1+0.35)} = 0.65 \, m/s^2$$

Al definir esta aceleración podemos conocer la insuficiencia de peralte máxima que es permitida por los distintos ferrocarriles. A partir de la ecuación 6.27 puede deducirse que:

$$I = \gamma_{SC} \frac{S}{g} \qquad\qquad \text{Ecuación 6.29}$$

Donde:

γ_{SC} = aceleración centrifuga sin compensar.
I = insuficiencia de peralte.
g = aceleración de la gravedad.
S = separación entre ejes de los rieles.

Como se puede observar, al tener conocido el valor de la aceleración centrifuga sin compensar y al ser aceptado en la mayoría de regiones geográficas un valor constante para la aceleración de la gravedad, el término que definirá la insuficiencia de peralte será la separación entre ejes de los rieles, la cual depende del ancho de vía y el calibre del riel, por ejemplo:

El ancho de vía ibérico es igual a 1.668 metros y el riel comercial más empleado en España actualmente (año 2016) es el UIC-54, cuya cabeza mide 0.07 m, por lo tanto, de la ecuación 6.29:

$$I = 0.65 \, m/s^2 \left[\frac{(0.035m+1.668m+0.035m)}{9.81m/s^2} \right]$$

$$I = 0.115m = 115mm \approx 4.5"$$

Que es el valor de insuficiencia de peralte permitido en España para la mayoría de las líneas convencionales.

Ahora, analizando el ancho de vía internacional, que mide 1.4351 metros, junto con el riel 115RE (ancho de vía y perfil comercial más aceptados actualmente en México al año 2016), cuya cabeza mide 0.07 metros, podemos obtener, también de la ecuación 6.29:

$$I = 0.65 \, m/s^2 \left[\frac{(0.035m + 1.4351m + 0.035m)}{9.81 m/s^2} \right]$$

$$I = 0.100m = 100mm \approx 4"$$

No obstante el valor de la insuficiencia de peralte obtenido para el ancho internacional, tanto AREMA como los FNM establecen (para mayor seguridad) que este no exceda de las 3" (76.20 mm).

6.6 Velocidad máxima para circulación en curva

La experiencia de los Ferrocarriles en México, basándose en esta disposición para la insuficiencia de peralte, define la *velocidad confort* como la velocidad máxima que podrá llevar un tren al circular por una curva de grado (G) y peralte (ht) adicionando una sobreelevación imaginaria de 3" (76.20 mm) a la sobreelevación real que dicha curva tiene.

Partiendo de la ecuación 6.20, para cuando la sobreelevación esté en milímetros, matemáticamente esto se puede expresar de la siguiente manera:

$$h_T + 76.20 = 0.01034v^2G \qquad\qquad \text{Ecuación 6.30.}$$

Y despejando la velocidad (v) obtendremos la velocidad confort:

$$v_{max} = \sqrt{\frac{h_T + 76.20}{0.01034G}} \qquad\qquad \text{Ecuación 6.31.}$$

Donde:

V_{max} = velocidad máxima sobre la curva o velocidad confort [Km/hr]
h_T = peralte real de la curva [mm]
G = grado de la curva para cuerdas de 20m [grados sexagesimales]

Y ahora partiendo de la ecuación 6.21 para cuando la sobreelevación esté en pulgadas debido a que, como ya se comentó, es costumbre entre las cuadrillas y equipos de construcción y mantenimiento de vías férreas en México, emplear como unidades de velocidad el kilómetro por hora, pero para medir el peralte utilizan la pulgada:

$$h_T + 3 = 0.000407v^2G$$

Ecuación 6.32.

Y despejando la velocidad (v) obtendremos la velocidad confort:

$$v_{max} = \sqrt{\frac{h_T + 3}{0.000407G}}$$

Ecuación 6.33.

Donde:

V_{max} = velocidad máxima sobre la curva o velocidad confort [Km/hr]
h_T = peralte real de la curva [inch]
G = grado de la curva para cuerdas de 20m [grados sexagesimales]

En la siguiente tabla tenemos la resolución de la ecuación 6.33, donde se puede observar la velocidad máxima que el tren puede emplear al circular en curvas de diversos grados de curvatura y diversos peraltes:

$$v_{max} = \sqrt{\frac{h_T + 3}{0.000407G}}$$ Para ancho de vía internacional, g=1.4351m, riel calibre 115RE

GRADO DE LA CURVA	VELOCIDAD MÁXIMA PARA CIRCULACIÓN EN CURVA PERALTADA (VELOCIDAD CONFORT) EN KM/HR																							
	SOBREELEVACIÓN EN PULGADAS																							
	1/4"	1/2"	3/4"	1"	1-1/4"	1-1/2"	1-3/4"	2"	2-1/4"	2-1/2"	2-3/4"	3"	3-1/4"	3-1/2"	3-3/4"	4"	4-1/4"	4-1/2"	4-3/4"	5"	5-1/4"	5-1/2"	5-3/4"	6"
0° 30'	126	131	136	140	145	149	153	157	161	164	168	172	175	179	182	185	189	192	195	198	201	204	207	210
1° 00'	89	93	96	99	102	105	108	111	114	116	119	121	124	126	129	131	133	136	138	140	142	145	147	149
1° 30'	73	76	78	81	83	86	88	90	93	95	97	99	101	103	105	107	109	111	113	114	116	118	120	121
2° 00'	63	66	68	70	72	74	76	78	80	82	84	86	88	89	91	93	94	96	98	99	101	102	104	105
2° 30'	57	59	61	63	65	67	68	70	72	74	75	77	78	80	81	83	84	86	87	89	90	91	93	94
3° 00'	52	54	55	57	59	61	62	64	66	67	69	70	72	73	74	76	77	78	80	81	82	83	85	86
4° 00'	45	46	48	50	51	53	54	55	57	58	59	61	62	63	64	66	67	68	69	70	71	72	73	74
5° 00'	40	41	43	44	46	47	48	50	51	52	53	54	55	57	58	59	60	61	62	63	64	65	66	67
6° 00'	36	38	39	40	42	43	44	45	46	47	49	50	51	52	53	54	54	55	56	57	58	59	60	61
7° 00'	34	35	36	37	39	40	41	42	43	44	45	46	47	48	49	50	50	51	52	53	54	55	55	56
8° 00'	32	33	34	35	36	37	38	39	40	41	42	43	44	45	46	46	47	48	49	50	50	51	52	53
9° 00'	30	31	32	33	34	35	36	37	38	39	40	40	41	42	43	44	44	45	46	47	47	48	49	50
10° 00'	28	29	30	31	32	33	34	35	36	37	38	38	39	40	41	41	42	43	44	44	45	46	46	47
11° 00'	27	28	29	30	31	32	33	33	34	35	36	37	37	38	39	40	40	41	42	42	43	44	44	45
12° 00'	26	27	28	29	29	30	31	32	33	34	34	35	36	36	37	38	39	39	40	40	41	42	42	43
13° 00'	25	26	27	27	28	29	30	31	32	32	33	34	34	35	36	36	37	38	38	39	39	40	41	41
14° 00'	24	25	26	26	27	28	29	30	30	31	32	32	33	34	34	35	36	36	37	37	38	39	39	40
15° 00'	23	24	25	26	26	27	28	29	29	30	31	31	32	33	33	34	34	35	36	36	37	37	38	38

Tabla 6.7: Velocidad máxima para circular sobre una curva, dados el grado y sobreelevación de la curva.

La tabla 6.7 nos arroja los valores máximos de la velocidad que puede llevar un tren al circular por una curva con un grado y un peralte dados; no debe usarse para calcular la sobreelevación en sí ya que, como se explicó y expuso en las ecuaciones 6.31 y 6.33, para llegar a la velocidad máxima el peralte se incrementó en 3" (76.20 mm).

En los cambios de vía y corta-vías, las curvas no deben peraltarse. De forma análoga, en la mayoría de los casos, dentro de los patios ferroviarios, estaciones y naves industriales, las curvas no deben llevar peralte, excepto, quizás en aquellas vías pertenecientes a dichas instalaciones que sean de operación y/o sirvan para pasar de un extremo a otro del patio directamente.

El motivo para no dar sobreelevación a estas curvas es debido a la convivencia que dichas vías pueden llegar a tener con las demás infraestructuras de la zona en cuestión: pavimentos, pisos industriales, patios para vehículos sobre neumáticos, andenes, cruces a nivel para peatones y/o vehículos, etcétera, además de que las bajas velocidades de operación no justifican el peralte.

Figura 6.24: Patio ferroviario de Ferrovalle, en Tlalnepantla, México. Curvas sin peralte.

Figura 6.25: Curva de operación patio ferroviario Puerto de Lázaro Cárdenas, Michoacán. Curva con peralte.

Para determinar la velocidad máxima en estas curvas sin peralte retomamos la ecuación 6.33, pero hacemos hT=0, por lo tanto:

$$v_{max} = \sqrt{\dfrac{3}{0.000407G}}$$
Ecuación 6.34

Donde:

V_{max} = velocidad máxima sobre la curva sin peraltar [Km/hr]
G = grado de la curva para cuerdas de 20m [grados sexagesimales]

Resolviendo la ecuación 6.34, para el caso más común en México, ancho internacional (g=1.4351 m) y riel 115RE, en diversos grados de curvatura, tenemos:

$$v_{max} = \sqrt{\dfrac{3}{0.000407G}}$$

GRADO DE LA CURVA (MÉTRICO)	VELOCIDAD MÁXIMA (Km/hr)
0° 30'	121.42
1° 00'	85.85
1° 30'	70.10
2° 00'	60.71
2° 30'	54.30
3° 00'	49.57
4° 00'	42.93
5° 00'	38.40
6° 00'	35.05
7° 00'	32.45
8° 00'	30.35
9° 00'	28.62
10° 00'	27.15
11° 00'	25.89
12° 00'	24.78
13° 00'	23.81
14° 00'	22.95
15° 00'	22.17

Tabla 6.8: Velocidad máxima para circular sobre una curva sin peralte, ancho internacional, riel 115 lb/yd.

La velocidad en aquellos sitios donde se ocupan las curvas sin peralte en muy excepcionales ocasiones alcanza su valor máximo mostrado en la tabla 6.8, quizás cuando el patio está completamente vacío y la locomotora debe desplazarse entre puntos extremos, o cuando un tren que ya haya terminado su maniobra al interior de la estación tenga completamente vía libre para salir hacia la vía principal.

Ingeniería de Vías Férreas

6.7 Curvas espirales o curvas de transición

Las curvas espirales permiten una transición gradual de una tangente a la curvatura completa de una curva circular. La curva espiral comienza muy suave, con un radio infinito, e incrementa su curvatura conforme se aproxima a la curva circular. Cuando se alcanza la curva circular, la curva espiral tendrá el mismo radio de curvatura que el de la curva circular.

Al dotar a las curvas de las vías férreas con curvas de transición tanto a su entrada como salida, se garantiza que las fuerzas centrifugas que actúan sobre el tren se reduzcan o se incrementen de forma gradual a medida que entran o salen de la curva.

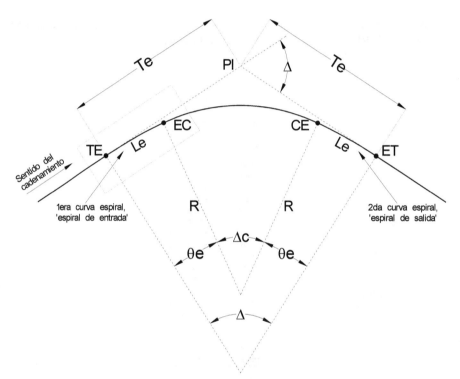

Figura 6.26: Curva horizontal en base a una espiral de entrada, una circular central y una espiral de salida.

Algunas de las ventajas al usar curvas espirales a la entrada y salida de las curvas circulares horizontales son:

- Se obtiene un incremento paulatino en el grado de la curva; desde cero, en el punto de unión de tangente de entrada con la espiral de entrada, hasta G° en el punto de unión de la curva espiral con la curva circular.
- De forma análoga, en la espiral de salida, el grado de la curva va disminuyendo paulatinamente desde G°, en el punto de unión de la curva circular con la curva espiral, hasta cero en el punto de unión de la espiral de salida con la tangente de salida.

- Se obtiene una longitud suficiente, entre la tangente y la curva circular, para efectuar la transición del peralte. Desde tener ambos rieles a nivel, en la tangente, hasta lograr dar su sobre-elevación de diseño al riel externo en la curva.
- Se aminora el efecto de las fuerzas centrifugas, incrementando el confort.

De acuerdo a la figura 6.26, la notación es:

TE = Punto inicial de la espiral de entrada (Tangente a Espiral).
Le = Longitud de la curva espiral.
EC = Punto final de la espiral de entrada e inicio de la curva circular (espiral a circular).
CE = Punto final de la curva circular e inicio de la espiral de salida (circular a espiral).
ET = Punto final de la espiral de salida (Espiral a Tangente).
PI = Punto de inflexión de la curva.
Te = Distancia, medida sobre la extensión de la tangente, entre TE y PI, así como entre PI y ET.
R = Radio de la curva circular.

El rectángulo gris de la figura 6.26 nos da un acercamiento a la espiral de entrada:

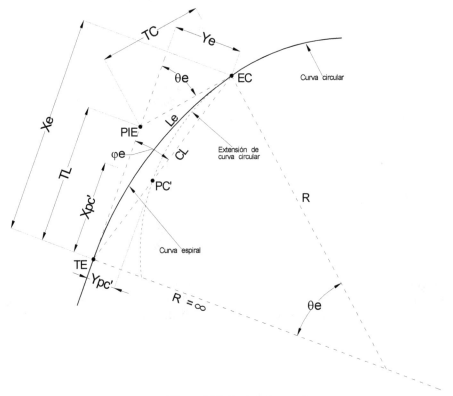

Figura 6.27: Espiral de entrada

De acuerdo a la figura 6.27, la notación es:

TE = Punto inicial de la espiral de entrada (Tangente a Espiral).
PIE = Punto de intersección de la espiral.
EC = Punto final de la espiral de entrada e inicio de la curva circular (espiral a circular).
Le = Longitud de la curva espiral.
CL = Cuerda más larga de la curva espiral.
θe = Ángulo de deflexión total para la curva espiral.
R = Radio de la curva circular.
TL = Tangente larga, o distancia del TE al PIE.
TC = Tangente corta, o distancia del PIE al EC.
φe = Ángulo que forma la TL con la CL.
Xe = Abscisa del punto EC, distancia del TE al EC, medido sobre la prolongación de la tangente.
Ye = Ordenada del punto EC, distancia del TE al EC, medido perpendicular a la prolongación de la tangente.
PC' = Proyección del principio de curvatura circular, si esta se desplazara hasta la cuerda más larda de la espiral.
Xpc' = Abscisa del punto PC', distancia del TE al PC', medido sobre la prolongación de la tangente.
Ypc' = Ordenada del punto PC', distancia del TE al PC', medido perpendicular la prolongación de la tangente.

Existen muchos modelos matemáticos que se ajustan a la curva espiral mostrada, tales como la parábola cubica, la espiral cubica, la parábola de cuarto grado, etcétera. Sin embargo, la que mejor se ajusta, y la que se emplea actualmente para las vías férreas es La Clotoide o Espiral de Euler, debido a esto es la que se explica a continuación.

Hemos visto que, por el movimiento circular uniforme, la aceleración centrifuga que actúa sobre el tren al circular por una curva tiene el siguiente valor:

$$a_C = \frac{v^2}{R_C}$$

Si en el enlace entre la tangente y la curva circular de radio Rc se dispone de una curva de transición de longitud Le (ver figura 6.27), para que en dicha longitud la aceleración centrífuga pase de cero a v²/Rc será necesario que se produzca una variación de la aceleración por unidad de longitud (aceleración unitaria) dada por:

$$a_{CU} = \frac{\frac{v^2}{R_C}}{Le}$$

Si la curva de transición varía su radio de **∞** en la tangente a **R** en la curva, para un punto cualquiera ubicado en ella y a una distancia **l** desde el inicio de la curva, punto de contacto con la tangente, experimentará una aceleración centrifuga de la siguiente magnitud:

$$a_{CP} = \frac{v^2}{R}$$

Esta misma aceleración en función de la aceleración unitaria será:

$$a_{CP} = a_{CU} \cdot l = \frac{v^2 \cdot l}{R_c \cdot L_e}$$

Igualando los términos de la derecha de las dos expresiones anteriores se obtiene:

$$\frac{v^2 \cdot l}{R_c \cdot L_e} = \frac{v^2}{R}$$

O bien:

$$R \cdot l = R_c \cdot Le$$

Por ser **R$_C$** y **Le** constantes, su producto es también una constante a la que, para mayor facilidad en los cálculos, se le acostumbra denominar por **K^2**, quedando la expresión anterior en:

$$R \cdot l = R_C \cdot Le = K^2 \qquad \text{Ecuación 6.35.}$$

Relación que representa a la mencionada Clotoide o Espiral de Euler.

Esta relación enuncia que el radio **R** en un punto cualquiera varía en proporción inversa a la distancia **l** desde el origen; o lo que es lo mismo, el producto del radio **R** por la distancia **l** desde el origen es constante e igual a **K^2**.

Resulta obvio que el radio y la longitud en los distintos puntos de la espiral tienen diferentes valores, pero éstos están ligados entre sí de modo que su producto es un valor constante, pudiéndose calcular fácilmente uno de ellos cuando se conoce el otro.

6.7.1 Obtención del parámetro K y de la deflexión total θe

El parámetro K es un indicador de la forma de la espiral, de su valor depende que tan abierta o cerrada es una curva espiral. Tiene un significado semejante al del radio R en las curvas circulares: a mayor K más suave será la curva espiral, y a menor K la curva espiral será más cerrada.

De la ecuación 6.35 podemos obtener el parámetro K de la espiral cuando se conoce la longitud y el radio en el extremo:

$$K^2 = R_C \cdot Le$$

Rc es el radio de la curva circular y **Le** es la longitud total de la espiral.

La deflexión total de la curva espiral puede obtenerse a partir de la longitud y del ángulo e que forman las tangentes en los extremos de la espiral:

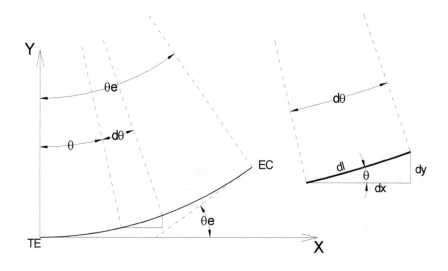

Figura 6.28a: La Clotoide en el Sistema Cartesiano

$$dl = R \, d\theta$$

De la ecuación 6.35 despejamos R y lo sustituimos en la relación anterior y nos da:

$$dl = \frac{K^2}{l}\, d\theta$$

Y, al despejar dθ, tenemos:

$$d\theta = \frac{l}{K^2}\, dl$$

Al integrar esta expresión obtendremos:

$$\theta = \frac{l^2}{2K^2} \qquad\qquad \text{Ecuación 6.36}$$

Sustituyendo K^2 por **RcLe**, de la ecuación 6.35, dentro de la ecuación 6.36 tenemos:

$$\theta = \frac{l^2}{2R_c Le} \qquad\qquad \text{Ecuación 6.37}$$

O bien, sustituyendo, en la ecuación 6.36, K^2 por Rl, también según la ecuación 6.35, obtendremos:

$$\theta = \frac{l}{2R} \qquad\qquad \text{Ecuación 6.38}$$

Cuando **θ = θe**, y **l = Le**, que representa la totalidad de la curva espiral, las ecuaciones 6.36 y 6.37 quedarán como sigue:

$$\theta e = \frac{Le^2}{2K^2} \qquad\qquad \text{Ecuación 6.39}$$

$$\theta e = \frac{Le}{2R_c} \qquad\qquad \text{Ecuación 6.40}$$

En las ecuaciones 6.36 a 6.40, los ángulos se obtendrán en radianes. Si queremos obtener las deflexiones θ y θe en grados sexagesimales debemos multiplicar por 180° y dividir entre π, por ejemplo, las ecuaciones 6.39 y 6.40 quedarían como sigue:

$$\theta e = \frac{90 \cdot Le^2}{\pi \cdot K^2} \qquad \text{Ecuación 6.41}$$

$$\theta e = \frac{90 \cdot Le}{\pi \cdot R_c} \qquad \text{Ecuación 6.42}$$

Donde:

Le = longitud total de la curva espiral [m]
R_c = Radio de la curva [m]
θe = ángulo de deflexión para la totalidad de la curva espiral [grados sexagesimales]

6.7.2 Obtención de un punto cualquiera sobre la espiral, referido al plano cartesiano

Al situar el sistema de coordenadas cartesiano con su origen en el punto TE, que es aquel donde la espiral coincide con la tangente, el eje de las x´s coincidirá con la propia tangente y el eje de las y's será, obviamente, perpendicular a esta.

En el triángulo diferencial de la Figura 6.28a se observa que el ángulo que hace dl con dx es θ, por tener los lados ortogonales entre sí. Entonces, por trigonometría se deduce que:

$$dx = cos\theta \cdot dl \qquad y \qquad dy = sen\theta \cdot dl$$

Al integrar ambas expresiones, teniendo como origen de coordenadas el punto donde la longitud de la espiral es cero (l=0) tenemos:

$$x = \int_0^l cos\theta \cdot dl \qquad y \qquad y = \int_0^l sen\theta \cdot dl$$

Puesto que el seno y el coseno son funciones con valores cercanos a cero sus desarrollos en series de McClaurin, las cuales son expansiones de f(x) en potencias de x, se pueden utilizar para integrar las ecuaciones anteriores. Sabemos que las expansiones para dichas funciones son:

$$sen\theta = \theta - \frac{\theta^3}{3!} + \frac{\theta^5}{5!} - \frac{\theta^7}{7!} + \cdots \quad y \quad cos\theta = 1 - \frac{\theta^2}{2!} + \frac{\theta^4}{4!} - \frac{\theta^6}{6!} + \cdots$$

Al reemplazar los valores anteriores para senθ y cosθ, y el obtenido en la ecuación 6.36, $\frac{l^2}{2K^2}$, para tener todo en términos de l, obtendremos:

$$x = \int_0^l \left\{ (1) - \frac{1}{2!}\left(\frac{l^2}{2K^2}\right)^2 + \frac{1}{4!}\left(\frac{l^2}{2K^2}\right)^4 - \frac{1}{6!}\left(\frac{l^2}{2K^2}\right)^6 + \cdots \right\} dl$$

$$y = \int_0^l \left\{ \left(\frac{l^2}{2K^2}\right) - \frac{1}{3!}\left(\frac{l^2}{2K^2}\right)^3 + \frac{1}{5!}\left(\frac{l^2}{2K^2}\right)^5 - \frac{1}{7!}\left(\frac{l^2}{2K^2}\right)^7 + \cdots \right\} dl$$

Al integrar ambas expresiones nos queda:

$$x = l\left\{ 1 - \frac{1}{5\cdot 2!}\left(\frac{l^2}{2K^2}\right)^2 + \frac{1}{9\cdot 4!}\left(\frac{l^2}{2K^2}\right)^4 - \frac{1}{13\cdot 6!}\left(\frac{l^2}{2K^2}\right)^6 + \cdots \right\}$$

$$y = l\left\{ \frac{1}{3}\left(\frac{l^2}{2K^2}\right) - \frac{1}{7\cdot 3!}\left(\frac{l^2}{2K^2}\right)^3 + \frac{1}{11\cdot 5!}\left(\frac{l^2}{2K^2}\right)^5 - \frac{1}{15\cdot 7!}\left(\frac{l^2}{2K^2}\right)^7 + \cdots \right\}$$

Al simplificar y reemplazar nuevamente $\frac{l^2}{2K^2}$ por θ, obtenemos:

$$x = l\left(1 - \frac{\theta^2}{10} + \frac{\theta^4}{216} - \frac{\theta^6}{9,360} + \cdots\right)$$

Ecuación 6.43

$$y = l\left(\frac{\theta}{3} - \frac{\theta^3}{42} + \frac{\theta^5}{1,320} - \frac{\theta^7}{75,600} + \cdots\right)$$

Ecuación 6.44

Las ecuaciones 6.43 y 6.44 nos dan las coordenadas cartesianas de cualquier punto P(x,y) sobre la clotoide o espiral. Donde:

X = abscisa del punto cualquiera sobre la espiral. [Unidades de longitud]
Y = ordenada del punto cualquiera sobre la espiral. [Unidades de longitud]
l = distancia, desde el punto TE hasta el punto cualquiera sobre la espiral, medido sobre la espiral misma. [Unidades de longitud]
θ = deflexión a cualquier punto de la espiral, se obtiene a partir de la ecuación 6.36. [Radianes]

Las ecuaciones anteriores son válidas para valores pequeños de θ ($\theta<\pi$ radianes); para valores más grandes, o si se desea mayor precisión, deberán agregarse más términos de acuerdo a las series del seno y el coseno. Sin embargo, para deflexiones en la espiral de $\theta\leq60°$ los términos aquí descritos son suficientes.

6.7.3 Obtención de la cuerda larga a un punto cualquiera sobre la espiral y su deflexión respecto al eje x.

Para efectos de trazo en campo de la curva espiral es muy útil conocer la longitud de la cuerda larga desde el punto TE a cualquier punto sobre la clotoide, así como su ángulo de deflexión respecto al eje de las x´s que, como ya vimos, corresponde a la prolongación de la tangente.

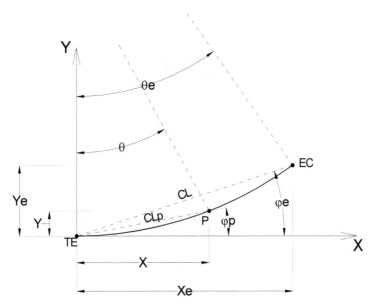

Figura 6.28b: Ubicación del EC y de un punto cualquiera sobre la espiral

Al tener conocidas las distancias 'X' y 'Y', en el plano cartesiano, la longitud de la cuerda larda a cualquier punto 'P' se obtiene a partir del teorema de Pitágoras:

$$CLp = \sqrt{X^2 + Y^2}$$
Ecuación 6.45.

Asimismo, con los valores de 'X' y de 'Y' en el plano cartesiano, por trigonometría podemos conocer el ángulo de deflexión que dicha cuerda larga al punto 'P' forma con la prolongación de la tangente, o eje de las x´s:

$$\varphi_P = tan^{-1}\left(\frac{Y}{X}\right)$$
Ecuación 6.46.

6.7.4 Obtención de la longitud mínima para la espiral, Le

Como se ha mencionado, el objetivo en vías férreas es garantizar el confort al paso de los trenes circulando en curvas y para que este objeto se cumpla la curva espiral debe garantizar que la aceleración centrifuga se vaya presentando de forma gradual.

Retomando la ecuación 6.17:

$$\gamma_T = \frac{v^2}{R} - \frac{hg}{S}$$

Donde se obtiene la aceleración que se experimenta al circular por la curva. Considerando que el peralte h es cero, ya que la curva de transición arranca desde el plano con ambos rieles de la vía, obtendremos la expresión:

$$\gamma_T = \frac{v^2}{R}$$

Si el tren recorre la curva de transición en un tiempo **t** y a velocidad constante **V**, el incremento promedio de la aceleración será:

$$\frac{\gamma_T}{t} = \frac{\frac{v^2}{R}}{t}$$

El tiempo que tarda el tren en recorrer la longitud total **Le** de la curva de transición depende de la velocidad a la que este circula:

$$t = \frac{Le}{v}$$

Y definimos a la variación de la aceleración por unidad de tiempo como:

$$C = \frac{\gamma_T}{t}$$

Al sustituir ambos valores en la ecuación de la aceleración experimentada tenemos:

$$C = \frac{\frac{v^2}{R}}{\frac{Le}{v}} = \frac{v^3}{LeR}$$

Y despejando Le, llegamos a:

$$Le = \frac{v^3}{CR}$$

Donde:

Le = longitud total de la curva espiral [m]
v = velocidad del tren al circular sobre la curva [m/s]
C = coeficiente de variación de la aceleración por unidad de tiempo [m/s²/s] = [m/s³]
R = Radio de la curva [m]

Como sabemos, es práctica común emplear como unidad para la velocidad el kilómetro por hora [km/hr], por lo tanto debemos afectar la ecuación anterior:

$$Le = \frac{v^3}{CR} \cdot \frac{1000^3 m^3}{km^3} \cdot \frac{hr^3}{3600^3 s^3}$$

$$Le = \frac{v^3}{46.66CR} \qquad \text{Ecuación 6.47.}$$

La ecuación 6.47 se conoce como 'formula de Shortt', en honor a su desarrollador.

El valor del coeficiente de variación de la aceleración por unidad de tiempo se ha investigado ampliamente y varía para cada obra de vía terrestre; para vías férreas se ha comprobado que su valor aceptable vale 0.3 m/s³.

Por lo tanto, la ecuación 6.47 la podemos expresar como sigue:

$$Le = \frac{v^3}{14R}$$
Ecuación 6.48.

Donde:

Le = longitud total de la curva espiral [m]
v = velocidad del tren al circular sobre la curva [km/hr]
C = coeficiente de variación de la aceleración por unidad de tiempo [m/s²/s] = [m/s³]
R = Radio de la curva [m]

La longitud Le, si bien en el desarrollo de las ecuaciones aparece como una totalidad, debe considerarse como una 'longitud mínima de curva espiral', ya que, por comodidad en el trazo de la curva, es práctica común redondearla al número entero par inmediato superior de aquel obtenido mediante el cálculo.

6.7.5 Obtención del punto EC, referido al plano cartesiano

El punto donde finaliza la curva espiral e inicia la curva circular (EC) es fácil de obtener ya que se tienen conocidos el ángulo de deflexión total θe para la espiral, así como su longitud total Le.

Al sustituir ambos valores en las ecuaciones 6.43 y 6.44 obtenemos:

$$x_e = Le \left(1 - \frac{\theta_e^2}{10} + \frac{\theta_e^4}{216} - \frac{\theta_e^6}{9,360} + \cdots \right)$$
Ecuación 6.49

$$y_e = Le \left(\frac{\theta_e}{3} - \frac{\theta_e^3}{42} + \frac{\theta_e^5}{1,320} - \frac{\theta_e^7}{75,600} + \cdots \right)$$
Ecuación 6.50

Donde:

Xe = absisa del punto EC. [Unidades de longitud]
Ye = ordenada del punto EC. [Unidades de longitud]
Le = Longitud total de la espiral. [Unidades de longitud]
θe = deflexión total de la espiral, se obtiene a partir de la ecuación 6.40. [Radianes]

6.7.6 Obtención de la cuerda larga al punto EC y su deflexión respecto al eje x.

La longitud de la cuerda larga desde el punto donde la tangente toca a la espiral, o inicio de curva espiral TE, y el punto donde finaliza la espiral y comienza la curva circular EC, se obtiene al sustituir los valores de 'Xe' y 'Ye' en la ecuación 6.45:

$$CL = \sqrt{X_e{}^2 + Y_e{}^2}$$

Ecuación 6.51.

Y su deflexión, respecto al eje de las x's, será, a partir de la ecuación 6.46:

$$\varphi_e = tan^{-1}\left(\frac{Y_e}{X_e}\right)$$

Ecuación 6.52.

6.7.7 Ecuaciones para la curva espiral

El resto de los parámetros para la clotoide, una vez que ya tenemos definidos el ángulo de deflexión total, el ángulo de deflexión a cualquier punto, las coordenadas de cualquier punto y del punto final, así como las cuerdas largas y sus inflexiones, podemos determinarlos por trigonometría al analizar las figuras 6.26 y 6.27 (La notación es la misma que se explicó para las dichas figuras):

$$\Delta c = \Delta - 2\theta e$$

Ecuación 6.53. Para el caso de curvas horizontales con espirales geométricas. En caso de espirales asimétricas se aplica entonces:

$$\Delta c = \Delta - \theta e - \theta s$$

Ecuación 6.54. Donde θs es la deflexión total de la espiral de salida, y se calcula de forma análoga al θe, ya explicado, pero para su espiral correspondiente.

$$X_{PC'} = X_e - Rsen(\theta e)$$

Ecuación 6.55.

$$Y_{PC'} = Y_e - [R \cdot (1 - cos\theta e)]$$

Ecuación 6.56.

$$TL = X_e - \left(Y_e \cdot \frac{1}{tan\theta e}\right)$$

Ecuación 6.57.

$$TC = Y_e \cdot \left(\frac{1}{sen\theta e}\right)$$

Ecuación 6.58.

$$Te = \left[(R + Y_{PC'}) \cdot tan\left(\frac{\Delta}{2}\right)\right] + X_{PC'}$$

Ecuación 6.59.

En las ecuaciones 6.53 a 6.59 todos los ángulos deben introducirse teniendo como unidad los grados sexagesimales y todas las distancias teniendo unidades de longitud congruentes con aquellas que se hayan de realizar los cálculos anteriores.

6.8 Curvas verticales

Las curvas que se utilizan en un plano vertical, o en el perfil de una vía férrea, para proporcionar un cambio suave entre líneas de rasante se denominan curvas verticales y, para garantizar este cambio suavizado, son del tipo parabólico.

Podemos encontrar dos casos en las curvas verticales: uno en el cual primero se va subiendo y luego se va bajando, en el cual la curva será convexa, también conocida como 'cima', y otro en el cual primero se va bajando y posteriormente se sube, donde la curva será cóncava y se conoce como 'columpio'.

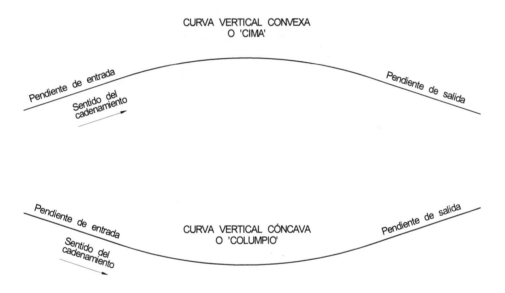

Figura 6.29: Clasificación de las curvas verticales

En los proyectos de vías férreas se deben proyectar los perfiles de tal modo que las rasantes tengan las menores pendientes posibles, para hacer eficiente el consumo de combustible al subir, evitar el exceso de desgaste en los componentes de la vía al bajar y, a su vez, mantener controlada la velocidad del tren; así como para evitar que aceleraciones excesivas actúen sobre los trenes en un cambio brusco entre pendientes pronunciadas.

La máxima pendiente teórica de las rasantes está condicionada por la capacidad adherente de la rueda al riel, resultando un valor próximo al 6%, es decir aquella pendiente máxima en la cual un tren completamente detenido no se deslizará hacia abajo por efecto de la gravedad.

En las vías troncales y ramales de México, por las condiciones de explotación comercial de una línea, (potencia disponible de las locomotoras, carga y velocidad de marcha) se busca que la pendiente sea igual o inferior al 2%.

Figura 6.30: Curvas verticales cóncavas y convexas en una de las líneas del Ferrocarril Genesee-Wyoming, en Illinois, Estados Unidos.

No obstante, en trazados que cruzan zonas montañosas pueden encontrarse algunas secciones con rampas que tengan pendientes de 3.5% o incluso hasta 4%.

Figura 6.31: Línea S, México-Veracruz, cerca de Apizaco, curva vertical cóncava o 'columpio'.

En las vías industriales particulares, patios y estaciones, los concesionarios del servicio ferroviario en cada zona disponen valores máximos para las pendientes. Por ejemplo el ferrocarril KCSM, en sus Especificaciones para Diseño y Construcción, señala que la pendiente máxima no exceda del 1.5%.

Un criterio más estricto es el de Ferromex: en sus Lineamientos para Vías Particulares solicita que la pendiente no sea mayor al 0.5%.

Como se mencionó al principio de este capítulo, la expresión matemática que mejor satisface el cambio gradual entre dos rasantes con pendientes distintitas es la parábola. Si se intercala una parábola entre dos puntos se obtiene una variación uniforme de pendiente, además la entrada y salida se ven suavizadas porque en ellas la variación de pendiente es la mitad que para el resto de la curva

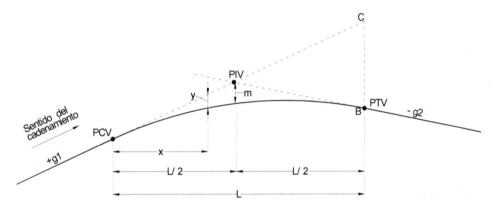

Figura 6.32: Notación para las curvas verticales

Para distinguir los puntos de tangencia y su intersección con respecto a los términos similares que se aplican en las curvas horizontales, se agrega la letra 'V' (de la palabra vertical) a sus abreviaturas. De la figura 6.32 tenemos:

g1 = pendiente de entrada.
PCV = Punto de curvatura vertical, inicio de la curva vertical.
PIV = Punto de intersección vertical, intersección de las rasantes.
PTV = Punto de tangencia vertical, final de la curva vertical.
L = Longitud de la curva vertical.
m = Distancia vertical entre el punto medio de la curva vertical y su PIV.
y = Distancia vertical entre un punto cualquiera dentro de la curva vertical y la prolongación de la rasante.
x = Distancia horizontal entre un punto cualquiera dentro de la curva vertical y la prolongación de la rasante.
g2 = pendiente de salida.

La ecuación general de la parábola es:

$$y = k \cdot x^2$$

Y, observando la figura 6.32, cuando 'y' vale 'm', x es igual a L/2:

$$m = k \cdot \left(\frac{L}{2}\right)^2$$

Al relacionar ambas ecuaciones tenemos:

$$\frac{y}{m} = \frac{k \cdot x^2}{k \cdot \left(\frac{L}{2}\right)^2} = \frac{x^2}{\left(\frac{L}{2}\right)^2}$$

Y al despejar 'y' obtenemos:

$$y = \frac{x^2}{\left(\frac{L}{2}\right)^2} \cdot m \qquad \text{Ecuación 6.60.}$$

También de la figura 6.32, por relación de triángulos, podemos deducir que:

$$\left(g_1 \cdot \frac{L}{2}\right) + \left(-g_2 \cdot \frac{L}{2}\right) = BC$$

Y al simplificar:

$$(g_1 - g_2) \cdot \frac{L}{2} = BC$$

De nuevo por relación de triángulos, de la figura 6.32, podemos escribir que:

$$\frac{m}{BC} = \frac{\left(\frac{L}{2}\right)^2}{L^2}$$

Despejando m, nos queda:

$$m = \frac{\left(\frac{L}{2}\right)^2}{L^2} \cdot BC$$

Y sustituyendo el valor de BC, obtenemos:

$$m = \frac{\left(\frac{L}{2}\right)^2}{L^2} \cdot (g_1 - g_2) \cdot \frac{L}{2}$$

Establecemos que $p = (g_1 - g_2)$:

$$m = \frac{\left(\frac{L}{2}\right)^2}{L^2} \cdot p \cdot \frac{L}{2} = \frac{L^2}{4L^2} \cdot p \cdot \frac{L}{2}$$

Así que, finalmente:

$$m = \frac{pL}{8} \qquad\qquad \text{Ecuación 6.61.}$$

Sustituimos la ecuación 6.61 en la ecuación 6.60:

$$y = \frac{x^2}{\left(\frac{L}{2}\right)^2} \cdot \frac{pL}{8}$$

Al resolver obtenemos:

$$y = \frac{px^2}{2L}$$

Ecuación 6.62.

Esta ecuación 6.62 nos dará la ordenada (valor de y) para cualquier punto (a una distancia x) sobre la curva vertical. Donde:

y = Distancia vertical, para cada punto, entre la prolongación de la rasante de entrada y la parábola. [m]
p = Diferencia algebraica de las pendientes, en valor absoluto, notación decimal. [Adimensional]
x = Distancia horizontal entre el PIV y cada punto sobre la parábola. [m]
L = Longitud de la curva vertical. Por comodidad en el trazo de la curva se recomienda redondear a múltiplos de 20 metros, de tal forma que PCV, PIV y PTV, correspondan a cadenamientos cerrados. [m]

Cuando la diferencia algebraica de las pendientes es igual o menor a 0.5% no es necesario calcular la curva vertical debido a que las elevaciones sobre la parábola arrojaran valores casi idénticos a aquellos que se proyecten sobre las tangentes.

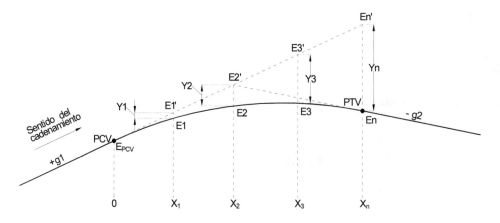

Figura 6.33: Obtención de elevaciones para la curva vertical

De la figura 6.33 podemos determinar que las elevaciones proyectadas sobre la prolongación de la rasante son:

$$En' = g1 \cdot x_n + E_{PCV}$$

Ecuación 6.63.

Y después de obtener las ordenadas 'y' mediante la ecuación 6.62, podemos conocer las elevaciones sobre la curva:

$$En = En' - Yn$$

Ecuación 6.64.

En la figura 6.33, y ecuaciones anteriores, g1 = pendiente de entrada y g2 = pendiente de salida en notación decimal.

6.8.1 Longitud mínima para la curva vertical

Este parámetro se entiende como aquella longitud que anule la aceleración que actuará sobre un tren al cambiar de una rasante con pendiente g1 a una rasante con pendiente g2, mediante la circulación sobre una curva vertical de radio R.

Matemáticamente podemos expresar esto como:

$$L = (g1 - g2) \cdot R$$

Pero anteriormente establecimos que p = g1 – g2, por lo tanto:

$$L = p \cdot R$$

Ecuación 6.65.

Y, como se ha mencionado en este mismo capítulo, del movimiento circular uniforme sabemos que la aceleración actuante es:

$$\gamma_T = \frac{v^2}{R}$$

Al despejar el radio R, tenemos:

$$R = \frac{v^2}{\gamma_T}$$

Al sustituir este valor de R dentro de la ecuación 6.65, tenemos:

$$L = p \cdot \frac{v^2}{\gamma_T}$$
Ecuación 6.66.

Donde:

L = Longitud mínima de la curva para contrarrestar la aceleración. [m]
p = Diferencia algebraica de las pendientes, en valor absoluto, notación decimal. [Adimensional]
v = velocidad del tren al circular sobre la curva vertical. [m/s]
γ_T = Aceleración total actuante sobre el tren al circular sobre la curva vertical. [m/s²].

Para entrar a la ecuación 6.66 con la velocidad expresada en kilómetros por hora, debemos afectar por un factor:

$$L = \frac{p \cdot v^2}{\gamma_T} \cdot \frac{1000^2 m^2}{km^2} \cdot \frac{hr^2}{3600^2 s^2}$$

$$L = \frac{p \cdot v^2}{12.96 \gamma_T}$$
Ecuación 6.67.

Donde:

L = Longitud mínima de la curva para contrarrestar la aceleración. [m]
p = Diferencia algebraica de las pendientes, en valor absoluto, notación decimal. [Adimensional]
v = velocidad del tren al circular sobre la curva vertical. [Km/hr]
γ_T = Aceleración total actuante sobre el tren al circular sobre la curva vertical. [m/s²].

El manual de AREMA especifica que la aceleración se debe seleccionar según el tipo de operación a la que esté destinada la vía férrea, por lo tanto recomienda dos valores:

- Para operaciones de carga: $\gamma_T = 0.10$ ft/s² $= 0.03048$ m/s²

- Para operaciones de pasajeros y/o urbanos: $\gamma_T = 0.60$ ft/s² $= 0.18288$ m/s²

Aceleración que deberá ser la misma tanto para cimas como para columpios.

También AREMA especifica que la separación mínima entre curvas verticales deberá ser de 100 ft (es decir 30.48 metros), y se refiere a la distancia entre el punto final de una curva vertical (PTV) y el punto inicial de otra curva vertical (PCV).

7 El riel

El riel constituye el elemento más importante de la superestructura de la vía, es el encargado de soportar directamente el peso de los trenes así como las acciones dinámicas generadas por la velocidad y el estado de conservación con el que cuente la vía férrea y los vehículos.

Existen en la actualidad muchos tipos de rieles para vías férreas y estos se identifican gracias a su distinto peso por unidad de longitud, en México este parámetro se denomina "calibre del riel" y se expresa generalmente en libras por yarda, para los rieles fabricados bajo estándares norteamericanos, y en kilogramos por metro, para aquellos que son fabricados bajo estándares europeos.

7.1 Evolución de los perfiles del riel.

Como se ha mencionado, en los inicios de la vía férrea como medio de transporte entre centros poblacionales e industriales existían innumerables perfiles de riel.

Una vez que se estableció el acero como material constitutivo para los rieles, en un principio, se les dotó de un reborde que servía de guía a las ruedas; al paso del tiempo se eliminó este reborde y se sustituyó por la ceja de las ruedas del tren. Se utilizaron rieles simétricos con dos cabezas, asemejando una doble 'T', con el fin de que cuando una de las cabezas se desgastase, girar el riel y hacer uso de la otra. En la práctica resultó que el sistema de fijación dañaba la cabeza inferior haciéndola inservible para guiar correctamente a los trenes. Debido a esto el riel simétrico evolucionó en el riel 'Bull-Head', que también cuenta con doble cabeza, pero la inferior es más pequeña y adecuada para el sistema de fijación al durmiente, lo que mostró un favorable ahorro en la cantidad de material utilizado para su fabricación. En algunas líneas de ferrocarriles británicos aún se pueden encontrar este tipo de rieles.

En 1836 Charles Blacker Vignoles, ingeniero inglés, desarrolló el perfil de riel con forma de doble T con base plana, que es el que prácticamente se utiliza en todas las empresas ferroviarias.

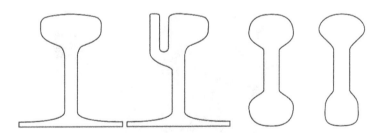

Figura 7.1: diferentes perfiles de riel

En la figura 7.1 podemos apreciar, de izquierda a derecha, el riel Vignole, el riel 'de garganta', el riel simétrico y el riel 'Bull-Head'.

Figura 7.2: riel simétrico o de doble cabeza.

Figura 7.3: riel 'Bull-Head'

Figura 7.4: riel de garganta.

En diversos países alrededor del mundo y ferrocarriles ligeros se utiliza el perfil especial de riel denominado riel de garganta o riel 'Phoenix'.

En el Sistema Ferroviario Mexicano el perfil Vignole es el que prácticamente se utiliza para todas las líneas férreas y sus distintos concesionarios; por este motivo será el riel sobre de cual nos referiremos.

7.2 El riel Vignole

El riel Vignole consta de tres partes principales:

1. **Hongo:** es la parte superior redondeada. Se emplea como zona de rodamiento para el equipo y es la responsable de soportar el desgaste ocasionado por el paso de este en el tiempo.
2. **Alma:** es la parte intermedia del riel, su espesor es delgado y une al hongo con el patín.
3. **Patín:** tiene su base plana para apoyarse directamente sobre los durmientes y/o placas de asiento, dándole un alto grado de estabilidad al riel.

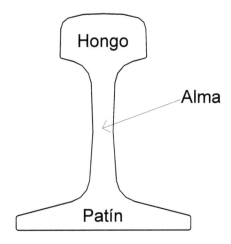

Figura 7.5: Riel con perfil Vignole y sus partes principales

Este tipo de riel se caracteriza por tener una base amplia (el patín) que permite un fácil ajuste a los durmientes. Evita las desventajas del riel de 'cabeza doble' y del riel tipo 'Bull-Head': el sistema de fijación se adapta correctamente al patín sin hacer muescas sobre de este, se puede fijar al durmiente de forma directa o teniendo intermedio a las placas de asiento.

Su forma está fuertemente condicionada para adaptarse correctamente a la unión entre varios rieles para dar continuidad a la rodadura, el alma del riel debe ser delgada para permitir el uso de las planchuelas y tornillos y además debe ser lo suficientemente fuerte para transmitir los esfuerzos desde el hongo hasta el patín.

La evolución y mejoras que se han realizado al riel Vignole estuvieron condicionadas en un principio por análisis experimentales y observación de tramos ferroviarios ya construidos, siempre tratando de dar solución a defectos o condiciones mecánicas de los perfiles empleados con anterioridad para paulatinamente ir logrando el perfeccionamiento de la geometría en la sección del riel.

En la actualidad diversos estudios foto-elásticos y el empleo de cálculos por el método de los elementos finitos ha traído han enriquecido considerablemente los datos que se obtuvieron empíricamente y se ha propiciado la obtención de perfiles que se adaptan de manera óptima a los requerimientos del tráfico ferroviario de hoy en día.

7.3 Calibres de riel en México

En el Sistema Ferroviario Mexicano los perfiles más comunes, sin ser limitativos, ya que la gama es muy amplia, actualmente (año 2016) son:

- **80, 85 y 90 lb/yd,** que se han retirado de las vías troncales y ramales, debido a las actuales exigencias de carga, pero aún pueden encontrarse en laderos y/o patios ferroviarios, tanto particulares como concesionados a las empresas. Sin embargo las reglamentaciones de las empresas ferroviarias concesionarias en México han dispuesto dejar de utilizar estos rieles en la mayoría de los sitios donde prestan servicio y, en la mayoría de los casos, evitan ingresar con sus equipos motores a vías que aun tengan estos calibres de riel.

- **100, 110 lb/yd,** el primero aún se encuentra en vías troncales y ramales (así como en sus laderos de apoyo) del norte del país, como la línea T, principalmente en Sonora, y la línea DA en Durango. El segundo aún se puede ver en algunas vías troncales y ramales del centro del país (también en sus laderos de apoyo), como la línea H, principalmente en el estado de Hidalgo.
Ambos perfiles de riel es común encontrarlos en vías particulares, tanto patios como espuelas y laderos, de Parques Industriales o de Empresas privadas; inclusive en terminales marítimas.

- **112 lb/yd.** Este perfil fue muy popular en el Sistema Ferroviario Mexicano, la mayoría de las vías principales del país contaron con él y fue paulatinamente siendo sustituido por el 115 lb/yd debido a que las empresas que lo fabrican cambiaron sus líneas de producción a este último por ser más viable comercialmente. Es común encontrarlo en vías particulares, tanto patios como espuelas y laderos, de Parques Industriales o de Empresas privadas y terminales marítimas.

- **115 lb/yd.** La geometría de este perfil es casi idéntica al anterior, y lo sustituyó en todas las vías férreas troncales y ramales del país debido a su abundancia comercial. Siguiendo esta tendencia del 'escalado de calibre' (sustituir un riel con cierto calibre por otro mayor) muchos Parques Industriales, Empresas y Terminales Marítimas en todo el territorio mexicano han optado por utilizarlo. Tiene variaciones milimétricas en algunas medidas de su sección transversal respecto al 112 lb/yd, razón por la cual es común encontrarlo mezclado con este.

- **136 lb/yd.** Es un perfil muy robusto y se ha comenzado a utilizar para escalar el calibre del riel en las vías principales con mayor tráfico, partiendo del centro de la republica hacia sus extremos. Grandes tramos de las líneas A, B, BC, I, N, NB, y S ya cuentan con él.

- **140 lb/yd.** Su patín y su peralte tienen las mismas dimensiones que el de 136 lb/yd. Lleva muchos años en el mercado estadounidense pero hasta fechas recientes se ha popularizado su uso en vías de los diversos ferrocarriles de ese país. Esta tendencia dentro de poco alcanzará a los ferrocarriles en México, ya que todos tienen en alguna medida asociación y/o trato comercial con aquellos y comenzarán a emplearlo en el Sistema Ferroviario Mexicano.

Como puede notarse la tendencia es contar cada vez con perfiles más pesados principalmente a tres causas:

1. El incremento de las cargas que puede transportar el tren.
2. El incremento en el transito ferroviario.
3. Buscar una mayor estabilidad a la vía férrea en su conjunto.

En las hojas siguientes se muestran las secciones, en sus laminaciones más comunes, de los perfiles mencionados:

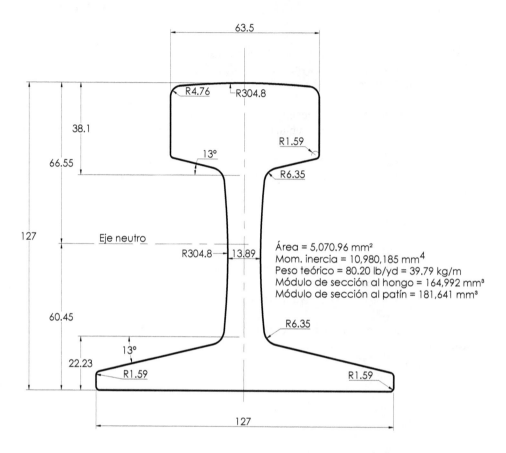

PERFIL 80 lb/yd ASCE
Cotas en milimetros

Área = 5,070.96 mm²
Mom. inercia = 10,980,185 mm^4
Peso teórico = 80.20 lb/yd = 39.79 kg/m
Módulo de sección al hongo = 164,992 mm³
Módulo de sección al patín = 181,641 mm³

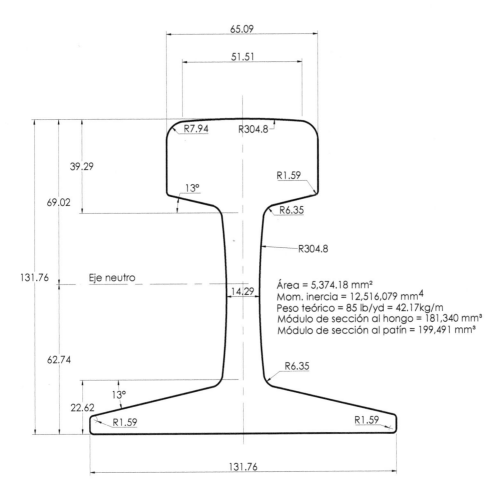

PERFIL 85 lb/yd ASCE
Cotas en milimetros

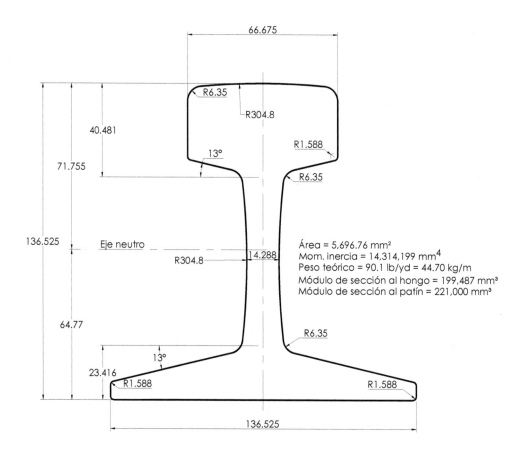

PERFIL 90 lb/yd ASCE
Cotas en milimetros

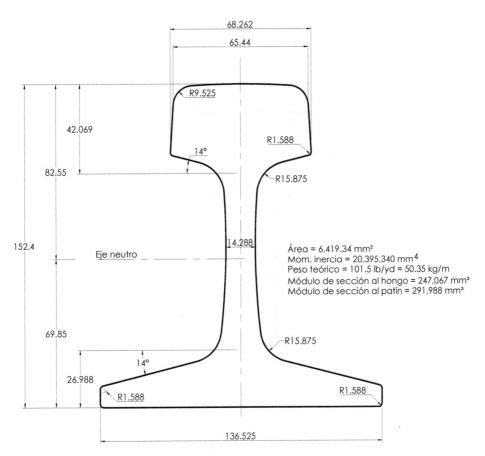

Área = 6,419.34 mm²
Mom. inercia = 20,395,340 mm^4
Peso teórico = 101.5 lb/yd = 50.35 kg/m
Módulo de sección al hongo = 247,067 mm³
Módulo de sección al patín = 291,988 mm³

PERFIL 100 lb/yd AREA
Cotas en milimetros

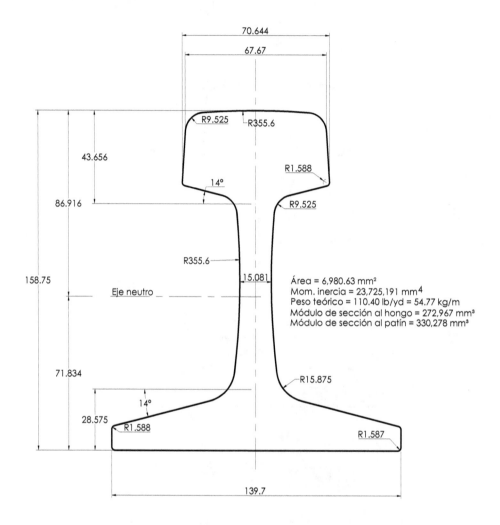

Área = 6,980.63 mm²
Mom. inercia = 23,725,191 mm⁴
Peso teórico = 110.40 lb/yd = 54.77 kg/m
Módulo de sección al hongo = 272,967 mm³
Módulo de sección al patín = 330,278 mm³

PERFIL 110 lb/yd AREA
Cotas en milimetros

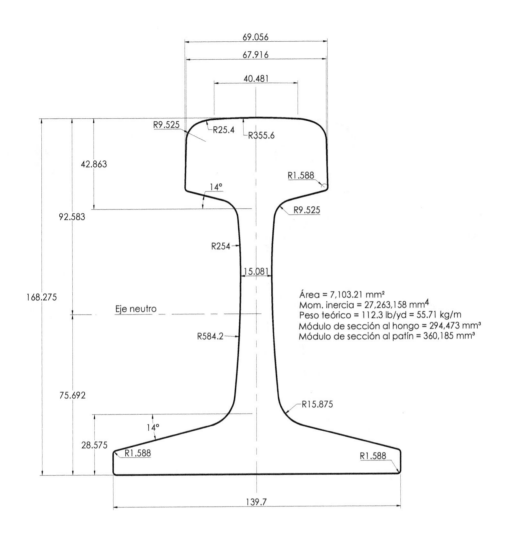

Área = 7,103.21 mm²
Mom. inercia = 27,263,158 mm⁴
Peso teórico = 112.3 lb/yd = 55.71 kg/m
Módulo de sección al hongo = 294,473 mm³
Módulo de sección al patín = 360,185 mm³

PERFIL 112 lb/yd AREA
Cotas en milimetros

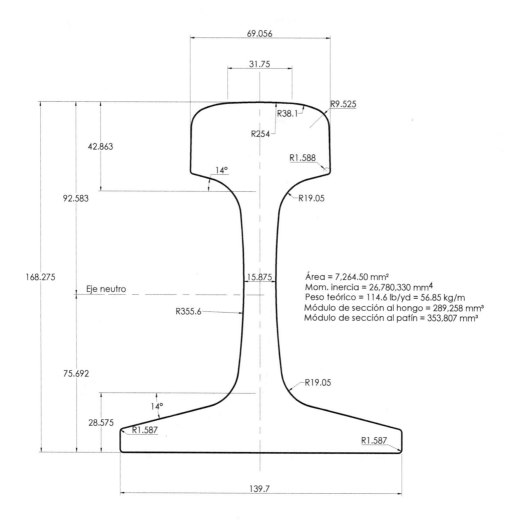

69.056

31.75

R9.525

R38.1

R254

42.863

R1.588

14°

92.583

R19.05

168.275

15.875

Eje neutro

Área = 7,264.50 mm²
Mom. inercia = 26,780,330 mm^4
Peso teórico = 114.6 lb/yd = 56.85 kg/m
Módulo de sección al hongo = 289,258 mm³
Módulo de sección al patín = 353,807 mm³

R355.6

75.692

R19.05

14°

28.575

R1.587

R1.587

139.7

PERFIL 115 lb/yd AREA
Cotas en milimetros

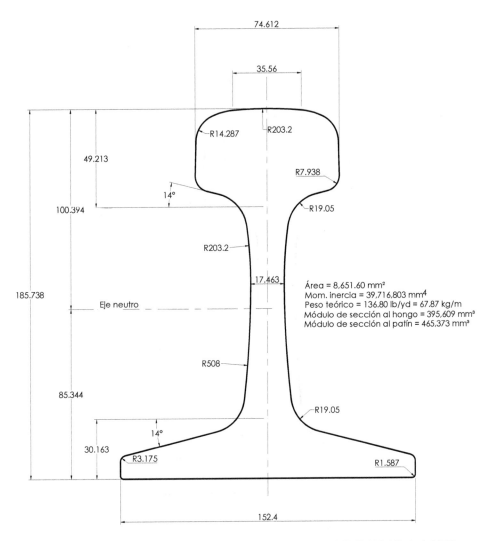

Área = 8,651.60 mm²
Mom. inercia = 39,716,803 mm⁴
Peso teórico = 136.80 lb/yd = 67.87 kg/m
Módulo de sección al hongo = 395,609 mm³
Módulo de sección al patín = 465,373 mm³

PERFIL 136 lb/yd AREA
Cotas en milimetros

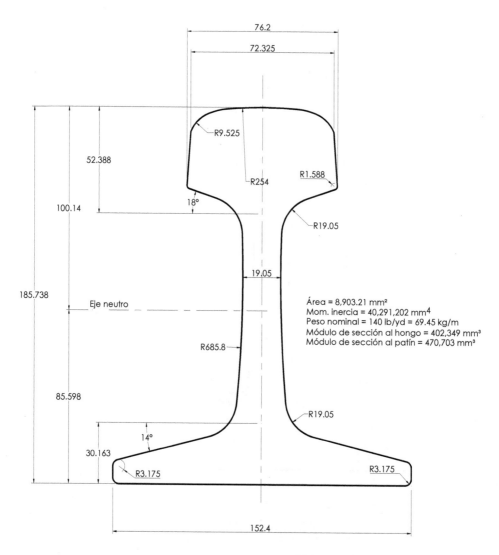

Área = 8,903.21 mm²
Mom. inercia = 40,291,202 mm⁴
Peso nominal = 140 lb/yd = 69.45 kg/m
Módulo de sección al hongo = 402,349 mm³
Módulo de sección al patín = 470,703 mm³

PERFIL 140 lb/yd AREA
Cotas en milimetros

7.4 Sección transversal del riel

Para el diseño geométrico del perfil de los rieles se siguen una serie de premisas que, por experiencia, han logrado hacer del riel una viga con la suficiente resistencia y el peso adecuado en relación con su rigidez vertical y horizontal.

7.4.1 El hongo del riel

La forma y dimensiones para el hongo del riel deben de ser tales que:

- La inclinación de sus caras laterales guarden el mayor paralelismo posible con las ruedas del tren, de forma que los esfuerzos generados durante el guiado en curva se repartan evitando cargas puntuales.
- El ancho del hongo debe garantizar una correcta repartición de cargas en su masa metálica, evitando puntos excéntricos de aplicación de estas. Si el ancho fuese muy grande esta condición no se cumpliría, dada la geometría de las ruedas del tren. SI el ancho fuese pequeño el apoyo para la rueda del tren sería insuficiente, y el margen de seguridad para el desgaste en rieles dentro de curvas con radio reducido no existiría.
- La altura del hongo debe ser tal que soporte el desgaste vertical producido por el paso de los vehículos. Tradicionalmente se estima que el hongo del riel sufre un desgaste de 1 milímetro por cada 80 millones de toneladas que circulan sobre la vía.

La experiencia en los ferrocarriles europeos sitúa al ancho del hongo entre los 65 y 72 milímetros; mismas experiencias en los ferrocarriles del continente americano han determinado que este ancho debe estar entre los 60 y 80 milímetros, como puede observarse en las hojas anteriores. En cuanto a la altura, empíricamente se ha determinado que un valor cercano a los 50 milímetros consigue una vida útil con resultados económicos aceptables, además de que se consigue un equilibrio entre la masa del hongo y patín al mismo tiempo que se logra reducir las tensiones residuales en el riel fruto de un enfriamiento heterogéneo durante su proceso de fabricación. En la altura total del riel se debe distinguir la parte de material correspondiente a la rodadura y la parte en la que este resistirá las cargas a las que se someterá como si de una viga se tratase. La parte correspondiente al desgaste por rodadura es normalmente de 15 milímetros. Por lo tanto, un riel en el cual su hongo haya experimentado un deterioro de esa magnitud debe ser retirado.

La relación que existe entre en ancho y lo alto del hongo debe ser tal que el desgaste de la anchura (que se presenta principalmente en los rieles colocados en curva) no obligue a retirar el riel antes de que haya que hacerlo por desgaste vertical. Es práctica común que la relación entre en ancho y lo alto del hongo sea de entre 1.6 a 1.7.

En sitios donde el ambiente es altamente corrosivo (como en terminales marítimas, en sistemas subterráneos, o en algunos túneles) pueden emplearse rieles cuyo hongo tenga 10 mm adicionales de altura o también (y es lo más común) se pueden utilizar recubrimientos de protección como pinturas bituminosas o chapado en los rieles.

7.4.2 El alma del riel

La característica fundamental del alma de un riel es su espesor, el cual debe ser el adecuado para soportar los esfuerzos cortantes que actúan sobre el riel, principalmente en las zonas próximas a los barrenos por donde se aseguran las planchuelas al unir un riel con otro. Si bien con el desarrollo de los Largos Rieles Soldados (LRS) esta última condición ha desaparecido en gran parte de las vías troncales y ramales, el empleo de uniones bridadas (con planchuela) sigue siendo lo más común en patios, laderos y en vías particulares.

El espesor del alma debe contar con un factor de seguridad suficiente a fin de neutralizar el efecto de la corrosión ya que el área expuesta a la intemperie es elevada en comparación a su espesor.

Los espesores del alma suelen oscilar entre los 14 y 20 milímetros.

7.4.3 El patín del riel

El patín caracteriza por su anchura, su espesor y la forma de sus aleros. La anchura determina la rigidez del riel en el plano horizontal (su resistencia al volteo) así como la magnitud de los esfuerzos que se transmitirán al durmiente, no obstante que actualmente se emplean placas de asiento para minimizar estos.

El espesor y la forma de los aleros del patín se determinan en base al equilibrio que se debe garantizar a la masa comparativa del hongo, así como para economizar material en la fabricación del riel al redondear las aristas formadas entre el patín y el alma.

De forma empírica se ha determinado que la relación entre la altura total del riel y la anchura de su patín, adecuada para aumentar la rigidez de la vía, está en el orden de 1.1 a 1.2.

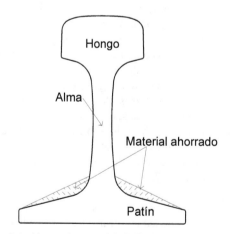

Figura 7.6: Ahorro de material al fabricar aristas redondeadas

Diferentes asociaciones, inclusive empresas privadas de ferrocarril, han desarrollado sus propias especificaciones para las dimensiones en la sección transversal del riel. En las siguientes tablas se indican las características geométricas de algunos de los rieles que más se pueden encontrar en el

Sistema Ferroviario de México, la primera utilizando unidades inglesas y la segunda con el sistema métrico decimal.

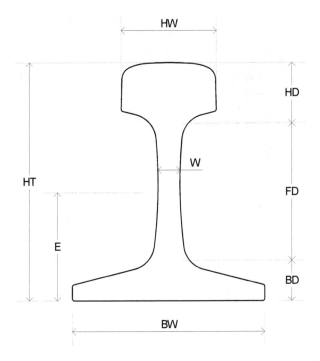

HT = Altura total

BW = Ancho del patín

HW = Ancho del hongo

W = Espesor del alma (en su centro)

HD = Altura del hongo

FD = Altura del alma

BD = Altura del patín

E = Elevación del barreno

A = Área de la sección

Sx = Módulo de sección

Ix = Momento de inercia

Peso nominal lb/yd	Tipo de geometría	HT in	BW in	HW in	W in	HD in	FD in	BD in	E in	Peso teórico lb/yd	A in²	Sx Hongo in³	Sx Patín in³	Ix in⁴
70	ASCE	4-5/8"	4-5/8"	2-7/16"	33/64"	1-11/32"	2-15/32"	13/16"	2-3/64"	69.50	6.81	8.19	8.87	19.70
75	ASCE	4-13/16"	4-13/16"	2-15/32"	17/32"	1-27/64"	2-25/64"	27/32"	2-15/128"	74.80	7.33	9.10	9.94	22.86
80	ASCE	5"	5"	2-1/2"	35/64"	1-1/2"	2-5/8"	7/8"	2-3/16"	80.20	7.86	10.07	11.08	26.38
85	ASCE	5-3/16"	5-3/16"	2-9/16"	9/16"	1-35/64"	2-3/4"	57/64"	2-17/64"	85.00	8.33	11.08	12.17	30.07
85	PS	5-1/8"	4-5/8"	2-1/2"	17/32"	1-21/32"	2-15/32"	1"	2-15/64"	86.90	8.52	10.72	12.29	29.35
85	PRR	5"	5"	2-9/16"	17/32"	1-3/4"	2-3/8"	7/8"	2-1/16"	84.60	8.30	10.39	10.99	26.70
90	ASCE	5-3/8"	5-3/8"	2-5/8"	9/16"	1-19/32"	2-55/64"	59/64"	2-45/128"	90.10	8.83	12.19	13.49	34.39
90	ARA-B	5-17/64"	4-49/64"	2-9/16"	9/16"	1-39/64"	2-5/8"	1-1/32"	2-11/32"	90.50	8.87	11.45	13.21	32.30
90	ARA-A	5-5/8"	5-1/8"	2-9/16"	9/16"	1-15/32"	3-5/32"	1"	2-37/64"	90.00	8.82	12.56	15.23	38.70
100	ASCE	5-3/4"	5-3/4"	2-3/4"	9/16"	1-45/64"	3-5/64"	31/32"	2-65/128"	100.40	9.84	14.55	16.11	43.97
100	AREA	6"	5-3/8"	2-11/16"	9/16"	1-21/32"	3-9/32"	1-1/16"	2-45/64"	101.50	9.95	15.10	17.80	49.00
100	ARA-B	5-41/64"	5-9/64"	2-21/32"	9/16"	1-45/64"	2-55/64"	1-5/64"	2-65/128"	100.50	9.85	13.70	15.74	41.30
100	ARA-A	6"	5-1/2"	2-3/4"	9/16"	1-9/16"	3-3/8"	1-1/16"	2-11/16"	100.40	9.84	15.04	17.78	48.94
100	PS	5-11/16"	5"	2-43/64"	9/16"	1-13/16"	2-25/32"	1-3/32"	2-31/64"	101.70	9.97	13.71	15.91	41.90
110	AREA	6-1/4"	5-1/2"	2-25/32"	19/32"	1-23/32"	3-13/32"	1-1/8"	2-53/64"	110.40	10.82	16.70	20.10	57.00
112	AREA	6-5/8"	5-1/2"	2-23/32"	19/32"	1-11/16"	3-13/16"	1-1/8"	2-7/8"	112.30	11.01	18.10	21.80	65.50
115	AREA	6-5/8"	5-1/2"	2-23/32"	5/8"	1-11/16"	3-13/16"	1-1/8"	2-7/8"	114.60	11.26	18.53	21.23	64.34
119	AREA	6-13/16"	5-1/2"	2-21/32"	5/8"	1-7/8"	3-13/16"	1-1/8"	2-7/8"	118.80	11.65	19.40	22.90	71.40
132	AREA	7-1/8"	6"	3"	21/32"	1-3/4"	4-3/16"	1-3/16"	3-3/32"	132.10	12.95	22.50	27.60	88.20
136	AREA	7-5/16"	6"	2-15/16"	11/16"	1-15/16"	4-3/16"	1-3/16"	3-3/32"	136.80	13.41	24.14	28.40	95.42
140	AREA	7-5/16"	6"	3"	3/4"	2-1/16"	4-1/16"	1-3/16"	3"	140.00	13.80	24.60	28.70	96.80

Tabla 7.1: Características geométricas de rieles, unidades inglesas.

Peso nominal lb/yd	Tipo de geometría	HT mm	BW mm	HW mm	W mm	HD mm	FD mm	BD mm	E mm	Peso teórico kg/m	A cm²	Sx Hongo cm³	Sx Patín cm³	Ix cm⁴
70	ASCE	117.475	117.475	61.9125	13.0969	34.1313	62.7063	20.6375	51.9906	34.48	43.94	134	145	820
75	ASCE	122.2375	122.2375	61.7063	13.4938	36.1156	60.7219	21.4313	53.7766	37.11	47.29	149	163	952
80	ASCE	127	127	63.5	13.8906	38.1	66.675	22.225	55.5625	39.79	50.71	165	182	1098
85	ASCE	131.7625	131.7625	65.0875	14.2875	39.2906	69.85	22.6219	57.5469	42.17	53.74	182	199	1252
85	PS	130.175	117.475	63.5	13.4938	42.0688	62.7063	25.4	56.7531	43.11	54.97	176	201	1222
85	PRR	127	127	65.0875	13.4938	44.45	60.325	22.225	52.3875	41.97	53.55	170	180	1111
90	ASCE	136.525	136.525	66.675	14.2875	40.4813	72.6281	23.4156	59.7297	44.70	56.97	200	221	1431
90	ARA-B	133.7469	121.0469	65.0875	14.2875	40.8781	66.675	26.1938	59.5313	44.90	57.23	188	216	1344
90	ARA-A	136.525	130.175	65.0875	14.2875	37.3063	80.1688	25.4	65.4844	44.65	56.90	206	250	1611
100	ASCE	146.05	146.05	69.85	14.2875	43.2594	78.1844	24.6063	63.3016	49.81	63.48	238	264	1830
100	AREA	152.4	136.525	68.2625	14.2875	42.0688	83.3438	36.9875	68.6594	50.35	64.19	247	292	2040
100	ARA-B	143.2719	130.5719	67.4688	14.2875	43.2594	72.6281	27.3844	63.6984	49.86	63.55	225	258	1719
100	ARA-A	152.4	139.7	69.85	14.2875	39.6875	85.725	26.9875	68.2625	49.81	63.48	246	291	2037
100	PS	144.4625	127	67.8656	14.2875	46.0375	70.6438	27.7813	63.10313	50.45	64.32	225	261	1744
110	AREA	158.75	139.7	70.6438	15.0813	43.6563	86.5188	28.575	71.8344	54.77	69.81	274	329	2373
112	AREA	168.275	139.7	69.0563	15.0813	42.8625	96.8375	28.575	73.025	55.71	71.03	297	357	2726
115	AREA	168.275	139.7	69.0563	15.875	42.8625	96.8375	28.575	73.025	56.85	72.65	304	348	2678
119	AREA	173.0375	139.7	67.4688	15.875	47.625	96.8375	28.575	73.05	58.94	75.16	318	375	2972
132	AREA	180.975	152.4	76.2	16.6688	44.45	106.3625	30.1625	75.5813	65.53	83.55	369	452	3671
136	AREA	185.7375	152.4	74.6125	17.4625	49.2125	106.3625	30.1625	75.5813	67.87	86.52	396	465	3972
140	AREA	185.7375	152.4	76.2	19.05	52.3875	103.1875	30.1625	76.2	69.45	89.03	403	470	4029

Tabla 7.2: Características geométricas de rieles, unidades métricas.

7.4.4 Tolerancias para la sección transversal del riel

La geometría para la sección transversal de los rieles que se utilizan en el Sistema Ferroviario Mexicano debe de cumplir las especificaciones de la Asociación Americana de Ingeniería Ferroviaria y de Mantenimiento de Vía (AREMA) y/o lo dispuesto en la Norma Oficial Mexicana correspondiente, que es la NOM-049-SCT2 cuya versión vigente es del año 2000.

AREMA enuncia, en el capítulo 4 de su manual, que las tolerancias serán las siguientes:

Manual AREMA 2010		
Descripción	Tolerancia en mm	
	Más	Menos
Altura del riel (medida a un pie desde su extremo)	0.762	0.381
Ancho del hongo (medido a un pie desde suy extremo)	0.635	0.635
Espesor del alma	1.016	0.508
Elevación a donde se ubica el barreno	1.524	0.000
Asimetría del hongo respecto al patín	1.270	1.270
Ancho del patín	1.016	1.016
Altura del alero del patín	0.635	0.381

Tabla 7.3: Tolerancias en la sección del riel, manual AREMA.

Y la Norma Oficial Mexicana, en su apartado 7.1, establece las siguientes tolerancias:

NOM - 049 - SCT2 - AÑO 2000		
Descripción	Tolerancia en mm	
	Más	Menos
Altura del riel (medida a un pie desde su extremo)	1.016	0.381
Ancho del hongo (medido a un pie desde suy extremo)	0.762	0.762
Espesor del alma	1.016	0.508
Elevación a donde se ubica el barreno	No especifica	No especifica
Asimetría del hongo respecto al patín	1.250	1.250
Ancho del patín	1.270	1.270
Altura del alero del patín	No especifica	No especifica
Ancho de cada alero	1.160	1.016

Tabla 7.4: Tolerancias en la sección del riel, Norma Oficial Mexicana.

7.5 Longitud del riel

En la forma tradicional, al construir la vía férrea, los rieles se colocan separados por juntas cuyo propósito es absorber y transmitir las dilataciones y contracciones del material debido a sus cambios de temperatura.

Si la longitud de los rieles fuese muy grande, la dilatación, en temporadas calurosas o en las horas con más alta temperatura del día, ocasionaría arqueos laterales a la vía debido al choque entre las caras de rieles subsecuentes y no tener espacio para desplazarse y/o estar restringidos debido a su fijación con el durmiente. En épocas de frio, o en las horas del día con bajas temperaturas, la contracción de los rieles acarrearía grandes separaciones entre cada unión de rieles, lo que depara, al circular el tren, incomodidad en los viajeros y un prematuro desgaste en las puntas de los rieles.

Si la longitud de los rieles fuese muy corta, su relación de esbeltez no sería la adecuada para formar las curvas necesarias en el recorrido de cada vía férrea, lo que limitaría las posibilidades de trazo o la introducción de líneas ferroviarias en muchas zonas.

Figura 7.6: Arqueo lateral ("jalón de línea") debida la dilatación térmica de los rieles.

Figura 7.7: Separación excesiva debida la contracción térmica de los rieles.

A causa de lo anterior históricamente se han fabricado los rieles en longitudes de 30', 33', 39',40 y 80' (9.14m, 10.06m, 11.89m, 12.19m y 24.38m, respectivamente) formando lo que se conoce como 'rieles elementales' que se unen entre sí para dar una rodada continua a la circulación de los vehículos, por medio de planchuelas atornilladas a los extremos de dos rieles aledaños. Esta manera tradicional aún es empleada en algunas de las vías troncales y ramales del Sistema Ferroviario Mexicano, y es el método como están construidas casi todas las vías particulares y patios.

Sin embargo, gracias a los avances en el estudio de la liberación de esfuerzos por temperatura en rieles, el desarrollo de las técnicas para soldar rieles mediante fusión alumino-térmica o arco eléctrico, así como la mecanización en los procedimientos constructivos de vías férreas, desde la segunda mitad del siglo XX se han podido fabricar rieles de longitudes que van desde los 144 y hasta los 288 metros, a los que se les llama 'largos rieles provisionales' los cuales al unirse entre sí en la vía pueden formar rieles con prácticamente longitudes ilimitadas dando lugar a los 'largos rieles soldados'.

Figura 7.8: Transportando y tendiendo a un costado de la vía los 'largos rieles provisionales' para su posterior colocación definitiva.

Los largos rieles soldados son la parte principal de las vías troncales y ramales más importantes del Sistema Ferroviario Mexicano, entre las que destacan la línea A, México – Ciudad Juárez, la línea B, México – Nuevo Laredo y la línea I, Irapuato – Manzanillo, entre otras, y la tendencia es hacia actualizar todo el sistema con este tipo de rieles que, al prácticamente estar ausente de juntas, resultan más seguros y confortables para la circulación de los trenes. Existen también algunas vías particulares en industrias o en parques industriales que, aunque su longitud de vías no se puede comparar con alguna línea troncal o ramal, han comenzado a construirse con estos rieles obteniéndose muy buenos resultados.

7.6 El acero de los rieles

Los rieles deben ser fabricados con acero en una mezcla adecuada de sus elementos de tal forma que estos garanticen:

1. Tener una buena resistencia a la abrasión.
2. No deben ser frágiles.
3. Deben ofrecer facilidad al soldado para poder fabricar rieles largos (provisionales y/o soldados)
4. su producción debe tener un costo dentro de parámetros razonables.

Estas cualidades son contradictorias, ya que, por ejemplo, un acero que ofrezca una muy buena resistencia a la abrasión debería tener alto contenido de carbono, pero ese mismo alto contenido de carbono lo haría frágil contra el golpeteo continuo de las ruedas del tren. Por lo tanto, para la fabricación de los rieles se controlan de manera muy estricta las cantidades de cada elemento propio del acero y de aquellos que se le adicionen.

Los elementos que se añaden al hierro para constituir el acero de los rieles ferroviarios son:

- **Carbono (C).**

- **Silicio (Si).**

- **Azufre (S).**

- **Fosforo (P).**

- **Manganeso (Mn).**

La correcta proporción de carbono le proporciona al acero de los rieles resistencia al desgaste y aumenta la dureza. Sin embargo, su presencia también lo hace menos dúctil; como ya se mencionó si la cantidad de este elemento se viera excedida se produciría un aumento indeseable en la fragilidad del riel. El porcentaje, en peso, de carbono en el acero de los rieles oscila entre el 0.4% y el 0.8%.

El silicio se emplea como desoxidante y actúa como endurecedor en el acero. Al igual que el carbono, aumenta la resistencia al desgaste y la dureza del riel pero además facilita la eliminación de gases durante la elaboración del acero y la laminación del propio riel. El contenido de silicio en el acero de los rieles es menor del 0.35%, en peso.

El azufre como el fosforo normalmente son impurezas dentro del acero cuya presencia aumenta la fragilidad del mismo, por lo tanto siempre se busca mantenerlos a un bajo nivel. No obstante eliminarlos por completo aumentaría en demasía el costo del riel. Se busca que el contenido, tanto de azufre como de fosforo, sea menor del 0.05%, en peso.

El manganeso aumenta la resistencia al desgaste, la dureza y tenacidad del acero ayudando a la neutralización de los efectos nocivos del azufre y fosforo. Facilita la laminación y moldeo del acero pero reduce su capacidad para ser soldable, lo que, en cantidades excesivas, sería nocivo para formar los largos rieles provisionales o largos rieles soldados. El contenido (porcentaje respecto al peso) de manganeso en el acero del riel oscila entre el 0.7% y el 1.3%. Este porcentaje se aumenta en el acero de los sapos y agujas para los cambios de vía.

Otros elementos que también se adicionan a los rieles, para formar los denominaros rieles especiales que se emplean en situaciones específicas son:

- **Cromo (Cr):** Aumenta la profundidad del endurecimiento y mejora la resistencia al desgaste y corrosión.

- **Arsénico (As):** Aumenta la resistencia al desgaste, y la tenacidad del riel.

- **Vanadio (V):** Aumenta la resistencia a los impactos (resistencia a las fracturas por impacto) y también aumenta la resistencia a la fatiga (resistencia a contra las cargas repetitivas).

- **Molibdeno (Mo):** Mejora las propiedades del acero para recibir tratamiento térmico, facilitando el templado de los rieles. Aumenta también la dureza y resistencia a altas temperaturas.

Entre otros elementos que sean solicitados para incluir en la mezcla y que cumplan necesidades especiales de cada caso.

7.6.1 Especificaciones en México para la composición Química del acero en los rieles

La composición química del acero con el que se fabriquen los rieles para utilizarse en el Sistema Ferroviario Mexicano debe apegarse a lo dispuesto por el Manual de AREMA y/o a lo establecido en la Norma Oficial Mexicana correspondiente, NOM-049-SCT2 del año 2000, que es la vigente actualmente.

AREMA enuncia, en el capítulo 4 de su manual, que la composición química para el acero que conformará rieles 'de composición química estándar' sea:

Manual AREMA 2010				
Rieles de composición química estándar				
Elemento	Símbolo químico	Porcentaje, en peso, dentro de la mezcla		Tolerancias para la composición, en porcentaje del peso.	
		Mínimo	Máximo	Debajo del mínimo	Sobre el máximo
Carbono	C	0.740%	0.860%	0.040%	0.040%
Manganeso	Mn	0.750%	1.250%	0.060%	0.060%
Fosforo	P		0.020%		0.008%
Azufre	S		0.020%		0.008%
Silicio	Si	0.100%	0.600%	0.020%	0.050%
Niquel	Ni		0.250%		
Cromo	Cr		0.300%		
Molibdeno	Mo		0.060%		
Vanadio	V		0.010%		
Aluminio	Al		0.010%		

Tabla 7.5: Composición química para rieles estándar, Manual AREMA

En el mismo capítulo AREMA especifica que la composición química para el acero que conformará rieles 'de baja aleación' (aquellos cuya resistencia y tenacidad se aumentó mediante el incremento en la cantidad de alguno de sus elementos o la inclusión de otros) sea:

Manual AREMA 2010						
Rieles de baja aleación						
Elemento	Símbolo químico	Porcentaje, en peso, dentro de la mezcla				Tolerancias para la composición, en porcentaje del peso.
		Resistencia estándar		Resistencia intermedia y/o alta		
		Mínimo	Máximo	Mínimo	Máximo	Debajo del mínimo / Sobre el máximo
Carbono	C	0.720%	0.820%	0.720%	0.820%	
Manganeso	Mn	0.800%	1.100%	0.700%	1.250%	
Fosforo	P		0.020%		0.020%	
Azufre	S		0.020%		0.020%	
Cromo	Cr	0.250%	0.400%	0.400%	0.700%	
Silicio	Si	0.100%	0.500%	0.100%	1.000%	
Niquel	Ni		0.150%		0.150%	
Molibdeno	Mo		0.050%		0.050%	
Vanadio	V		0.010%		0.100%	
Aluminio	Al		0.005%		0.005%	
Cobre	Cu		0.400%		0.400%	

Tabla 7.6: Composición química para rieles de baja aleación, Manual AREMA

AREMA especifica que la composición química para rieles hechos con acero de baja aleación, de resistencia intermedia y rieles con hongo endurecido, estará sujeta a lo requerido para los rieles de baja aleación y resistencia estándar, excepto en casos donde sea aprobado oficialmente por el comprador.

El listado de elementos en las tablas anteriores no es limitativo, mismo AREMA explica que se pueden aceptar otros siempre y cuando el comprador de los rieles especifique la proporción de estos y no afecten las características resistentes básicas del riel.

La Norma Oficial Mexicana NOM-049-SCT2-2000, en su apartado 6.2, especifica que la composición química para el acero de los rieles con resistencia estándar será la siguiente:

Elemento	Símbolo químico	Porcentaje, en peso, dentro de la mezcla					
		Calibre del riel en Lb/yd					
		60 a 84		85 a 114		115 y mayores	
		Mínimo	Máximo	Mínimo	Máximo	Mínimo	Máximo
Carbono	C	0.550%	0.680%	0.670%	0.800%	0.720%	0.820%
Manganeso	Mn	0.600%	0.900%	0.700%	1.000%	1.000%	1.250%
Fosforo	P		0.040%		0.035%		0.030%
Azufre	S		0.040%		0.035%		0.030%
Silicio	Si	0.100%	0.500%	0.100%	0.500%	0.100%	0.500%
Cromo	Cr					0.300%	0.400%

Tabla 7.7: Composición química para rieles dureza estándar, Norma Oficial Mexicana.

La norma no menciona composición específica para los rieles de alta resistencia; sin embargo menciona que, cuando estos se requieran, dicha composición deberá ser determinada de común acuerdo entre el comprador y el fabricante.

7.7 Breve explicación de la fabricación del riel

El riel es un perfil laminado en caliente que, como ya se ha visto, es asimétrico y parte de ciertas longitudes estándar que se denominan rieles elementales. Las fases para la fabricación de estos rieles elementales, de forma breve, son las siguientes:

1. **Fundición del hierro en alto horno.**

    En esta etapa se obtiene el 'hierro colado' o 'arrabio' y los materiales básicos empleados son el mineral de hierro, coque (carbón mineral destilado en seco) y caliza. El coque se utiliza como combustible, al quemarlo se calienta el horno y se libera monóxido de carbono que, al combinarse con los óxidos de hierro del propio mineral y los reduce a hierro metálico. La caliza se emplea como fuente adicional de monóxido de carbono y como sustancia fundente. Este material se combina con la sílice presente en el mineral (que no se funde a las temperaturas del horno) para formar silicato de calcio, con menor punto de fusión. Sin la caliza se formaría silicato de hierro, con lo que se perdería hierro metálico.

2. **Obtención del hierro colado o arrabio.**

El acero se obtendrá tras inyectar oxígeno al hierro colado por medio de un converti-
dor. El oxígeno se combina con el carbono y otros elementos no deseados iniciando una
reacción que quema las impurezas de la colada y la convierte en acero líquido. El silicato
de calcio y otras impurezas forman una escoria que flota sobre el metal fundido en la parte
inferior del horno. Por diferencia de pesos la escoria y el metal pueden separarse y verterse
en sitios separados.

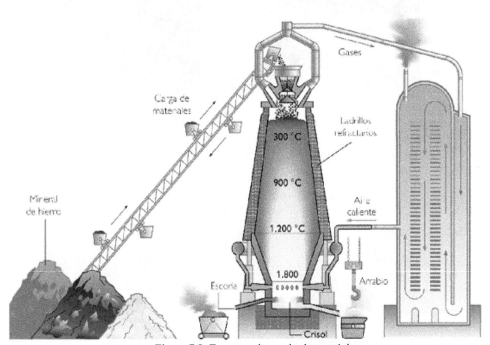

Figura 7.9: Esquema de un alto horno típico.

3. **Preparación de los lingotes o de los 'blooms' de acero.**

Tras separar el metal fundido de la escoria se vierte la fundición en moldes con forma
de prisma, también llamados 'lingoteras' y se configuran los lingotes. Estos lingotes son
muy pesados ya que en su forma prismática contienen una gran masa de acero. También
pueden prepararse, en este paso, los llamados 'blooms' o 'billets' de acero, que son un poco
más pequeños en comparación al lingote, si su sección es cuadrada se denominan billets y,
si su sección es rectangular se denominan blooms.

Figura 7.10: Vertido de la fundición en las lingoteras

Figura 7.11: Billets de acero.

4. Laminado en caliente del riel.

El lingote colado se calienta al rojo vivo en un horno que se conoce como 'foso de termo-fusión' y, una vez que ha obtenido la temperatura adecuada, se hace pasar por una serie de rodillos metálicos que lo aplastan y moldean hasta que adquiere su forma y tamaño deseados. Este método de trabajar el acero se conoce como 'laminado en caliente'. La separación entre rodillos va disminuyendo a medida que se va reduciendo el espesor del acero, lo que va ocasionando que la masa de este (que estaba concentrada en el cuerpo prismático del lingote) se vaya alargando.

Figura 7.12: Calentando al rojo vivo los lingotes de acero.

El lingote, conforme se va adelgazando y estirando, pasa repetidamente por los rodillos que le van dando su forma requerida.

Figura 7.13: El lingote, ya adelgazado y estirado, pasando por los rodillos.

5. Enfriamiento y acabado

Una vez realizado el proceso de laminación cada riel se corta en las longitudes requeridas y se marca de acuerdo a lo indicado en la siguiente figura:

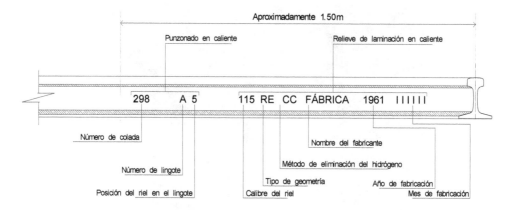

Figura 7.14: Ejemplo de marcado para cada riel.

En el alma de cada riel en una franja de, aproximadamente, 1.50 metros desde su extremo se deben indicar como mínimo los siguientes datos:

- Número de la colada: orden sucesivo de la carga en el horno.
- Número del lingote: consecutivo de la cantidad que se obuvieron en cada colada. También puede referirse al número de Bloom o al número de Billet.
- Posición del riel en el lingote: numero consecutivo según la cantidad de rieles que se hayan obtenido de cada lingote.
- Calibre del riel: su peso por unidad de longitud. Como ya se explicó, en América las unidades son libras por yarda.
- Tipo de geometría: las iniciales o abreviación de la asociación o empresa que realizó la especificación para la geometría de la sección transversal: AREA = RE; ARA-A = RA; ARA-B = RB; ASCE; etcétera.
- Método de eliminación del hidrógeno: La presencia de hidrogeno en el acero causa el deterioro prematuro en las propiedades mecánicas del mismo, reduce la ductilidad y ocasiona la falla definitiva. Las fuentes de donde el acero adquiere este elemento son diversas: durante la fusión del metal, durante la limpieza química o por el vapor de agua en la atmosfera. Los métodos para eliminar al hidrogeno aceptados por la Norma Oficial Mexicana NOM-049-SCT2-2000, y por el manual AREMA 2010, son: Enfriamiento Controlado de los Rieles (CC), Enfriamiento Controlado de los Blooms (BC) y el Des-gasificado al Vacío del acero líquido de los Rieles (VT).
- Nombre del fabricante: alguno de las diversas compañías que fabrican rieles en el mundo.
- Año de fabricación: se indica con números arábigos.
- Mes de fabricación: se indica con líneas verticales o diagonales. Por ejemplo 6 líneas significa el sexto mes del año, es decir junio.

Después del marcado de los rieles, estos son depositados en las camas de enfriamiento donde, por medios mecánicos, se determina la planicidad del riel en toda su longitud; se verifica la calidad externa e interna del riel (la primera por corrientes inducidas y la segunda por detección ultrasónica); se garantizan las condiciones de enderezado y se hacen los ajustes de corte según las longitudes del pedido.

Figura 7.15: Rieles laminados, depositados en la cama de enfriamiento.

Hace tiempo, por experiencias de los diversos fabricantes de rieles y organismos ferroviarios en todo el mundo, tanto en laboratorios de planta como en observaciones hechas directamente en la vía férrea, se notó que a la salida de la fábrica los rieles presentan una serie de esfuerzos internos residuales cuya magnitud y dirección es variable en el volumen del riel. Se puede aceptar, no obstante, que los esfuerzos más significativos ocurren paralelos al eje longitudinal de la pieza (ver figura 7.16).

Se ha determinado que estos esfuerzos se producen por el enfriamiento posterior a la laminación y por el enderezado del riel en frio dentro de la máquina de rodillos. La magnitud máxima de estos esfuerzos se ubica entre los 820 kg/cm² y 1,020kg/cm² actuando en tensión, y entre los 600 y 820 kg/cm² actuando en compresión.

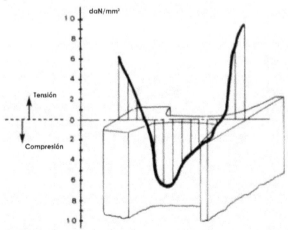

Figura 7.16: Esfuerzos internos residuales en los rieles (1 daN/mm² = 102 kg/cm²). Tomado de Jean Alias – La Voie Ferree

Cuando se está diseñando la sección transversal del riel se consideran estos esfuerzos como un componente más del conjunto de requisitos normales que actúan sobre este elemento de la vía férrea. La suma de todos estos requisitos (flexión, causas térmicas, y proceso de fabricación) deberá ser inferior a la tensión admisible por el riel, como se verá en apartados siguientes.

7.8 Características que debe cumplir el riel al salir de la fábrica

A lo largo de su vida útil, como parte fundamental de la vía férrea, el riel estará sometido a una serie de variadas exigencias que obligan a tener especial cuidado en su fabricación y cuidar ciertas características por cumplir y que están normadas tanto por las administraciones, asociaciones y dependencias reguladoras ferroviarias, como por empresas concesionarias del servicio ferroviario y/o clientes de estas que construyen sus propias vías particulares. Estas solicitaciones por cumplir son:

- **Propiedades químicas del acero que conforma los rieles.**
  Se hace mínimo un análisis químico por colada del acero para determinar los porcentajes, en peso, de los diversos elementos que contiene el acero del riel. En las tablas 7.5, 7.6 y 7.7 se pueden observar las cantidades de cada elemento que son aceptadas, así como sus tolerancias, para los rieles que se empleen en el Sistema Ferroviario de México.

- **Peso teórico y peso nominal.**
  Teniendo en cuenta la densidad teórica del acero (su densidad media está alrededor de los 7,850 kg/m³) debe de cumplir lo dispuesto en las tablas 7.1 y 7.2.

- **Control geométrico.**
  En las tablas 7.1 y 7.2 se muestran las dimensiones requeridas para la sección transversal de cada tipo de riel. En México se establecen las tolerancias mostradas en las tablas 7.3 y 7.4, dictaminadas por AREMA y por la Norma Oficial Mexicana, respectivamente.

- **Resistencia a los golpes.**
  Para determinar esta resistencia se hace uso de la 'prueba de choque', que consiste en dejar caer, sobre una probeta de riel, un pistón punta de bala con 1,000 kilogramos de peso desde una altura variable, en metros, de entre 0.10p y 0.15p, siendo 'p' el peso (en kilogramos) por unidad de longitud del riel (en metros). La probeta del riel debe medir 1.30 metros de largo, y se apoya en un yunque con soportes que distan entre sí, centro a centro, un metro. El pistón punta de bala deberá golpear a la probeta justo entre los dos soportes y esta deberá resistir sin presentar fisuras.

- **Límite de ruptura a la tensión.**
  El esfuerzo de ruptura en el ensayo a la tensión, para rieles fabricados con aceros normales, debe ser entre 7,000 kg/cm² y 9,000 kg/cm². Para aquellos rieles que sean hechos a partir de aceros con alta resistencia, el esfuerzo a la ruptura por tensión debe situarse entre 9,000 kg/cm² y 11,000 kg/cm². El manual AREMA, versión 2010, es más estricto en este sentido ya que exige un límite de

ruptura en el ensayo a la tensión de 10,000 kg/cm², para aceros normales, y de 12,000 kg/cm² para aceros con alta resistencia.

- **Límite de fluencia a la tensión.**

  En el ensayo a la tensión se ha detectado que los rieles fabricados con acero de resistencia normal presenta un límite de fluencia de 4,920 kg/cm² y para aquellos que son fabricados con acero de alta resistencia este valor llega a los 7,730 kg/cm². AREMA en su manual especifica que los rieles de acero normal tengan un límite de fluencia de 5,200 kg/cm² y los rieles de acero con alta resistencia un límite de fluencia de 8,400 kg/cm².

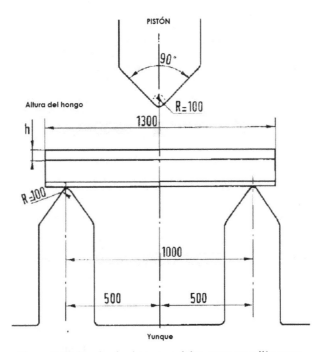

Figura 7.17: Prueba de choque en rieles, cotas en milímetros.

- **Módulo elástico.**

  El propio del acero, un valor medio aproximado de 2,100,000.00 kg/cm²

- **Ausencia de fisuras y/o poros.**

  La masa del riel debe estar libre de fisuras y poros. Para determinar esto se practican pruebas de macroscopía.

- **Bajo porcentaje en azufre y fosforo.**

  Ya se mencionaron los efectos adversos que estos elementos causan en el riel. Tanto AREMA como la Norma Oficial Mexicana limitan la presencia de ambos según lo mostrado en las tablas 7.5, 7.6 y 7.7. Para determinar el porcentaje de azufre y fosforo con el que cuenta la masa del riel se hacen estudios por medio de macrografías.

- **Dureza Brinell**

   La dureza del riel es aquella resistencia que este opone a ser penetrado por otro material. La Dureza Brinell se mide produciendo en el hongo del riel una huella con un penetrador estandarizado que consiste en una bola de acero extra-duro con diámetro normalizado 'D'.

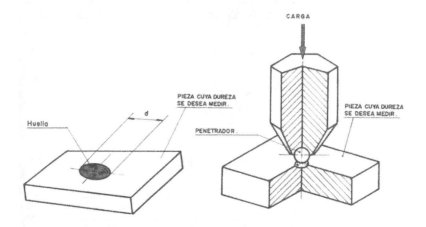

Figura 7.18: Prueba de Dureza Brinell

La carga que se aplica sobre la probeta de riel se determina mediante la ecuación:

$$P = K \cdot D^2$$

Donde P es la carga por aplicar, en kilogramos, K una constante que para el acero vale 30 y D el diámetro de la bola de acero del penetrador.

La Dureza Brinell se expresa por las letras 'HB' y se determina, una vez realizada la prueba, mediante la ecuación:

$$HB = \frac{P}{S} = \frac{2P}{\pi D^2} \cdot \left(\frac{1}{1 - \sqrt{1 - \frac{d^2}{D^2}}} \right)$$

Donde 'S' es la superficie del casquete esférico de la huella dejada por la bola del penetrador, en milímetros cuadrados, 'P' la carga aplicada en kilogramos, 'D' el diámetro de la bola de acero, en milímetros, y 'd' el diámetro de la huella dejada por la bola en la probeta, en milímetros. HB es la propia Dureza Brinell, expresada en 'grados Brinell' (°HB).

AREMA en su manual versión 2010 exige que la Dureza Brinell para rieles de acero normal sea de 310° HB y para rieles de alta resistencia sea de 370° HB.

La Norma Oficial Mexicana para rieles de acero, NOM-049-SCT2-2000 especifica los siguientes valores para la Dureza Brinell:

NOM - 49 - SCT2 - 1999								
DUREZA BRINELL PARA LOS RIELES DE ACERO								
Grado de dureza	Calibre del riel en Lb/yd								
	60 a 84			85 a 114			115 y mayores		
	Mínimo	Máximo	Promedio	Mínimo	Máximo	Promedio	Mínimo	Máximo	Promedio
Dureza estándar	201° HB	257° HB	229° HB	269° HB	303° HB	286° HB	302° HB	340° HB	321° HB
Alta resistencia	300° HB	321° HB	311° HB	321° HB	352° HB	336° HB	341° HB	388° HB	364° HB

Tabla 7.8: Dureza Brinell para los rieles de acuerdo a la Norma Oficial Mexicana.

7.9 Criterios para la elección de un riel específico

Los criterios para la elección de cierto tipo de riel dependen de las necesidades y de los factores que cada usuario de cada línea ferroviaria, o vía férrea particular, considere más importantes.

Obviando los parámetros expuestos para los requisitos de aceptación en general de los rieles, y que atañen a la calidad del acero al momento de su fabricación (resistencia a la tensión, módulo de elasticidad, composición química, dureza Brinell, etc.), la cuestión se reduce a seleccionar el calibre (masa por unidad de longitud) de riel más adecuado para cada vía férrea.

El primer criterio a mencionar, y que quizás sea el más aceptado por las empresas concesionarias del servicio ferroviario, para la elección del calibre del riel será aquel que, dentro de ciertos parámetros de funcionalidad y economía les otorgue garantías para transportar cierta cantidad de millones de toneladas al año durante alguna cantidad establecida de años, en cada línea concesionada.

Bajo esta premisa podemos mencionar dos ecuaciones:

a) Ecuación del profesor Shulga:

Este criterio se utiliza cuando el tonelaje bruto anual que circula sobre la línea ferroviaria es alto y se considera el factor más importante. La ecuación fue obtenida empíricamente.

$$TBA = \left(\frac{Cal_{riel}}{31.046}\right)^{4.926}$$

Donde:

TBA = Tonelaje bruto anual [millones de toneladas por año]
Cal_{riel} = Calibre del riel [kg/m]

b) Ecuación del profesor Shajuaniz:

Este criterio se utiliza cuando el tonelaje bruto anual que circula sobre la línea ferroviaria, la velocidad de circulación y la carga que baja cada rueda son altos. La ecuación fue obtenida empíricamente.

$$TBA = \left[\left(\frac{Cal_{riel}}{a \cdot (1+0.012V)^{2/3} \cdot Q_T}\right) - 1\right]^4$$

Donde:

TBA = Tonelaje bruto anual [millones de toneladas por año]
Cal_{riel} = Calibre del riel [kg/m]
V = Velocidad máxima de operación en la línea [km/hr]
Q_T = Carga máxima por rueda del vehículo más pesado [toneladas métricas]
a = factor que adquiere un valor de 1.2 para vagones y 1.13 para locomotoras [adimensional]

El segundo criterio a mencionar es aquel que considera como parámetros más importantes la carga por rueda que baja el tren hacia el riel y la velocidad máxima de operación en cada tramo ferroviario. Bajo esta premisa podemos mencionar una ecuación:

c) Ecuación que desarrolló el Ferrocarril FCAB (Ferrocarril Antofagasta a Bolivia), compañía ferroviaria Inglesa que opera una red de, aproximadamente 1,500 kilómetros y conecta el puerto de Antofagasta, en Chile, con Bolivia y Argentina. La ecuación fue obtenida empíricamente.

$$Cal_{riel} = 10.7093 \cdot [Q_T + (0.0000386 \cdot Q_T \cdot V^2)]^{2/3} \cdot 0.49605206$$

Donde:

Cal_{riel} = Calibre del riel [kg/m]
V = Velocidad máxima de operación en la línea [km/hr]
Q_T = Carga máxima por rueda del vehículo más pesado [toneladas métricas]

El tercer criterio a mencionar es aquel que considera únicamente a la carga por rueda que baja el tren hacia el riel. De acuerdo a esta premisa podemos mencionar dos ecuaciones que fueron obtenidas empíricamente por sus respectivos desarrolladores:

d)   Ecuación desarrollada por la cumbre del Ferrocarril de El Cairo.

$$Cal_{riel} = 2.5Q_T$$

Donde:

Cal_{riel} = Calibre del riel [kg/m]
Q_T = Carga máxima por rueda del vehículo más pesado [toneladas métricas]

e)   Regla práctica propuesta por el Instituto de Capacitación Ferrocarrilera, de los FNM, en 1964:

$$Cal_{riel} = \frac{Q_T}{350}$$

Donde:

Cal_{riel} = Calibre del riel [lb/yd]
Q_T = Carga máxima por rueda del vehículo más pesado [lb]

El cuarto criterio a mencionar es aquel que considera únicamente a la velocidad máxima de operación que el tren puede adquirir en ciertos tramos. De acuerdo a esta premisa podemos mencionar una ecuación que fue obtenida empíricamente:

f)   Ecuación propuesta por el profesor Yershov.

$$Cal_{riel} = \frac{V_{max}}{2.2}$$

Donde:

Cal_{riel} = Calibre del riel [kg/m]
Vmax = Velocidad máxima de operación [km/hr]

Como quinto criterio se puede considerar al riel como una viga simplemente apoyada en la longitud entre dos ejes de un mismo bogie, las ecuaciones empleadas son aquellas empleadas en el diseño de estructuras de acero:

g) Considerando al riel como una viga simplemente apoyada.

La carga uniformemente distribuida en el claro será:

$$w = \frac{Q_T}{l}$$

Donde:

w = carga uniformemente distribuida en el claro [kg/m]
Q_T = Carga máxima por rueda del vehículo más pesado [kg]
l = longitud entre dos ejes de un mismo bogie [m]

El momento máximo al centro del claro será:

$$M_m = \frac{w \cdot l^2}{8}$$

Donde:

M_m = Momento máximo al centro del claro [kg*m]
w = carga uniformemente distribuida en el claro [kg/m]
l = longitud entre dos ejes de un mismo bogie [m]

El esfuerzo permisible a la tensión en los elementos de acero es, de acuerdo al criterio de conexión estructural trabe-columna:

$$F_{perm} = \frac{Fy}{2}$$

Donde:

F_{perm} = Esfuerzo permisible a la tensión en el acero del riel [kg/cm²]
Fy = Limite de fluencia en el acero del riel [kg/cm²]

El calibre del riel se obtendrá al conocer su módulo de sección mediante la expresión:

$$Sx = \frac{M_m \cdot 100}{F_{perm}}$$

Donde:

Sx = Módulo de sección del riel que soportará el momento máximo actuante [cm³]
M_m = Momento máximo al centro del claro [kg*m]
F_{perm} = Esfuerzo permisible a la tensión en el acero del riel [kg/cm²]

Teniendo conocido este módulo de sección se escoge alguno de los perfiles comerciales existentes en el mercado.

El sexto y último criterio que se mencionará se puede considerar quizás el más apegado a la realidad de la vía férrea como un emparrillado con apoyos distribuidos a intervalos regulares sobre un material con cierta densidad.

Este criterio considera la carga máxima que una rueda baja sobre el riel, la distribución que de esta carga realiza la zona activa del durmiente, el espaciamiento entre durmientes y la densidad del balasto debajo de todo el conjunto. El procedimiento se basa en un asentamiento máximo permisible en la capa del balasto, y fue obtenido al analizar los esfuerzos actuantes de una sección del emparrillado de vía, tal cual se expone en el capítulo Análisis Mecánico de la Vía.

h)   Metodo de Zimmermann:

$$I = \frac{F \cdot c}{64 \left(\frac{F \cdot c \cdot y}{Q_T \cdot d} \right)^4 \cdot E \cdot d}$$

Donde:

I = Momento de inercia del riel que soportará la carga máxima actuante [cm⁴]
F = Superficie activa del contacto durmiente-balasto [cm²] (se considera un tercio de la superficie en la base del durmiente, ver el capítulo Análisis Mecánico de la Vía).
c = Módulo de balasto [kg/cm³]
y = asentamiento máximo esperado del emparrillado dentro del balasto [cm]
E = Módulo de elasticidad para el acero [kg/cm²] (Se acepta como valor medio 2,100,000 kg/cm²).
d = Separación entre durmientes [cm].

Teniendo conocido el momento de inercia se escoge alguno de los perfiles comerciales existentes en el mercado.

7.10 Vida útil del riel

Se entiende por 'vida útil del riel' a aquel periodo de tiempo en el cual el elemento garantizará la función específica para la que fue diseñado, es decir, la circulación segura y confortable de los trenes sobre la vía férrea. Cuando la deformación vertical y/o lateral en el hongo del riel pone en riesgo las mencionadas condiciones de circulación, se considera que el periodo de servicio del riel se ha agotado, su vida útil ha concluido.

La vida útil de los rieles es una característica sujeta a varios factores. Depende sobre todo de las condiciones de trabajo a las que se encuentren sometidos: la carga por eje y el tonelaje acumulado que sobre la vía ocurra; la calidad, mantenimiento y velocidad de los vehículos; las condiciones de mantenimiento con las que cuente la vía férrea; la posición de cada riel en la línea ferroviaria (curva, recta, pendiente); el tratamiento durante el transporte y la instalación, etcétera. Un programa de mantenimiento a la vía férrea inadecuado o nulo disminuye la vida útil del riel y habría que sustituirlo prematuramente. Como se mencionó con anterioridad, el diseño de los rieles contempla entre 1.5 y 2 centímetros al desgaste vertical esperado por efecto del tránsito que sobre de ellos circule, el resto de la masa del riel se ocupa en la distribución de esfuerzos y en la resistencia de aquellos que son residuales, por temperatura, etcétera.

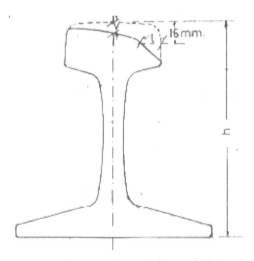

Figura 7.19: Deformación crítica en el hongo del riel debido a la circulación de los trenes

En las gráficas anexas se pueden ver los resultados que ha obtenido AREMA (antes AREA) (Americal Railway Engineering and Mainteinance of Way Association), SNFC (Société Nationale des Chemins de fer Français) y los FNM (Ferrocarriles Nacionales de México) en base al monitoreo constante de líneas ferroviarias en servicio dentro de sus respetivos países, durante el siglo XX, y proyectando, por medio de modelos matemáticos, dichos resultados a un previsible y esperado comportamiento futuro.

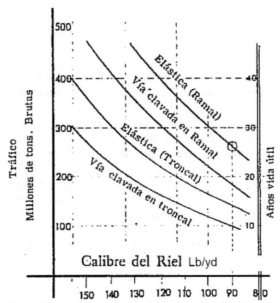

Figura 7.20a: Vida útil del riel (gráfica tomada de 'Ferrocarriles-Francisco M. Togno')

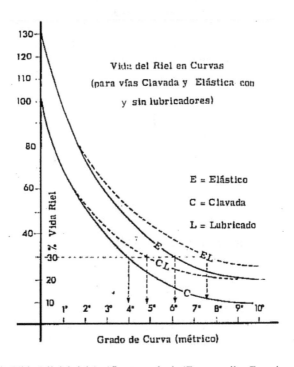

Figura 7.20b: Vida útil del riel (gráfica tomada de 'Ferrocarriles-Francisco M. Togno')

En la figura 7.20a podemos observar los años de vida útil que tendrán rieles de distinto calibre sometidos a diferentes cantidades de tráfico ferroviario, considerando la vía en recta. En la figura 7.20b podemos observar el porcentaje de la vida útil mencionada en la anterior figura que alcanzará en servicio determinado riel según el grado de curvatura en el que se encuentre colocado. AREMA, SNCF y FNM realizaron ambas gráficas en base a proyecciones a futuro del monitoreo realizado durante el siglo XX y consideraron que la vía férrea tendrá condiciones de mantenimiento ideales durante toda la vida útil del riel.

De acuerdo al criterio anterior, por ejemplo, en la figura 7.20a podemos observar que un riel calibre 110 lb/yd constituyendo una vía elástica en una línea troncal donde circulen 200 millones de toneladas brutas, tendrá una vida útil de 20 años.

Sin embargo, al entrar en la gráfica de la figura 7.20b, podemos observar que los rieles de dicha vía elástica que se encuentren en las curvas de 6° en la línea troncal considerada, solo alcanzarán el 30% de la vida útil esperada para los rieles que se hayan colocado en tramos rectos, es decir 6 años.

Para ambas condiciones geométricas (recta y curva), como ya se mencionó, se considera que la vía férrea tiene condiciones de mantenimiento ideales en todo su conjunto (rieles, fijación, durmientes, balasto, terracerías, etc.).

Los ferrocarriles de la antigua Unión Soviética realizaron también durante todo el siglo XX trabajos teóricos y experimentales directamente sobre vía férreas en servicio comercial de aquella nación de tal forma que en el año 1971 el profesor Shajunianz, retomando el hecho de que la velocidad de diseño para cada línea ferroviaria está relacionada con el radio de curvatura existente, encontró una sencilla ecuación que relaciona el peso por metro lineal del riel (q), el radio de la curva en la vía (R) y el tráfico bruto, en millones de toneladas, que podría soportar dicho riel:

$$T_{max} \approx 0.95\sqrt{q^3} \cdot \left[\frac{1}{1+\frac{800}{R}}\right]$$

Donde:

Tmax = Tráfico bruto que puede resistir el riel [Millones de toneladas métricas]
q = calibre del riel [Kg/m]
R = Radio de la curva[m]

En la siguiente tabla podemos observar el tráfico que, de acuerdo al criterio de la antigua Unión Soviética, mediante la ecuación de Shajunianz, pueden soportar los distintos calibres de riel más comerciales actualmente en México:

Para vías férreas cuyas curvas están correctamente peraltadas							
Calibre del riel	Lb/yd	90	100	110	112	115	136
	Kg/m	44.65	49.61	54.57	55.56	57.05	67.47
Datos de la curva		Tráfico bruto que puede resistir el riel					
Grado métrico	Radio (m)	Millones de toneladas métricas					
12°	95.50	30.23	35.40	40.84	41.96	43.66	56.15
10°	114.60	35.51	41.59	47.99	49.30	51.30	65.97
8°	143.25	43.04	50.41	58.16	59.75	62.17	79.96
6°	191.00	54.63	63.98	73.81	75.83	78.90	101.47
4°	286.50	74.74	87.53	100.99	103.75	107.95	138.83
2°	573.00	118.28	138.54	159.83	164.21	170.85	219.72
1°	1,146.00	166.91	195.49	225.53	231.71	241.08	310.05
0° 30'	2,292.00	210.10	246.07	283.88	291.66	303.46	390.27

Tabla 7.9: Tráfico bruto que puede resistir el riel de acuerdo a la ecuación de Shajunianz, 1971.

Es importante notar que las experimentación y pruebas que llevaron a la formulación de la ecuación de Shajunianz considera, al igual que el criterio mencionado anterior a este, a la vía férrea en condiciones de mantenimiento ideales en todo su conjunto y que las curvas están correctamente peraltadas.

Al analizar la tabla 7.9 podemos observar que para rieles en curva de grados altos (10°, por ejemplo), lo que implica una velocidad de circulación, estando la curva correctamente peraltada, de entre 28 y 47 km/hr, y para un riel de 115 lb/yd, el tráfico máximo soportable sería de aproximadamente 51 millones de toneladas. Si consideramos ahora una línea ferroviaria donde el tráfico sea aproximadamente de 10 millones de toneladas al año, la vida útil de este riel, bajo las condiciones descritas, estaría alrededor de los 5 años.

Sin embargo, si ese mismo riel de 115 lb/yd, lo consideramos en una curva de 2° correctamente peraltada, lo que implica velocidades de circulación entre 63 y 105 km/hr, el tráfico máximo que soportaría es de 171 millones de toneladas.

Si esta línea ferroviaria cuenta con un tráfico anual de 10 millones de toneladas, la vida útil del riel sería de aproximadamente 17 años.

8 Los durmientes

La transmisión de esfuerzos desde el riel hasta el balasto se hace teniendo intermedio a los durmientes que se colocan en la longitud de la vía férrea a intervalos regulares. También cumplen la función de dar peso al emparrillado de la vía, garantizando que la geometría inicial del trazado se mantenga el mayor tiempo posible bajo condiciones de servicio y resistiendo el intemperismo.

Se fabrican de diversos materiales, entre ellos madera, concreto y acero. Los durmientes de concreto pueden ser monolíticos o bi-bloque; los primeros están formados por una sola pieza de concreto armado, mientras que los durmientes bi-bloque constan de dos piezas de concreto unidos entre sí por una barra de acero.

Figura 8.1: Diferentes tipos de durmientes, arriba, a la izquierda, durmientes de madera, a la derecha, durmientes de concreto bi-bloque; abajo, a la izquierda, durmientes de concreto monolíticos, a la derecha: durmientes de acero.

Los durmientes desempeñan tres funciones fundamentales dentro del conjunto emparrillado de la vía férrea:

- Transmisión de la carga a la que se somete la vía férrea.
- Mantener la separación correcta entre rieles (escantillón o trocha).
- Mantener la posición inclinada hacia el centro de los rieles.

La siguiente figura nos permite darnos una idea sobre el comportamiento de las presiones, y momentos flexionantes debidos a estas, a lo largo del durmiente cuando este se encuentra en condiciones normales de servicio y está correctamente colocado, es decir, las zonas extremas del durmiente (aquellas donde se localizan los rieles) sobre balasto calzado y la zona central del durmiente en balasto sin calzar para amortiguar las reacciones de la subestructura. Para la magnitud de la fuerza ejercida se considera una carga en movimiento teórica, por riel, de 1 tonelada:

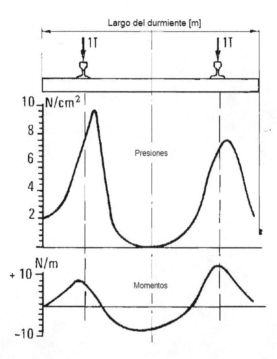

Figura 8.2: Distribución de presiones y momentos flexionantes en la longitud del durmiente

Las propiedades mecánicas de la madera hacen de este material el más apto para resistir las presiones y momentos descritos; sin embargo, la cada vez mayor escasez de este recurso en el mundo ha llevado a muchas administraciones y/o empresas ferroviarias a utilizar durmientes fabricados con materiales alternativos a este siempre y cuando ofrezcan similares características de resistencia.

Los durmientes de acero se comenzaron a desarrollar en Alemania a finales de 1880 y se consideró, en esa época, como una opción muy favorable para emplearse en la mayoría de las vías férreas. Posteriormente, en la primera mitad del siglo XX (entre las décadas de 1940 y 1950), en

Francia y otros países de Europa los durmientes de concreto reforzado adquirieron una gran aceptación gracias a los desarrollos tecnológicos en este material. A principios del siglo XXI se han desarrollado durmientes con compuestos de plástico, cuyos fabricantes aseguran cuentan con características muy adecuadas y una vida útil mucho mayor inclusive que la de los durmientes de concreto.

Actualmente (año 2016) en el Sistema Ferroviario de México la tendencia es a tener una red ferroviaria completamente sobre durmientes de concreto, delegando a los durmientes de madera para las vías industriales de particulares quienes, en algunos casos, también ya prefieren el durmiente de concreto. En esta labor de renovación ya existen tramos de líneas completos que cuentan en su totalidad con durmientes de concreto y las empresas concesionarias del servicio han constatado las ventajas del empleo de estos al garantizar mayor estabilidad en la vía.

Los durmientes de concreto que se han preferido en el Sistema Ferroviario Mexicano son los monolíticos, algunas líneas que contaban con durmientes de concreto bi-bloque se están adecuando para contar con los primeros. Los durmientes de concreto bi-bloque que se han estado retirando de las líneas troncales y ramales del sistema se han utilizado para patios de maniobras y/o vías industriales concesionadas y/o privadas.

Los durmientes de acero es muy raro encontrarlos en el Sistema Ferroviario Mexicano, se podría decir que su presencia es nula, y los durmientes de compuestos plásticos están en un periodo de experimentación por lo cual se encuentran de forma aislada en ciertos recorridos de las líneas concesionadas; debido a esto en el presente libro analizaremos únicamente a los durmientes de madera y a los de concreto.

8.1 Durmientes de madera

Los durmientes de madera fueron los primeros que se emplearon en las vías férreas. La elasticidad natural de este material hace que el reparto de cargas sea muy bueno y su, relativamente, ligereza hace que los durmientes de madera sean de fácil maniobra y colocación.

No obstante la madera representa un costo en constante crecimiento ya que cada vez es más escaza y su vida media es mucho menor en comparación a otros materiales.

La madera varía significativamente con respecto a su estructura, obedeciendo a esta variación este material se ha dividido en dos grandes grupos: las maderas 'duras' y las maderas 'suaves'; no obstante dentro de estos dos grandes grupos existen también muchas diferencias lo que lleva a determinar las diversas especies de madera.

Las maderas duras, generalmente provienen de árboles frondosos como el nogal, roble o encino, cuentan una estructura celular que sirve como conductora de la savia, estas células son comúnmente conocidas como 'poros' o 'vasos' que son relativamente continuos en el cuerpo de la madera. El soporte mecánico de esta madera se logra mediante las fibras que rodean estos vasos.

Las maderas suaves, generalmente provienen de árboles cuyas hojas tienen forma de aguja o coníferas como el pino, abeto o cedro, conducen la savia por medio de células alargadas, conocidas como traqueidas. Estas traqueidas cumplen las dos funciones: distribuir la savia y dar soporte mecánico a la madera.

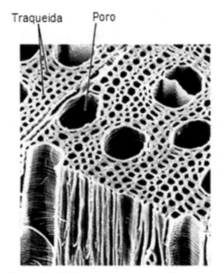

Figura 8.3: Diferencia entre traqueida y poro.

Dentro de la madera se distinguen tres grandes zonas: la corteza, la albura y el duramen. La corteza es una capa formada por células muertas que protegen al árbol vivo contra las inclemencias del tiempo y el ataque de insectos o parásitos. La albura es la parte 'viva' del árbol, es donde se localizan las traqueidas y poros que sirven de conductos comunicantes para los fluidos y nutrientes entre la raíz y hojas. El duramen, que a menudo es de color más oscuro que la albura, ya no transmite fluidos y está inactivo.

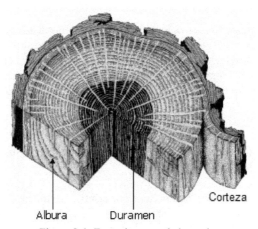

Figura 8.4: Zonas internas de la madera

Los árboles jóvenes son por lo general únicamente albura, conforme el árbol va creciendo el duramen va aumentando de volumen en su centro a la vez que nuevas capas de albura se van formando en el otro extremo.

La albura se va convirtiendo en duramen conforme los poros de la madera se van bloqueando o cerrando (total o parcialmente) con las excrecencias de las células, llamadas tílides, o con materias gomosas, lo que acarrea una gran resistencia o el completo impedimento al paso de los líquidos.

Se denomina 'turno' a la edad de la zona arbolada en la que se obtiene el aprovechamiento de madera definitivo; cada especie de madera y cada zona boscosa tiene su turno particular respetando su tiempo de regeneración, la cual puede ser natural o artificial, hasta que los árboles tengan el diámetro y la altura adecuadas. Las especies de madera 'de crecimiento rápido' se han popularizado, pero su uso para la fabricación de durmientes ha arrojado resultados poco satisfactorios.

Por motivos económicos y de durabilidad es importante extender la vida útil de los durmientes de madera; al incrementar su vida útil el costo del producto se ve significativamente disminuido.

Para su empleo en vías férreas los durmientes de madera deben ser tratados mediante la penetración por saturación de ciertos químicos en estado líquido que garanticen mantenerlos libres de insectos y hongos. En la mayoría de las especies de madera (ya sean blandas o duras) a mayor cantidad de duramen mayor será la resistencia a la penetración de los químicos conservantes, debido al proceso de bloqueo de células ya mencionado, pero es debido a esta misma naturaleza de células bloqueadas en el duramen lo que lo hacen más resistente al ataque de los parásitos mencionados. Es la experiencia en el Sistema Ferroviario de México que los durmientes de madera tratada llegan a tener una vida útil de entre 8 y 18 años; en Canadá y Estados Unidos se ha logrado tener durmientes de madera tratada con vida útil que llega hasta los 30 años debido a dos factores importantísimos: la mejor calidad que presentan las maderas de aquellos países, lo cual se logra, en gran medida, por el hecho de respetar los 'turnos' y etapa de regeneración de cada zona arbolada, y por respetar los tiempos de secado y método impregnación en preservador utilizado en los durmientes, el cual esta dictaminado por los métodos de la AWPA (American Wood Protection Association, o Asociación Americana de Protección de la Madera).

En México los durmientes de madera deben de cumplir con lo especificado en la Norma Oficial Mexicana NOM-056-SCT2-2000, que es la vigente, y tiene como proyecto las nuevas redacciones elaboradas en el año 2002 y 2015. Esta norma se basa en cierta medida en los métodos de la AWPA, con algunas ligeras modificaciones.

8.1.1 Procedencia de la madera

Para los durmientes de madera que vayan a ser utilizados en cualquier vía férrea dentro de la República Mexicana, tanto en el Sistema Ferroviario de México como en patios, estaciones, vías industriales, concesionadas y/o particulares, los productores de durmientes deberán demostrar con documentación que la madera procede de aprovechamientos forestales legales y autorizados conforme al Reglamento de la Ley General de Desarrollo Forestal Sustentable vigente.

En México la madera acredita su legal procedencia con remisiones forestales cuando se transporte de un predio a un centro de almacenamiento y/o de transformación. Una vez que salga de un centro de almacenamiento o de un centro y transformación lo harán con reembarque forestal.

La SEMARNAT (Secretaria del Medio Ambiente y Recursos Naturales) especifica la cantidad de madera que puede ser extraída de cada aprovechamiento forestal, con la finalidad de que estos sean sustentables y tengan un programa adecuado, y aprobado, de continua reforestación.

En la figura siguiente se puede observar las cantidades de madera que la SEMARNAT autorizó a extraer de cada estado de la República Mexicana, en el año 2003.

Figura 8.5: Volumen autorizado por la SEMARNAT para extracción de madera, año 2003.

Cabe mencionar que el volumen mencionado en la figura anterior corresponde a la extracción de madera para cualquier uso, no es limitativo para los durmientes de madera.

Como ya se ha dicho, y se explicará más adelante, la madera para fabricar durmientes debe cumplir ciertas características mecánicas que garanticen su resistencia y son pocas las regiones en México en las cuales su madera tenga dichas propiedades.

También es permitido el empleo de durmientes importados: hay grandes zonas productoras de maderas de muy buena calidad en Estados Unidos, Canadá y Chile, por mencionar solo algunos países del continente Americano. Estos durmientes de madera deben cumplir las disposiciones eco-lógicas de aprovechamiento correspondientes a su país de origen y comprobar con los documentos de sanidad, importación y permisos de traslado aplicables en México.

8.1.2 Dimensiones para los durmientes de madera

Históricamente los durmientes eran labrados a mano y hasta las primeras décadas del siglo XX aún se utilizó esta metodología para la obtención de los durmientes directamente después del derribo de los árboles. Estos durmientes se fabricaban con dimensiones transversales de 6"x7", 7"x7", 7"x8" y 7"x9" en las longitudes que cada cliente requiriera.

Figura 8.6: Durmientes labrados a mano, a principios del siglo XX.

Actualmente lo más común es que los durmientes de madera sean aserrados o moto-aserrados; no se impide el labrado a mano pero las exigencias en cuanto a la precisión de las dimensiones han ocasionado que se prefieran los procedimientos mecánicos mencionados. La escuadría (dimensiones de la sección transversal) de los durmientes continúa siendo la mencionada para aquellos que se labraban a mano pero llegando a escuadrías mayores para el caso de cambios de vía, puentes y otras instalaciones especiales.

En el Sistema Ferroviario Mexicano los durmientes de madera más pequeños que se aceptan miden 7" de alto, 8" de ancho y 8' (ocho pies) de longitud, pero la tendencia es modificar esta tolerancia y adoptar un tamaño mínimo de 7" en su altura, 8" de alto y 9' de longitud. En las vías industriales particulares el durmiente más común es el de 7"x8"x8'.

Los durmientes de madera para los cambios de vía tienen dimensiones variables, tal cual se verá en el capítulo correspondiente.

La NOM-056-SCT2-2000 menciona las siguientes tolerancias para las dimensiones de los dur-mientes:

- Longitud: tolerancia - 25 mm, a + 75 mm (- 1" a +3").
- Ancho: tolerancia de +/- 6 mm (+/- ¼").

- Altura: tolerancia de +/- 6 mm (+/- ¼").

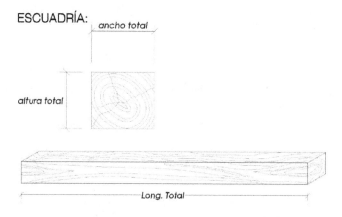

Figura 8.7: Dimensiones de los durmientes

8.1.3 Propiedades mecánicas de la madera

La resistencia de la madera es una variable dependiente del grado de humedad que tenga. Generalmente los ensayos para conocer la resistencia de cierta especie de madera que será utilizada para fabricar durmientes se realizan cuando esta tiene un 12% de humedad, punto donde ya se considera a la madera en estado seco, y con un 30% de humedad (en este punto considerando a la madera en estado verde). Además hay que tomar en cuenta la dirección de las fibras en las que actúan los esfuerzos que está soportando, ya sea en forma paralela o perpendicular a las fibras. En los durmientes, debido a su forma y acomodo en la estructura del emparrillado de la vía férrea, se deben aserrar y dimensionar de tal forma que los esfuerzos actúen de manera perpendicular a la fibra.

La densidad es otro factor importantísimo para la madera; por regla general se considera que un durmiente será más resistente cuanto mayor sea la densidad de la madera que lo constituye.

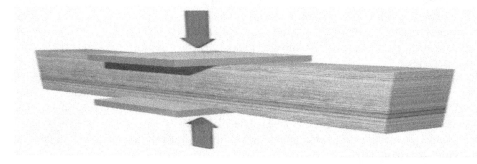

Figura 8.8: Durmiente sometido a comprensión de forma perpendicular a la fibra de la madera.

La prueba por excelencia para determinar la resistencia de la madera que será empleada para fabricar durmientes es la de "Resistencia en flexión estática".

Esta resistencia es aquella que surge cuando una durmiente tiene una carga puntual, aplicada al centro de su claro. De esta forma se determinan los esfuerzos relacionados con el módulo de rotura (MOR), tensión al límite de proporcionalidad y el módulo de elasticidad (MOE).

Figura 8.9: Resistencia a la flexión estática de la madera.

La densidad de cada especie de madera corresponde a la relación de su peso seco (Po) entre su volumen verde (Vv), entendiéndose como peso seco cuando la madera cuenta con el 12% de humedad y volumen verde al espacio que esta ocupa cuando cuenta con el 30% de humedad, tal como ya se mencionó.

La Dureza Janka determina la dureza relativa de la madera y es un valor que orienta sobre la capacidad de la madera para resistir desgaste y abolladuras, además de ser un buen indicador de lo difícil que será de serruchar o introducir clavos en este material.

Figura 8.10: Dureza Janka de la madera.

Esta dureza se obtiene al aplicar carga a una de las caras de la probeta de madera teniendo el émbolo una esfera de acero con 0.444 pulgadas (1.13 cm) de diámetro y haciéndola penetrar en la madera hasta la mitad de su diámetro, punto en el cual se registra la lectura de la carga necesaria para llegar a esa profundidad.

La NOM-056-SCT2, en su texto del año 2002, menciona las siguientes propiedades mecánicas mínimas que deben cumplir los durmientes de madera, una vez que estos están en su condición 'seca' (con un 12% de humedad):

NOM-056-SCT2				
Propiedades mecánicas mínimas para maderas a emplear en durmientes				
Madera en condición seca (12% de contenido de humedad)				
Tipo de madera	Densidad básica (Kg/m³)	Módulo de ruptura (Kg/cm²)	Módulo de elásticidad (Kg/cm²)	Dureza Janka (Kg)
Madera suave	420	787	84,000	290
Madera dura	570	924	125,000	546

Cuadro 8.1: Propiedades mecánicas mínimas para maderas a emplear en durmientes. NOM-056-SCT2, texto del año 2002.

8.1.4 Inspección de los durmientes en la 'madera blanca'.

Los durmientes, desde momento de su aserrado y durante el proceso de secado, deben ser inspeccionados y constantemente monitoreados por el cliente que ha comprado el material. La inspección en la 'madera blanca' es muy importante para eliminar aquellas piezas que sean defectuosas previo al inicio de su tratamiento preservador ya que, como veremos más adelante, los procesos de secado e impregnado son costosos. El primero debido al gran espacio que ocupa el material y a los largos periodos de tiempo necesarios para secarlo correctamente, y el segundo debido a la calidad exigida en los productos químicos a emplearse como preservadores.

Para efectos de inspección a los durmientes se distinguen dos zonas en el cuerpo de estos: la zona A, que corresponde a los áreas donde descansaran directamente los rieles con o sin placas de asiento, y la zona B, que corresponde a aquellos sitios que no estarán en contacto directo con estos elementos.

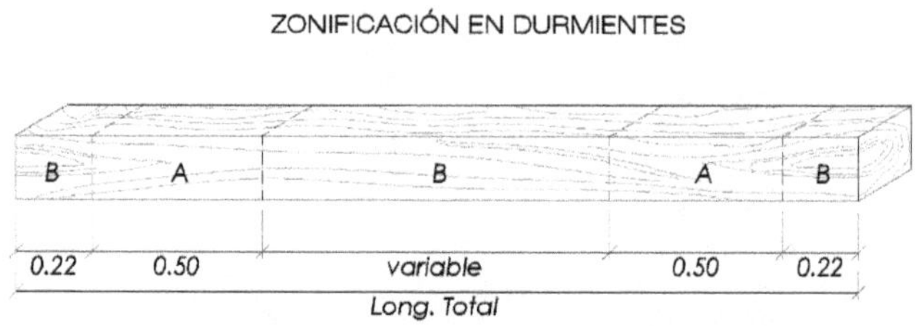

ZONIFICACIÓN EN DURMIENTES

Figura 8.11: Zonificación de los durmientes para efectos de inspección durante su fabricación

Los defectos que son causas para que un durmiente sea rechazado pueden ser: la presencia de agujeros, tener demasiados nudos en la zona donde descansarán los rieles (con o sin placa de asiento), la separación de las fibras de la madera entre dos o más anillos de crecimiento (efecto que se conoce como 'acebolladura'), la presencia de grietas, rajaduras, o astilladuras excesivas; también en esta etapa se pueden detectar durmientes con deformaciones (pandeos, torceduras, etc.), con presencia de corteza y/o pudrición, las cuales son causa de rechazo.

8.1.5 Defectos límite para aceptación o rechazo de durmientes

La NOM-056-SCT2 establece los criterios límite para la aceptación de los durmientes que presenten estos defectos. Dicha norma no especifica cuando evaluar estos defectos, pero la AWPA recomienda realizar la inspección previo al secado y, por consiguiente, al impregnado de los durmientes.

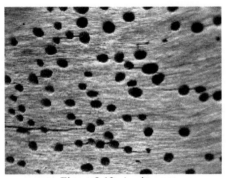
Figura 8.12: Agujeros.

Se rechazan los durmientes que tengan agujeros con 15 mm o más de diámetro, o más de 80 mm de profundidad en la zona A. Se rechazarán los durmientes con agujeros de 50mm o más de diámetro, o más de 80 mm de profundidad fuera de la zona A. Durmientes con agujeros en grupo serán rechazados.

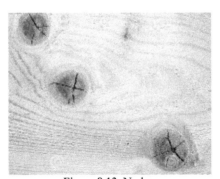
Figura 8.13: Nudos.

No se aceptan los durmientes que presenten en la zona A nudos vivos de más de 50 mm de diámetro o varios próximos que equivalgan a dicha dimensión.

Se rechazan también aquellos durmientes que tengan nudos o bolsas de resina cuando alcancen las dimensiones establecidas para los agujeros, así como los nudos dobles o de paloma.

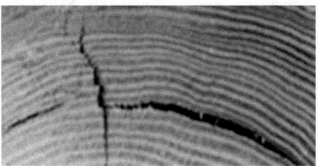

Figura 8.14: Acebolladura.

Aquellos durmientes que presenten acebolladura de más de 70 mm de ancho o que se acerque a menos de 25 mm de una arista son rechazados.

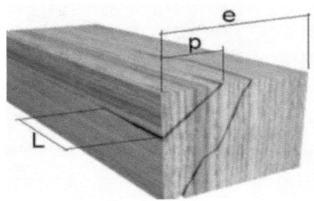

Figura 8.15: Rajadura.

Se considera 'rajadura' a la separación que afecta dos superficies opuestas del durmiente. En la figura el ancho del durmiente se representa con la letra 'e'; el ancho de la rajadura, y su procedimiento para medirlo, se representa con la letra 'p'; la longitud de la rajadura, y su procedimiento para medirla se representa con la letra 'L'.

MEDICIÓN DE GRIETAS ANULARES

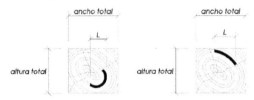

MEDICIÓN DE GRIETAS RADIALES

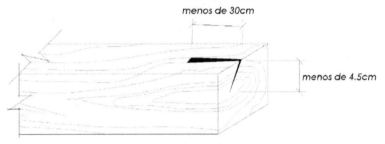

Figura 8.16: Grietas anulares y radiales, límites admisibles según la NOM-056-SCT2

No se aceptan durmientes con grietas en los extremos que tenga más de 45mm de profundidad, ni grietas de más de 300 mm a lo largo del durmiente.

Y, como ya se mencionó, no se aceptan durmientes que presenten deformaciones, presencia de corteza y/o pudrición.

8.1.6 Secado de la madera

Cuando un árbol es derribado, éste contiene una gran cantidad de agua que debe ser removida hasta un grado conveniente; una de las principales razones para secar la madera es el aumento de su resistencia a la ruptura, otros motivos para realizar esto son:

- Adquiere estabilidad dimensional ya que la madera se encoge o se hincha según el contenido de humedad del medio ambiente; el secado reduce estas variaciones.
- Aumenta su resistencia contra el ataque de hongos y otros agentes degradadores de la madera, al no tener casi agua para alimentar a estos parásitos.
- Reduce su peso facilitando, manejo y traslado.
- Mejora la absorción de preservadores logrando una mayor penetración, los espacios que eran ocupados por el agua pueden ser, una vez seca la madera, ocupados por el agente preservador.

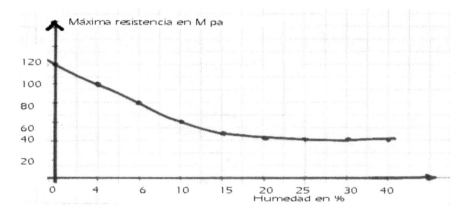

Figura 8.17: Resistencia de la madera en relación a su contenido de humedad (1 Mpa = 10.2 kg/cm²).

La NOM-056-SCT2, en su texto del año 2002, menciona que los durmientes deben someterse a un proceso de secado hasta que se garantice un contenido de humedad en la madera máximo del 30%.

En dicha norma se lee que el procedimiento para llevar a cabo este secado es aquel conocido como 'sazonamiento' (Ipse dixit) por la traducción literal de la expresión en inglés 'seasoning', que se entiende mejor como 'orear a la intemperie' a los durmientes; o bien cualquier otro método de secado siempre y cuando no dañe las propiedades mecánicas de la madera.

La AWPA menciona, en su procedimiento estándar M1, las cantidades de humedad máxima que deben tener los durmientes después del proceso de oreo a la intemperie durante cierta cantidad de tiempo recomendada para cada especie de madera, tal cual se observa en la siguiente tabla:

Especie de madera	Oreo a la intemperie ('Seasoning') (Meses)	Contenido de humedad (prueba de secado al horno) (%)
Roble, Nogal negro	9 - 14	50
Abeto, Alerce occidental	5 - 10	20
Tupelo	4 - 7	40
Pino	3 - 6	30
Nogal americano y otras maderas duras	4 - 10	40

Cuadro 8.2: Tiempo de oreo a la intemperie ('seasoning') y contenido de humedad después del oreo para distintas especies de madera, de acuerdo a la AWPA.

Este oreo a la intemperie debe hacerse en patios abiertos acomodando los durmientes con cierta separación entre ellos, de tal forma que el aire pueda pasar a través de todas sus caras.

Figura 8.18: Oreo a la intemperie de los durmientes ('seasoning').

AWPA también permite que se realice el secado de la madera por otros tres métodos, siempre y cuando no se cause ningún daño a la madera, tal como rajaduras o torceduras, por ejemplo. Los métodos son:

- Secado al horno: consiste en inyectar aire caliente en cámaras especiales y diseñadas para este fin. El aire entra a temperaturas mayores a los 140°F (60°C).

- Secado por el método de Boulton: consiste en el calentamiento de la madera sumergida en alguna solución no acuosa.

- Secado con vapor: se somete la madera a vapor con una temperatura que no exceda los 115°C en cámaras cerradas.

Figura 8.19: Secado al horno de los durmientes.

La verificación del contenido de humedad en los durmientes se realiza mediante pruebas a muestras obtenidas del lote de madera en proceso.

El método más sencillo y común en México para realizar esta verificación es el conocido como "Método de secado en estufa", a grandes rasgos consiste en:

- Para los durmientes se extraen cilindros (también llamados 'gusanillos') mediante el taladro Pressler en dirección perpendicular a la fibra y a una distancia mínima de 30cm desde alguno de sus extremos. Se debe obtener un cilindro por cada 20 durmientes de un mismo lote.
- El hueco dejado tras la extracción del cilindro debe taparse con taquetes de madera de la misma especie.
- El cilindro obtenido se limpia de astillas y/o aserrín y se determina su peso inicial (Pi).
- El cilindro ya limpio y con su Pi registrado se introduce en una estufa con ventilación forzada a una temperatura de 103°C ± 2°C durante 24 horas. Pasado este tiempo se extrae de la estufa, se deja enfriar, y se obtiene nuevamente su peso, este peso se registra como Peso previo anhidro (Ppo).
- Se vuelve a introducir el cilindro en la estufa a la misma temperatura, pero ahora durante 6 horas. Pasado este tiempo nuevamente se extrae, se deja enfriar y se vuelve a pesar. Si el valor de este peso es igual o con una diferencia igual o menor al 0.1% del Ppo, se considera este peso como el Peso anhidro (Po). Si esto no sucede, este nuevo valor será ahora el Peso previo anhidro (Ppo) y se repite este punto hasta obtener el peso constante, cumpliéndose la condición:

$$Po \leq 0.001 \cdot Ppo \qquad \text{Ecuación 8.1.}$$

- Una vez obtenido el peso anhidro (Po), se calcula el contenido de humedad mediante la expresión:

$$CH = \left(\frac{Pi-Po}{Po}\right) \cdot 100\% \qquad \text{Ecuación 8.2.}$$

Donde:

CH = Contenido de humedad [%]
Pi = Peso inicial [gr]
Po = Peso anhidro [gr]

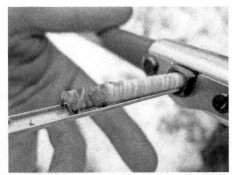

Figura 8.20: Obtención de un cilindro de madera mediante el taladro Pressler.

8.1.7 Preparación mecánica de los durmientes antes de impregnarlos

Hay tres procedimientos mecánicos que se les realizan a los durmientes una vez que ya han sido secados, pero previo a que sean impregnados, y se enlistan a continuación:

- La colocación de los dispositivos 'anti-rajadura'.
- El entallado.
- El incisionado.

Los dispositivos 'anti-rajadura' son perfiles de acero que se coloca en la sección transversal de los durmientes cuya madera tiene densidad alta y así contener la reacción que durante el proceso de impregnado ocasiona rajaduras en los extremos de los durmientes. Por regla general, a más densa la masa de madera más violenta será esta reacción; debido a esto en México se acostumbra solo colocar los dispositivos anti-rajadura a las maderas 'duras'.

Históricamente los dispositivos anti-rajadura se conocían como el acero 'S' o el acero 'C', por la forma que tenían. Actualmente se utilizan las 'placas anti-rajadura' que abarcan a la sección transversal del durmiente casi en su totalidad, las cuales tienen un mucho mejor desempeño que los 'aceros-S' o los 'aceros-C', ya que son capaces de aprisionar la mayor parte de las fibras del durmiente.

Figura 8.21: Durmiente antiguo con un 'acero-S', como dispositivo anti-rajadura.

El entallado hace referencia a realizar las preparaciones necesarias, en algunos durmientes, dando la forma requerida para embonar con otros durmientes de madera para aplicaciones específicas como puede ser el caso en puentes ferroviarios. Aquellos durmientes que serán empleados para construir vías férreas clásicas no requieren ser entallados.

Figura 8.22: Entallando durmiente

El incisionado de los durmientes consiste en realizar pequeñas aberturas, de poca profundidad, a intervalos regulares, para garantizar la correcta penetración de los químicos preservadores en durmientes cuya madera es muy dura, que están constituidos mayormente por duramen, o que son exclusivamente duramen. En fechas recientes la AWPA ha comprobado que incisionar a los durmientes desde antes del proceso de secado, resulta benéfico al reducir la aparición de grietas y rajaduras debido a que se logra una expulsión de la humedad más uniforme.

Figura 8.23: Incisionado de la madera.

Figura 8.24: Durmientes de madera ya secos, incisionados y con placa anti-rajadura ya colocada, previo a ser impregnados.

8.1.8 Impregnación de los durmientes

La impregnación de los durmientes se realiza mediante la saturación con creosota de las células en la madera que ya fueron vaciadas de humedad durante el proceso de secado.

La creosota es un producto que consiste en una mezcla de compuestos destilados del alquitrán de hulla, libre de cualquier mezcla de aceite de petróleo o de aceites no derivados del alquitrán de hulla.

La hulla es un carbón mineral que se extrae mediante aplicaciones mineras, una vez extraída, se la introduce en un horno para calcinarla, o destilarla en seco, y obtener, por una parte, coque (que se utiliza en los altos hornos de las acerías o cementeras), y por otra parte vapores que llegan a un condensador de alquitrán; de ese condensador, además de alquitrán, se obtienen gases que sometidos a distintos procesos industriales dan como productos finales el sulfato de amonio, la piridina, etc. Este alquitrán pasa a la destilería, y de su fraccionamiento se obtiene: aceite de naftalina, aceite de antraceno, aceite fenolado, aceite de lavado y brea. La mezcla de los cuatro primeros aceites (en las proporciones adecuadas) conforma el producto conocido como creosota.

Figura 8.25: Muestra del mineral de hulla.

Los requisitos que debe cumplir la creosota, según la NOM-056-SCT2 en su texto vigente (año 2000), que se pretenda emplear como preservador en durmientes de madera se debe apegar a los estándares P1, P3 y P4 de la AWPA, que son los siguientes:

AWPA ESTÁNDAR P1, PARA CREOSOTA PRESERVATIVA				
Requerimiento	Siendo nueva		Estando en uso	
	No menor a	No mayor a	No menor a	No mayor a
Agua: porcentaje en volumen	---	1.500	---	3.000
Material insoluble en xileno: porcentaje en masa	---	0.500	---	1.500
Densidad especifica a 38°C, comparada con agua a 15.5°C				
Para toda la creosota	1.070	---	1.070	---
Para la fracción entre 235 y 315°C	1.028	---	1.028	---
Para la fracción entre 315 y 355°C	1.100	---	1.100	---
Destilación: el porcentaje en peso del destilado libre de agua deberá estar entre los siguientes límites				
Hasta 210°C	---	2.000	---	2.000
Hasta 235°C	---	12.000	---	12.000
Hasta 270°C	10.000	40.000	10.000	40.000
Hasta 315°C	40.000	65.000	40.000	65.000
Hasta 255°C	65.000	77.000	65.000	77.000

Cuadro 8.3: Estándar P1 de la AWPA para creosota preservativa.

AWPA ESTÁNDAR P3, PARA LA SOLUCIÓN DE CREOSOTA CON PETRÓLEO
1. La solución de creosota con petróleo estará compuesta únicamente por las proporciones que cumplan lo dispuesto en el estándar AWPA P1, para la creosota, y en el estándar AWPA P4, para el aceite de petróleo.
1.1. La solución de creosota con petróleo no deberá contener menos del 50%, en volumen, de creosota, ni más del 50%, en volumen, de aceite de petróleo.

Cuadro 8.4: Estándar P3 de la AWPA para la solución de creosota con petróleo

AWPA ESTÁNDAR P4, PARA EL ACEITE DE PETROLEO A EMPLEAR EN LA SOLUCIÓN CON CREOSOTA		
1. El aceite de petróleo para mezclar con creosota deberá cumplir los siguientes requisitos:		
	No menos que	No más que
1.1. Densidad específica a 15.5°C, comparada con agua a 15.5°C	0.96	
1.2. Agua y sedimento, porcentaje en volumen		1.00
1.3. Punto de inflamación	79°C	
1.4. Viscocidad cinematica	4.20	10.20

Cuadro 8.5: Estándar P4 de la AWPA para el aceite de petróleo que se pretenda emplear en la solución con creosota

El empleo de la mezcla creosota – aceite de petróleo se ha permitido para la reducción de los costos en el proceso de impregnación, siempre y cuando la solución cumpla lo dispuesto en el estándar AWPA P3.

Una vez que los durmientes han pasado por el proceso de secado, cumplen con el contenido de humedad requerido y se han hecho las preparaciones mecánicas necesarias (según su diseño o tipo de madera), se introducen en grandes cámaras llamadas 'autoclave'. Estas son aparatos cilíndricos, de resistentes paredes metálicas, que, una vez estando los durmientes dentro, se cierran herméticamente para ser inundados en el preservador y elevar la presión para forzar la penetración de este en la madera.

Figura 8.26: Introduciendo los durmientes en el autoclave.

Llegado a este punto los durmientes ya pueden ser sometidos al proceso de impregnación que les dará su aspecto final; sin embargo muchos ferrocarriles actualmente en los Estados Unidos y Canadá han agregado un paso más, previo a la impregnación, al tratamiento de los durmientes: la esterilización.

Estudios en laboratorio, así como la experiencia reciente, han demostrado que la esterilización por calentamiento de los durmientes elimina casi en su totalidad con los hongos que producen la pudrición y prematuro deterioro de estos. Para lograr la eliminación de los parásitos es necesario incrementar la temperatura en la masa de la madera y así mantenerla durante cierto periodo de tiempo, tal cual lo indica la AWPA en el siguiente cuadro:

Temperatura		Tiempo
°F	°C	Minutos
150	65.56	75
170	76.67	30
180	82.23	20
200	93.34	10
212	100	5

Cuadro 8.6: Temperatura y tiempo para esterilizar a los durmientes de madera.

Es importante tomar en cuenta que la temperatura arriba mencionada es aquella que debe alcanzar la masa de madera del durmiente, no la temperatura externa o la que genera la autoclave. Debido a esto, para efectos de esterilización, la AWPA dispone los siguientes tiempos para alcanzar los 150°F de temperatura interna en el durmiente, de acuerdo a diversos tamaños:

Escuadría del durmiente (pulgadas)	Tiempo para alcanzar los 150°F (horas)
4" x 4"	1.25
6" x6"	3
6" x 8"	4
7" x 9"	5
8" x 10"	6.5
10" x 10"	8.5

Cuadro 8.7: Tiempo para alcanzar los 150°F en diversos tamaños de durmiente.

La esterilización de los durmientes, como ya se mencionó, es novedoso y aun no es un paso obligatorio dentro del proceso de fabricación de estos; por este motivo hayan o no pasado los durmientes por este tratamiento ya están aptos para ser tratados con la creosota.

Una vez que los durmientes han sido introducidos en la autoclave esta debe cerrarse herméticamente y someter a un vacío inicial para retirar el aire interno a células de la madera. Se entiende como 'carga de durmientes' a aquel punto en el cual el cilindro está lleno a su máxima capacidad de durmientes.

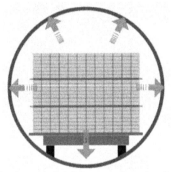

Figura 8.27: Generación de vacío inicial para retirar aire del interior de la madera.

Manteniendo el vacío logrado en el paso anterior, el cilindro de la autoclave se inunda con la solución preservadora. El llenado no debe tomar más de 30 minutos para evitar la formación de burbujas que vuelvan a ingresar aire dentro de las células de la madera e impidan la penetración de la creosota.

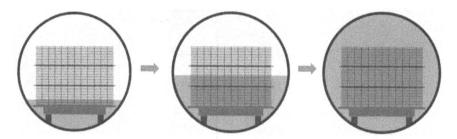

Figura 8.28: Inundando la autoclave para ahogar los durmientes en la creosota

Estando inundada en su totalidad la autoclave se incrementa, mediante bombas, la presión hidráulica al interior del cilindro. Esta presión hidráulica debe alcanzar los 12.60 kg/cm² en máximo una hora y debe mantenerse a ese nivel durante 3:30 horas.

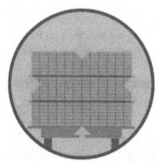

Figura 8.29: Aumento y mantenido de la presión hidráulica al interior del cilindro inundado.

Pasado este tiempo se debe liberar la presión hidráulica en no más de 30 minutos y la solución debe drenarse para que el cilindro se vacíe de líquido, la creosota restante se almacena en depósitos especiales para su reutilización en siguientes cargas de madera. El vaciado no debe tomar más de 1 hora.

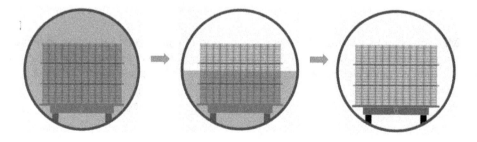

Figura 8.30: Drenado de la solución restante

Una vez que se ha liberado al cilindro de toda la solución preservadora excedente, se somete de nuevo a la autoclave a un último vacío en el que se debe eliminar cualquier exceso de creosota del interior de la madera. Este vacío debe aplicarse durante una hora, tiempo en el que se estima se garantiza el drenado de la creosota que ya no fue aceptada por las células del material, toda vez que estas ya quedaron impregnadas.

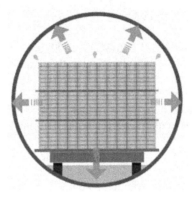

Figura 8.31: Aplicación de vacío final

Todo el proceso debe durar, aproximadamente, 7:30 horas, pero no menos de 7 horas y la puerta de la autoclave puede abrirse para extraer los durmientes ya impregnados.

Figura 8.32: Extrayendo los durmientes de la autoclave.

El proceso anteriormente expuesto se conoce como "Proceso Lowry de célula vacía".

8.1.9 Retención del preservador en los durmientes

Se entiende como 'retención del preservador' a la cantidad de esta solución presente en la madera y se expresa como la cantidad de preservador retenido, por unidad de volumen de madera tratada

La AWPA menciona que la retención del preservador para durmientes de madera usualmente debe estar comprendida entre 6 y 10 lb/ft³ (96 y 160 kg/m³).

La norma oficial mexicana NOM-056-SCT2-2000, que es la vigente actualmente (año 2016) menciona que la retención mínima para durmientes de madera suave debe ser de 8 lb/ft³ (128.16 kg/m³) y para maderas duras se debe garantizar un mínimo retenido de 7 lb/ft³ (112.14 kg/m³).
El proyecto de norma oficial mexicana NOM-056-SCT2-2002 incrementa la cantidad de preservador que debe ser retenida como mínimo por las maderas suaves, llevando el valor a 160 kg/m³ y la retención en maderas duras la mantiene igual que la norma vigente, en 112 kg/m³.

Para determinar la retención en cada carga de durmientes se toman muestras, mediante el taladro Pressler, (gusanillos) de por lo menos 20 piezas de cada carga, en la parte externa de la albura y en 16 mm de profundidad, pero completando como mínimo 48 gusanillos.

La solución de creosota deberá extraerse de los gusanillos mediante el "aparato de extracción Soxhlet", para comparar su peso con su volumen.

Figura 8.33: Aparato de extracción "Soxhlet".

Figura 8.34: Esquema con las principales partes que forman el aparato de extracción "Soxhlet".

El procedimiento para obtener la retención de creosota por los durmientes, en el laboratorio, es brevemente el siguiente:

Se deposita dentro del matraz Erlenmeyer 200 mililitros de solvente (generalmente se usa xileno), se agrega de 1 a 2 mililitros de agua destilada y unos trocitos de vidrio que facilitan la ebullición de la mezcla. Se aplica calor al matraz y se espera a que refluje el sistema durante media hora. Pasado este tiempo se apaga la fuente de calor y se deja enfriar el equipo Soxhlet.

Una vez que se ha enfriado el equipo, con ayuda de un alambre, se hacen bajar las gotas de agua condensada (que quedaron atrapadas en el refrigerante y en la trampa de agua) hacia el tubo graduado y, una vez que se ha hecho bajar toda el agua, se anota el volumen de agua obtenido (V_1).

Posterior a esto, en el dedal de la extracción se colocan de 50 a 100 gramos de la muestra obtenida de los gusanillos; se anota el peso exacto (W_1) y se aplica nuevamente calor al matraz para que el solvente refluje a través de la muestra. Se debe cuidar la intensidad de calor para que el goteo tenga una frecuencia de, aproximadamente, 1 gota por segundo.

Al iniciarse el goteo las gotas tendrán un color oscuro, al paso del tiempo estas se irán aclarando hasta llegar a ser transparentes. Cuando esto ocurre se apaga la fuente de calor y se deja enfriar todo el sistema. Nuevamente se obliga a que bajen todas las gotas de agua hacia el tubo graduado y se anota la lectura que arrojen (V_2). La diferencia entre el primer volumen (V_1) y este segundo volumen recién obtenido (V_2) será la cantidad de agua presente en la muestra (W_3).

Los tiempos del segundo reflujo varían según se trate de ensayes que se estén efectuando a durmientes recién tratados (nuevos) o durmientes que ya han estado en servicio. Para los primeros el tiempo del segundo reflujo será de 2 horas y para los segundos el tiempo será de 5 horas.

Una vez que se ha enfriado todo el equipo se retira el dedal con la muestra y se seca dentro del horno a 125°C durante 90 minutos o hasta que el olor a solvente haya desaparecido por completo. Una vez seca, y ya que se ha enfriado, la muestra se pesa.

Para asegurarse de que todo el solvente ha sido retirado de la muestra, esta se vuelve a meter al horno durante 30 minutos a la temperatura antes mencionada. Pasado este tiempo se deja enfriar y se vuelve a pesar. Este proceso se repite hasta que el peso sea constante y así se obtiene el (W_2).

Habiendo registrado todos los valores mencionados la cantidad de retención se determina mediante la siguiente ecuación:

$$Ret = \frac{100 \cdot (W_1 \cdot W_2 \cdot W_3)}{V_m} \qquad \text{Ecuación 8.3.}$$

Donde:

Ret = Retención del preservador [Kg/m³]
W_1 = Peso de la muestra antes de la extracción [gr]
W_2 = Peso de la muestra después de la extracción [gr]
W_3 = Peso de la cantidad de agua presente en la muestra [gr]
V_m = Volumen de la muestra de madera colocada en el dedal [cm³]

8.1.10 Penetración del preservador en los durmientes

Se entiende como 'penetración del preservador' a la profundidad alcanzada por la creosota (o solución de creosota) desde la superficie hacia el centro del durmiente. Se expresa en unidades de longitud o en porcentaje del área transversal del durmiente.

La Norma Oficial Mexicana NOM-056-SCT2-2000, que es la vigente actualmente (año 2016) menciona que la penetración mínima para durmientes de madera suave deberá alcanzar el 85% del espesor de la albura y, para durmientes de madera dura, deberá alcanzar el 65% del espesor de la albura.
El proyecto de Norma Oficial Mexicana NOM-056-SCT2-2002 mantiene estos mismos valores para la penetración del preservador en los durmientes.

Como ya se explicó anteriormente, las células del duramen están total o parcialmente taponadas y no aceptan la penetración de líquidos; debido a esto la norma no exige cantidad de penetración en el duramen.

Para determinar la penetración del preservador en los durmientes se realiza la medición directa en los gusanillos obtenidos mediante el taladro Pressler, (obtenidos por lo menos en 20 piezas de cada carga, en la parte externa de la albura y en 16 mm de profundidad, completando como mínimo 48 gusanillos) ya que la diferencia de color entre la 'madera blanca' y la madera impregnada es notorio.

Figura 8.35: Obteniendo muestras en durmientes creosotados mediante el taladro Pressler.

8.1.11 Especies de madera

En la NOM-056-SCT2 se enlista, a manera de referencia, sin ser limitativo, algunas de las especies de madera, existente en México, que pueden ser empleadas para la fabricación de durmientes. El listado está hecho en base a la densidad básica ya que, como se mencionó previamente, se considera a este parámetro como un indicativo de las demás propiedades mecánicas de la madera.

No obstante, muchas de las maderas enlistadas no es redituable en lo ecológico ni en lo económico explotarlas en México para la fabricación de durmientes debido a sus periodos de crecimiento y/o a la poca cantidad de estas.

NOM-056-SCT2		
Algunas maderas mexicanas que se pueden emplear para fabricar durmientes		
Especie	Nombre común	Densidad básica (Kg/m³)
Maderas suaves		
Pinus ayacahuite	Ayacahuite	420
Pinus coulteri	Pino	420
Pinus douglasiana	Pino	420
Pinus lawsoni	Pino	470
Pinus leiophilla	Pino Chino	460
Pinus michoacana V. cornuta	Ocote	450
Pinus patula	Pino Colorado	500
Pinus pseudostrobus	Pino	540
Pinus teocote	Pino	510
Maderas duras		
Ampelocera hottlei	Luin	640
Andira inermes	Totalote	630
Aspidosperma megalocarpon	Bayo	800
Astronium graveolens	Jobillo	730
Brosimum alicastrum	Ramón	630
Bucida buceras	Pukté	850
Cordia dodecandra	Siricote	890
Dialium guianense	Guapaque	780
Dipholis stevensonii	Guaité	970
Licania platypus	Cabeza De Mico	620
Lochocarpus castilloi	Machiche	670
Lonchocarpus hondurensis	Palo Gusano	730
Lysloma bahamensis	T'Zalam	630
Mosquitoxylum jamaicense	Pujulté	580
Piscidia communis	Jabín	680
Pithecolobium arboreum	Frijolillo	700
Platymiscium yucatanum	Granadillo	610
Pouteria campechiana	K'Aniste	730
Pseudolmedia oxyphyllaria	Mamba	730
Quercus acatenanquensis	Encino	660
Quercus alba	Encino	600
Quercus anglohondurensis	Chiquinib	860
Quercus convallata	Encino	710
Quercus crassifolia	Encino	670
Quercus ochroetes	Encino	670
Quercus rugosa	Encino	600
Quercus skinnerii	Encino	820
Swartzia cubensis	Corazón Azul	1,050
Swettia panamensis	Chakt'E	870
Talauma mexicana	Jolmashté	550
Vatairea lundellii	Amargoso	560
Vitex gaumeri	Ya'Axnik	660
Zwelania guidonia	Trementino	700

Cuadro 8.8: Algunas maderas mexicanas que se pueden emplear para fabricar durmientes, de acuerdo a su densidad.

8.2 Durmientes de concreto

Como ya se ha mencionado, a principios del siglo XX la preocupación por la escasez de madera llevó a que algunos países Europeos comenzaran a desarrollar durmientes con materiales alternativos a esta, siempre y cuando tuvieran las características resistentes necesarias para soportar las cargas que baja el tren. Los primeros durmientes de concreto armado tenían forma paralelepipédica, de una sola pieza, lo que hacía que fueran unos bloques de gran rigidez. Esta rigidez resta flexibilidad a la vía y hace que no se amortigüe el contacto entre rieles y durmiente.

Al circular los trenes sobre las vías con estos durmientes paralelepipédicos el balasto se asienta en mayor medida justo debajo de donde se apoyan los rieles que en la parte central del durmiente. Estos asentamientos en los extremos generan momentos flectores negativos en el centro de durmiente y el concreto fallará en dicho punto.

Figura 8.36: Falla al centro de un durmiente de concreto paralelepipédico.

Para resolver los problemas causados por el momento negativo en el centro de los durmientes paralelepipédicos, las investigaciones realizadas culminaron en unos durmientes formados por dos bloques de concreto armado en los extremos, unidos entre sí por un perfil de acero en sustitución del concreto reforzado propenso a fallar en la zona central.

Estos durmientes bi-bloque fueron muy populares en México entre las décadas de los 60's y 80's en algunas líneas del sistema, inclusive hoy en día aún es común encontrarlos en algunos tramos de dichas líneas, sin embargo ciertas desventajas, propias de este tipo de durmiente, hicieron necesario regresar a durmientes monolíticos de concreto reforzado, siempre y cuando no fueran paralelepipédicos, en los cuales ya se había avanzado tecnológicamente para erradicar la deficiencia mencionada al principio de este apartado.

Entre las desventajas con las que se enfrenta el durmiente bi-block de concreto reforzado podemos mencionar:

- El perfil de acero que une ambos bloques puede deformarse, lo que acarrea variaciones en el ancho de vía y la perdida de la geometría general de esta.
- Pueden dar lugar a fallos de aislamiento eléctrico. Si el bloque se fisura o se deterioran los elementos aislantes, la corriente pasará de los rieles a los elementos de fijación, de éstos al acero de refuerzo y de este al perfil de acero, lo que acarreará que los circuitos eléctricos en la vía no funcionen adecuadamente al estar la energía constantemente aterrizada.
- La superficie de contacto entre durmiente y balasto se ve reducida, con lo que los esfuerzos transmitidos al subbalasto se ven incrementados.
- Al calzar la vía esta se deforma mucho al levantarla, ya que el perfil de acero puede doblarse.
- El perfil de acero tiende a oxidarse, lo que hace que estos durmientes no sean aptos para su empleo en túneles y otros lugares con presencia de humedad constante.

Durmiente bi-bloque   Durmiente monobloque

Figura 8.37: Durmiente bi-bloque y durmiente mono-bloque, ambos de concreto.

Las fallas al centro de los primeros durmientes monolíticos de concreto reforzado, aunado a las desventajas que se manifiestan en los durmientes bi-bloque, propiciaron a que se llevaran a cabo numerosos estudios para determinar la solución estructural óptima para este tipos de durmiente.

Actualmente, la manera de resolver el problema de la ruptura al centro del durmiente ha consistido en dar a la zona donde se localiza la superficie de apoyo de los rieles una mayor anchura que a la parte central, de forma que esta disminución del ancho hace que la superficie de apoyo del durmiente sobre el balasto sea más pequeña en la zona central (de acuerdo a ciertos límites aconsejables) pero esto acarrea que tanto el momento flector negativo y la compactación diferencial del balasto entre el extremo y el centro del durmiente también se vean drásticamente reducidos.

Además el empleo de acero pre-esforzado (en cualquiera de sus dos modalidades, pre-tensado o pos-tensado) ocasiona que el concreto esté en estado de compresión constante, lo que lleva a la eliminación, casi por completo, de la aparición de fisuras.

En México los durmientes monolíticos de concreto deben de cumplir con lo especificado en la Norma Oficial Mexicana NOM-048/1-SCT2-2000 y los divide en los durmientes monolíticos de concreto 'tipo 1' y 'tipo 3', diferenciando entre ambos tipos características geométricas, de peso y de resistencia, tal como se puede observar en la siguiente tabla:

Tipos de durmientes monolíticos de concreto según la NOM-048/1-SCT2-2000		
Característica	Tipo 1	Tipo 3
Longitud del durmiente	2,400.00 mm	2,440.00 mm
Peso del durmiente	240.00 kg	330.00 kg
Momento positivo en la sección de apoyo del riel	155.0 ton×cm	253.5 ton×cm
Momento negativo en la sección del apoyo del riel	95.0 ton×cm	132.5 ton×cm
Momento positivo al centro del durmiente	80.0 ton×cm	103.7 ton×cm
Momento negativo al centro del durmiente	160.0 ton×cm	253.5 ton×cm

Cuadro 8.9: Tipos de durmientes monolíticos de concreto, según la NOM-048/1-SCT2-2000.

Las empresas concesionarias del servicio ferroviario utilizan en sus vías troncales y ramales durmientes tipo 3, y, previa autorización, permiten el empleo de durmientes tipo 1 para patios, vías, y o laderos particulares.

8.2.1 Carga de diseño para dimensionar los durmientes de concreto.

Al dimensionar los durmientes monolíticos de concreto se considera que la carga de diseño, sobre cada zona de apoyo del riel, sea igual a la carga estática que baja una rueda del tren afectada por una serie de factores que toman en cuenta los efectos dinámicos, los efectos de atenuación de impacto logrado por las placas de asiento elásticas, la separación entre durmientes y algunas deficiencias de apoyo que pudieran tener en la vía férrea. Llegando así a la siguiente expresión:

$$Q_D = \{Q_O[1 + (\gamma_p \cdot \gamma_v)] \cdot \gamma_d \cdot \gamma_r\} \cdot \gamma_i \qquad \text{Ecuación 8.4.}$$

Donde:

Q_D = Carga de diseño [kg]
Q_O = Carga estática que baja una rueda del tren [kg]
γ_p = Coeficiente que tiene en cuenta la atenuación de impacto debida a las placas elásticas de asiento.
Tal como se explica en el capítulo "Análisis Mecánico de la Vía", este coeficiente adquiere los siguientes valores recomendados:

Para placas elásticas de débil atenuación: γ_p = 1.00
Para placas elásticas de mediana atenuación: γ_p = 0.89
Para placas elásticas de fuerte atenuación: γ_p = 0.78

γ_v = Coeficiente que representa los efectos dinámicos ocasionados por defectos en la geometría de la vía y por las irregularidades de los vehículos. Se recomiendan los valores siguientes:

γ_v = 0.50, para cuando la velocidad de circulación sobre la vía es menor a 200 km/hr.

γ_v = 0.75, para cuando la velocidad de circulación sobre la vía es mayor o igual a 200 km/hr.

γ_d = Coeficiente para considerar que el durmiente ubicado directamente bajo el punto de aplicación de la carga sobre el riel únicamente soporta cierta parte de la carga, el resto es soportado por los durmientes contiguos. En general se considera que este coeficiente vale 0.50.

γ_r = Coeficiente que representa las variaciones en la reacción del durmiente por causa de los defectos en su apoyo. Se considera igual a 1.35.

γ_i = Coeficiente que toma en cuenta las irregularidades del apoyo longitudinal de la vía. Su valor es igual a 1.60.

En general la carga de diseño obtenida mediante la ecuación 8.4 resulta con un valor muy aproximado al de la carga total que se obtiene por el método de Eisenmann, explicado en el capítulo "Análisis Mecánico de la Vía", una vez que se han tomado en cuenta los efectos dinámicos y por circulación en curva correspondientes.

8.2.2 Calidad del concreto y su acero de refuerzo

8.2.2.1 El concreto

El cemento empleado para el concreto debe ser bajo en álcalis, el agregado fino (la arena) puede ser de rio o de mina (natural o de trituración) siempre y cuando esté completamente limpio, libre de arcillas, limos y materia orgánica, así como contaminantes sulfurosos o de cualquier otro tipo. El agregado grueso (la grava) tendrá un tamaño máximo de 38 mm (1-1/2") y que provenga de la trituración de piedra sana, con una densidad mayor a 2.50 gr/cm³; al igual que la arena, la grava deberá estar completamente limpia y exenta de arcillas, limos, materia orgánica y cualquier contaminante de cualquier otro tipo.

El agua para realizar la mezcla del concreto debe ser limpia, sin presencia de sales solubles y contaminantes y con un contenido máximo de 400 partes por millón de iones de cloro.

La mezcla de concreto se debe diseñar con un revenimiento cero, su resistencia mínima a la compresión será de f'c=525 kg/cm² a los 28 días para concretos normales, pero si el comprador requiere el uso de aditivos acelerantes, se debe garantizar esta resistencia mínima a la compresión a los días indicados en el diseño de la mezcla acelerada.

La resistencia mínima a la tensión por flexión debe ser de MR=65 kg/cm² a los 7 días.

La resistencia a la compresión se mide al llevar hasta su falla, incrementando la carga a una velocidad uniforme, a probetas cilíndricas de concreto en la máquina de compresión. La resistencia a la compresión será el resultado de dividir la carga de ruptura entre el área de la sección que resiste a la carga.

El muestreo del concreto se obtiene directamente en la planta donde se estén fabricando los durmientes; se recomienda obtener el volumen suficiente para llenar de concreto 4 cilindros por cada 7 m³ de concreto suministrado. Para concretos normales, uno de los cilindros se ensayará a los 7 días después del colado, el segundo a los 14 días y el tercero a los 28 días. El 4 cilindro permanecerá en el laboratorio el tiempo que sea necesario para emplearlo como 'testigo' dado el caso de alguna inconformidad por parte del cliente durante el tiempo de servicio del durmiente.

El diámetro de los cilindros utilizado para obtener las muestras de concreto debe ser como mínimo tres veces el tamaño máximo nominal del agregado grueso que se emplee en el concreto, debido a esto, en los ensayos de concreto empleado para durmientes se emplean cilindros con 6" de diámetro y 12" de altura.

Figura 8.38: Prueba a compresión de un cilindro de concreto, para obtener su f'c.

La ecuación para calcular la resistencia a la compresión del concreto será, entonces:

$$f'c = \frac{P}{A}$$
Ecuación 8.5.

Donde:

f'c = Resistencia a la compresión del concreto [Kg/cm²]
P = Carga de falla, registrada en la carátula de la maquina [Kg]
A = Área de la sección transversal del cilindro de concreto [cm²]

La resistencia del concreto a la tensión por flexión se evalúa por medio del ensaye de vigas, durante este ensaye el concreto se ve sometido tanto a compresión como a tensión. La capacidad a la flexión del concreto se representa por el módulo de ruptura, que se obtiene al aplicar carga a la viga hasta su falla.

El muestreo del concreto se obtiene directamente en la planta donde se estén fabricando los durmientes, se recomienda obtener el volumen suficiente para llenar de concreto 3 moldes prismáticos cuyas dimensiones son 6" x 6" x 21", las cuales se ensayarán a la cantidad de días transcurridos después del colado indicada por diseño.

Estando la viga dentro de la máquina de ensayes a tensión, se le va aplicando carga incrementándola a una velocidad uniforme. Una vez que la viga ha fallado se determina el ancho promedio, el peralte y la localización de la línea de falla, con el promedio de tres medidas una en el centro y dos sobre las aristas del espécimen.

Figura 8.39: Prueba a tensión de una viga de concreto, para obtener su MR.

Si la fractura se presenta en el tercio medio del claro de la viga, el módulo de ruptura se obtendrá mediante la ecuación:

$$MR = \frac{P \cdot L}{b \cdot d^2}$$

Ecuación 8.6.

Donde:

MR = Módulo de ruptura del concreto [Kg/cm^2]
P = Carga de falla, registrada en la carátula de la maquina [Kg]
L = Distancia entre apoyos [cm]
b = Ancho promedio de la viga [cm]
d = Peralte promedio de la viga [cm]

Si la fractura de la viga se presenta fuera del tercio medio de su claro, en no más del 5% de su longitud, el módulo de ruptura se calcula mediante la ecuación:

$$MR = \frac{3P \cdot a}{b \cdot d^2}$$

Ecuación 8.7.

Donde:

MR = Módulo de ruptura del concreto [Kg/cm²]
P = Carga de falla, registrada en la carátula de la maquina [Kg]
a = Distancia promedio entre la línea de fractura y el apoyo más cercano [cm]
b = Ancho promedio de la viga [cm]
d = Peralte promedio de la viga [cm]

Si la fractura ocurre fuera del tercio medio del claro en más del 5% de su longitud se desecha el resultado de la prueba y se ensaya otra de las vigas obtenidas.

Numerosos estudios han sido realizados intentando obtener una relación entre el módulo de ruptura y la resistencia a la compresión simple. El promedio de estos estudios ha arrojado que el módulo de ruptura del concreto adquiere valores entre el 10% y el 20% de la resistencia a compresión, el rango es muy grande y su variación depende en gran medida del tipo, dimensiones y volumen del agregado grueso utilizado, sin embargo, la mejor correlación para los materiales específicos es obtenida mediante ensayos de laboratorio para los materiales dados y el diseño de la mezcla.

8.2.2.2 El acero de refuerzo

Los durmientes de concreto son elementos pre-esforzados, ya sea por medio del pre-tensando del acero de refuerzo (antes de colar) o pos-tensando de este (después del colado), de modo que la aplicación de las cargas de servicio harán que la tensión actuará sólo para aliviar la precarga de compresión resultante en el concreto producto de dicho pre-esfuerzo.

Para este refuerzo se pueden usar barras, alambres o torones de acero con un límite de fluencia mínimo de 14,000 kg/cm² y una resistencia a la ruptura no menor a 16,000 kg/cm².

Figura 8.40: Prueba a tensión de una barra de acero, para obtener su límite de fluencia y su resistencia a la ruptura.

Para conocer estos parámetros en el laboratorio, se coloca una probeta de acero en las mordazas de la maquina universal de pruebas y se va incrementando la carga a una velocidad constante y uniforme. Las maquinas universales más modernas cuentan con una impresora que dibuja la gráfica esfuerzo-deformación conforme va transcurriendo la prueba, lo que facilita sobremanera la obtención de resultados.

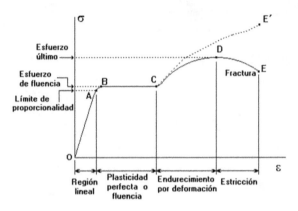

Figura 8.41: Grafica esfuerzo-deformación típica para el acero.

El límite de fluencia será entonces la fuerza que se aplicó a la probeta para llegar a su límite plástico (punto de fluencia), matemáticamente sería:

$$F_y = \frac{P_o}{A_o}$$

Ecuación 8.8.

Donde:

Fy = Límite de fluencia del acero [Kg/cm²]
P_o = Carga donde se llegó al punto de fluencia [Kg]
A_o = Área de la sección transversal de la probeta deformada cuando llegó al punto de fluencia [cm²]

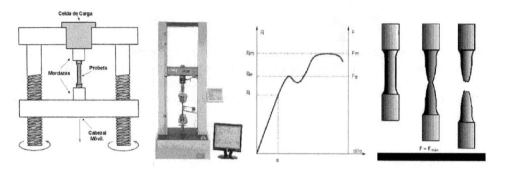

Figura 8.42: Esquema general para la prueba de tensión a barras de acero.

La prueba continua hasta someter a la probeta a su ruptura, para obtener su esfuerzo último en el límite entre el 'endurecimiento por deformación' y la 'estricción', para obtener la resistencia a la ruptura. Matemáticamente:

$$F_{max} = \frac{P_m}{A_m}$$
Ecuación 8.9.

Donde:

Fmax = Resistencia a la ruptura del acero [Kg/cm²]
P_m = Carga donde se llegó al final del 'endurecimiento por deformación' [Kg]
A_m = Área de la sección transversal de la probeta deformada cuando llegó al final del 'endurecimiento por deformación' [cm²]

8.2.3 Proceso de fabricación para los durmientes de concreto

La fabricación de durmientes monolíticos de concreto se lleva a cabo en plantas fijas de producción, las cuales cuentan con el equipo y personal especializado para este fin ya que exige gran precisión, así como efectuar diversas maniobras con el producto, el cual es pesado y se fabrica en serie, lo que dificulta su manipulación manual, durante y después de su fabricación.

A grandes rasgos, a manera de resumen, podemos agrupar las múltiples etapas de fabricación en los siguientes pasos:

8.2.3.1 Limpieza de los moldes:

Los moldes deberán estar perfectamente limpios y secos, libres de polvo, grasas o sustancias extrañas. También debe retirarse los residuos de concreto que hayan quedado por los colados anteriores.

Figura 8.43: Limpieza de los moldes

Una vez que los moldes están limpios se aplica el producto desmoldante a todas las superficies que estarán en contacto con el concreto.

8.2.3.2 Colocación del acero para pre-esfuerzo:

Los alambres, barras o torones se distribuyen en el interior de los moldes, que se van suministrando desde un rollo montado en un carro que circula sobre la línea de producción.

Figura 8.44: Distribución del acero en el interior de los moldes

Cuando el carro ha llegado al final de la línea de producción se dejan las preparaciones necesarias para realizar el pre-esfuerzo del acero.

Figura 8.45: Preparaciones en el acero para su pre-esfuerzo, al final de la línea de producción.

Por medio de maquinaria especializada se aplica tensión en el extremo de cada barra y así los moldes quedan listos para recibir el concreto dentro de ellos.

Figura 8.46: Moldes listos para recibir el concreto y formar los durmientes

8.2.3.3 Colado del concreto:

El concreto se vierte dentro de una tolva montada sobre un carro que, al igual como ocurre con aquel que suministra el acero, circula sobre la línea de producción. Detrás de este carro el personal traspalea y enrasa el concreto al nivel que requiere el molde para posteriormente, mediante otro carro, se le aplique la vibración necesaria al concreto para el correcto acomodo de los agregados.

Figura 8.47: Vibrado del concreto dentro de los moldes

8.2.3.4 Curado del concreto:

Toda la línea de producción se cubre con lonas y, mediante tubería que corre a todo lo largo de esta, se aplica vapor húmedo durante 8 horas, lo cual acelera la obtención de la resistencia en el concreto.

Figura 8.48: Curado del concreto

8.2.3.5 Liberación del pre-esfuerzo y desmoldeo:

Se empuja hacia afuera a la estructura de anclaje del pre-esfuerzo y se cortan los alambres en el extremo de la línea de producción así como entre cada durmiente. Realizado esto una grúa levanta a los durmientes y los lleva a la banda donde los girarán para darle su acabado final.

Figura 8.49: Liberación del pre-esfuerzo y desmoldeo

Figura 8.50: Durmientes desmoldados

Figura 8.51: Girando los durmientes para darle el acabado final

8.2.4 Pruebas de resistencia para los durmientes de concreto terminados

De un lote no menor a 10 durmientes se escogen cuatro y se someten a diversas pruebas de resistencia. El pistón de carga se coloca sobre placas de hule con dureza shore 50 que estarán en contacto directo con el durmiente y este estará apoyado también sobre placas de hule que tengan la misma dureza

8.2.4.1 Prueba de flexión sobre la sección de asiento del riel, momento positivo.

Se aplica carga al durmiente a razón de 2.2 toneladas por minuto hasta llegar al valor de carga tal que produzca el momento especificado en el diseño. Esta carga se mantiene durante tres minutos.

La NOM-048-SCT2-2000 especifica que este momento deberá ser igual a 155 ton-cm, para durmientes tipo 1, y 253.50 ton-cm para durmientes tipo 3.

Figura 8.52: Prueba de flexión positiva sobre la sección de asiento del riel (imagen tomada de 'Italcertifer Company').

8.2.4.2 Prueba de flexión sobre la sección de asiento del riel, momento negativo.

Al igual que la prueba anterior, se aplica carga al durmiente a razón de 2.2 toneladas por minuto hasta llegar al valor de carga tal que produzca el momento especificado en el diseño, pero ahora con el durmiente volteado con su cara visible hacia abajo. Al llegar a la carga que ocasiona el momento de diseño, se debe mantener esta durante tres minutos.

La NOM-048-SCT2-2000 especifica que este momento deberá ser igual a 95 ton-cm, para durmientes tipo 1, y 132.50 ton-cm para durmientes tipo 3.

Figura 8.53: Prueba de flexión negativa sobre la sección de asiento del riel (imagen tomada de 'Italcertifer Company').

En ambas pruebas los apoyos de hule en la parte inferior de la probeta se colocan a dos terceras partes de la distancia existente entre el punto de aplicación de la carga y el extremo del durmiente más cercano a este punto, además se considera, gracias a este arreglo en los apoyos, que la carga aplicada se repartirá por igual a ambos; por lo tanto la carga por aplicar para llegar al momento requerido será:

$$M = \frac{P}{2} \cdot \frac{2x}{3}$$

$$P = \frac{3M}{x}$$ Ecuación 8.10.

Donde:

P = Carga que produce el momento de diseño [Ton]
M = Momento de diseño [Ton-cm]
x = distancia desde el punto de aplicación de la carga hasta el extremo más cercano del durmiente [cm].

8.2.4.3 Prueba de flexión sobre la zona central del durmiente, momento positivo.

Se aplica carga al durmiente en su zona central a razón de 2.2 toneladas por minuto hasta llegar al valor de carga tal que produzca el momento especificado en el diseño. La carga con la cual se alcance este momento deberá mantenerse aplicada al durmiente durante tres minutos.

Figura 8.54: Prueba de flexión positiva sobre el centro del durmiente (imagen tomada de 'Italcertifer Company').

La NOM-048-SCT2-2000 especifica que este momento deberá ser igual a 80 ton-cm, para durmientes tipo 1, y 103.70 ton-cm para durmientes tipo 3.

8.2.4.4 Prueba de flexión sobre la zona central del durmiente, momento negativo.

Al igual que la prueba anterior, pero esta vez estado el durmiente con su cara principal hacia abajo. Se aplica carga al durmiente en su zona central a razón de 2.2 toneladas por minuto hasta llegar al valor de carga tal que produzca el momento especificado en el diseño. La carga con la cual se alcance este momento deberá mantenerse aplicada al durmiente durante tres minutos.

La NOM-048-SCT2-2000 especifica que este momento deberá ser igual a 160 ton-cm, para durmientes tipo 1, y 253.50 ton-cm para durmientes tipo 3.

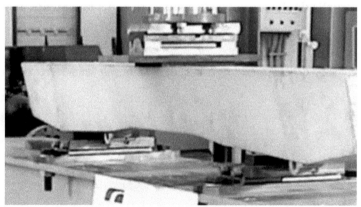

Figura 8.55: Prueba de flexión negativa sobre el centro del durmiente (imagen tomada de 'Italcertifer Company').

En ambas pruebas para el momento, positivo o negativo, desde el centro del durmiente, se aplica la carga en el centro y se colocan apoyos de hule a una distancia que equivale a la distancia entre centros de línea de cada riel. Se considera, bajo estas condiciones de apoyo, que la carga aplicada se repartirá igualitariamente entre ambos apoyos.

Matemáticamente podemos expresar esto como:

$$M = \frac{P}{2} \cdot \frac{a}{2}$$

$$M = \frac{P \cdot a}{4}$$

Y finalmente, al despejar P, tenemos:

$$P = \frac{4M}{a}$$
Ecuación 8.11.

Donde:

P = Carga que produce el momento de diseño [Ton]
M = Momento de diseño [Ton-cm]
a = distancia entre ejes de los rieles [cm].

Al haber terminado cada una de las pruebas de carga se realiza una inspección minuciosa de todo el durmiente para verificar que no ha aparecido ningún agrietamiento; sucedido esto el lote de durmientes se acepta.

8.2.4.5 Prueba de flexión repetitiva en la sección de asiento del riel

Las condiciones de carga para esta prueba son similares a la Prueba de flexión sobre la sección de asiento del riel, momento positivo, pero en esta la carga debe incrementarse a 2.2 toneladas por minuto hasta que el durmiente se agriete en su superficie inferior, al nivel más bajo del acero de refuerzo. El durmiente será sometido a 3 millones de ciclos de esta carga repetida.

Si después de la cantidad de ciclos, el durmiente soporta sin fallar una carga igual a 1.1P, la prueba ha sido cumplida.

9 Cambios de vía y corta-vías

La explotación comercial de líneas de ferrocarril hace necesario que los trenes puedan pasar de una vía a otra, sin perder por ello la continuidad del guiado. De esta necesidad surgen puntos específicos en la trayectoria de la vía que son *conjuntos de aparatos para vía férrea*; permiten la conexión y el cruce entre distintos itinerarios. Entre estos conjuntos los que más son empleados en los itinerarios y patios ferroviarios son:

- Cambios de vía: que permiten el paso de una vía principal a una secundaria.
- Corta-vías: que permiten el paso entre vías principales.

9.1 Cambios de vía

Se conoce como desvío ferroviario a aquel punto donde convergen dos vías férreas. Para que el tren pase de una vía a otra se hace uso de un *cambio*, el cual es un conjunto de varios aparatos de vía.

La vía recta del desvío se denomina "vía directa" o "ruta normal" y la vía que confluye se denomina "vía desviada" o "ruta reversa".

9.1.1 Nomenclatura para los cambios de vía

Un cambio cuya vía desviada diverge hacia la derecha se denomina *cambio derecho*; de forma análoga, un cambio cuya vía desviada diverge hacia la izquierda se denomina *cambio izquierdo*.

En la figura 9.1 se muestra la nomenclatura general para un cambio de vía, se muestran únicamente los hongos de riel para simplificar el esquema; para mayor claridad se excluyen los *durmientes del cambio* y los elementos para unión y fijación.

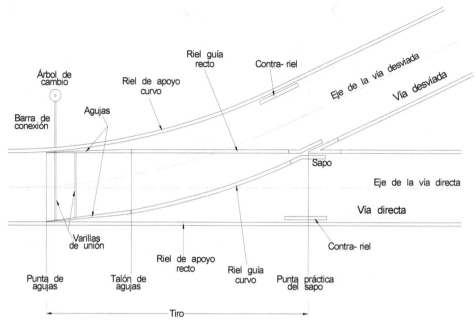

Figura 9.1: nomenclatura general para un cambio de vía.

El *árbol de cambio* es aquel aparato con el cual, por medio de su palanca (también denominada 'manubrio'), el usuario determina la dirección que el tren seguirá: hacia la vía directa o hacia la vía desviada.

Figura 9.2: Árbol de cambio "tipo alto"

Las *agujas* son el aparato movible del cambio. Están formadas por dos rieles desbastados gradualmente de tal forma que la *punta de agujas* (que representa su propio inicio) acople con los *rieles de apoyo*. La aguja termina en el talón de agujas, existen en el mercado agujas con diferentes longitudes, 15 pies (15'), 16 pies con 6 pulgadas (16' 6''), 19 pies y seis pulgadas (19' 6'') e inclusive más largas de hasta 39 pies (39'). Los diversos ferrocarriles en sus especificaciones indican la longitud de las agujas para cada tipo de cambio.

Figura 9.3: Agujas de un cambio

Las *varillas de unión* sirven de arrostramiento para que las agujas se muevan simultáneamente. A mayor longitud de las agujas, más varillas de unión serán requeridas.

Figura 9.4: Barra de conexión y varillas de unión

La *barra de conexión* es el elemento que transmite la dirección que se desea tome el tren al hacer operar el árbol de cambio, conecta a este con la primera varilla de unión

El *talón de agujas* representa el punto donde estas se articulan para poder moverse.

Los *rieles guía* son aquellos que unen el final de las agujas con el inicio del *sapo*.

El *sapo* es el aparato donde físicamente se intersectan ambas vías. Consta de un ensamblaje mecánico de rieles, o bien de un elemento sólido de acero, fabricado específicamente con la geometría adecuada para cada tipo de desvío ferroviario.

La intersección matemática exacta, donde confluyen el riel de la vía directa y el riel de la vía desviada, se denomina 'punta teórica del sapo', concepto que se utilizará en la siguiente sección.

Para efectos realistas, ya que la punta del sapo no puede ser perfectamente delgada, los diseñadores de aparatos ferroviarios determinaron que esta tendrá siempre un ancho de ½" (media pulgada), con lo cual se define la *punta práctica del sapo* (también denominada 'punta ½" del sapo').

Figura 9.5: Sapo

Figura 9.6a: Punta práctica del sapo, debe ser protegida por el contra-riel.

Los *contra-rieles* son elementos que sirven para forzar a que las ruedas del tren, al circular sobre el cambio, mantengan la dirección deseada sin que la ceja de estas dañe a la punta práctica del sapo.

El *tiro* es la distancia entre la punta de agujas y la punta práctica del sapo, medida paralela al eje de la vía recta. Este es un parámetro muy importante para un cambio de vías, el cual viene dado en los diseños específicos de cada cambio.

Figura 9.6b: Contra-riel.

Figura 9.7: Vista general de un cambio de vías

9.1.2 Solución geométrica para los desvíos ferroviarios:

En ingeniería ferroviaria los desvíos junto con su cambio de vía, se identifican de acuerdo a su 'número de sapo'. Por ejemplo, un "desvío con cambio #8", o simplemente, en el argot ferrocarrilero, un "cambio #8", es aquel que está construido por un sapo #8.

El *número del sapo* es la distancia de *n* unidades, medida sobre la línea central del *corazón del sapo*, desde la punta teórica hasta donde la **separación** entre paños externos del corazón es **una** unidad.

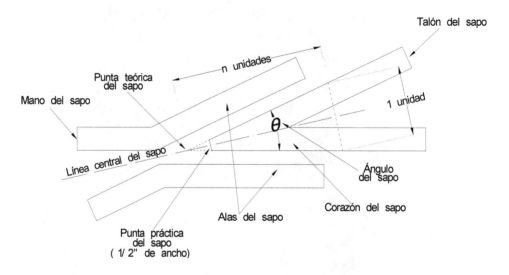

Figura 9.8: Nomenclatura del sapo, número del sapo "n" y ángulo del sapo.

Por ejemplo, si n = 8 pies, hasta donde la separación es 1 pie, el sapo es un #8.

No forzosamente la separación debe ser una unidad. Por ejemplo, si la separación es de 6 pulgadas a la distancia de 48 pulgadas, el número del sapo será n = 48/6 = 8.

Generalmente el número del sapo es un número entero, pero esto no es un requisito. El ferrocarril Union Pacific, bajo circunstancias especiales, emplea sapos #8.5, tal cual se observa en sus Diseños para Estándares Industriales.

Los modelos más empleados en México son los diseños de AREMA, FNM, el ferrocarril Conrail y el ferrocarril BNSF; cuyos sapos más comunes son los #8, #10 y #20, para los tres primeros, y los #9, #11 y #15 para el último.

Como podemos observar, el corazón del sapo es un triángulo isósceles y la línea central del sapo es la bisectriz del ángulo agudo de dicho triángulo:

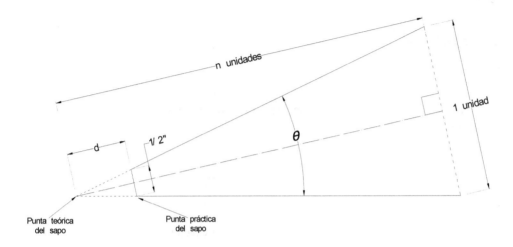

Figura 9.9: Triángulo isósceles = Corazón del sapo

Como ya se mencionó, la punta teórica del sapo corresponde al punto donde matemáticamente se intersectan el riel de la vía directa y el riel de la vía desviada. Sin embargo, para efectos de fabricación y de utilidad en la realidad esta punta no puede ser perfectamente afilada, entonces los diseñadores de aparatos ferroviarios han determinado que el ancho de la punta del sapo debe ser de media pulgada, por lo tanto se forma la punta práctica del sapo así como se muestra en la figura 9.9.

Si dividimos el triángulo isósceles en dos triángulos rectángulos, los parámetros del sapo pueden obtenerse analíticamente:

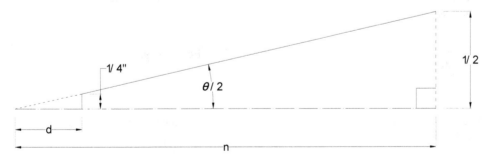

Figura 9.10: Triángulo rectángulo = medio corazón del sapo

Por trigonometría, puede obtenerse el ángulo del sapo:

$$tan\frac{\theta}{2} = \frac{1/2}{n}$$

Ecuación 9.1

$$\theta = 2tan^{-1}\left(\frac{1}{2n}\right)$$

Ecuación 9.2

Y, por triángulos semejantes, podemos conocer la distancia que existe entre la punta teórica del sapo y la punta práctica del sapo:

$$\frac{1/4}{d} = \frac{1/2}{n}$$

Ecuación 9.3

$$d = \frac{1}{2}n$$

Ecuación 9.4

Por ejemplo, el ángulo de un sapo #10, aplicando la ecuación 9.2, será 5°43'29.32''. En los planos de diseños estándar los diversos ferrocarriles y organismos reguladores redondean los segundos de este ángulo al entero, por lo tanto se acepta 5°43'29''.

Ese mismo sapo #10 tiene una separación entre punta teórica y punta práctica de 5 pulgadas, al aplicar la ecuación 9.4, medido sobre la línea central del sapo. Esta separación, si la medimos sobre el paño externo del corazón del sapo es un poco mayor:

$$d_{gl} = \frac{d}{cos\left(\theta/2\right)}$$

Ecuación 9.5

Y sustituyendo la ecuación 9.4 en la ecuación 9.5, para tener todo en términos del número de sapo, obtenemos:

$$d_{gl} = \frac{n}{2cos\left(\theta/2\right)}$$

Ecuación 9.6

Esta ecuación 9.6, como se verá en apartados siguientes, es útil para la ubicación en campo de los aparatos de vía y el trazo de corta-vías.

Las definiciones y unidades de los términos expuestos en las ecuaciones 9.1 a 9.6 son los siguientes:

θ = ángulo del sapo. [Grados, minutos y segundos]

n = número del sapo. [Adimensional]

d = separación entre punta teórica y punta práctica del sapo, medida sobre la línea central. [Pulgadas]

d_{gl} = separación entre punta teórica y punta práctica del sapo, medida sobre el paño. [Pulgadas]

Al tener conocido el número del sapo y el ancho de la vía, o escantillón, podemos trazar cualquier desvío:

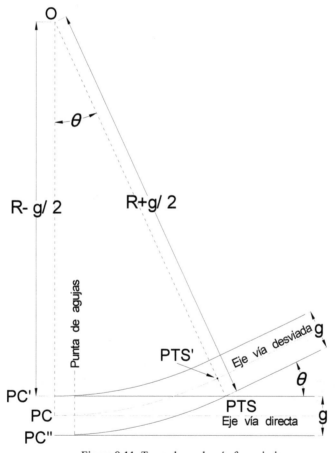

Figura 9.11: Trazo de un desvío ferroviario

Ingeniería de Vías Férreas

El desvío ferroviario, al analizarlo geométricamente sobre el eje de la vía férrea desde el principio de curvatura (PC) y hasta un punto (PTS') medio escantillón por encima de la punta teórica del sapo (PTS), es un segmento de curva circular simple, cuya deflexión es igual a θ, el ángulo del sapo.

Nótese que la Punta de Agujas (PA) no coincide con el principio de curvatura proyectado sobre los rieles de la vía (PC' y PC''). Esto es debido a que, análogamente a como ocurre con el sapo, las puntas de agujas no pueden ser infinitamente delgadas. La mayoría de diseñadores de aparatos ferroviarios han convenido que las agujas tengan en su punta un espesor igual a un octavo de pulgada.

Al trazar la línea central del sapo, en la figura 9.11, y prolongarla hasta el riel de apoyo de la vía recta (que en nuestro caso particular corresponde al *riel de apoyo derecho*) esta línea cae exactamente en la proyección del principio de curvatura sobre el *riel de apoyo* recto; tenemos:

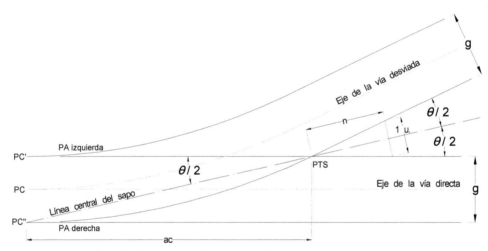

Figura 9.12: Línea central del sapo prolongada cae exactamente en el PC''

De nueva cuenta, por triángulos semejantes, gracias a la geometría en el corazón del sapo podemos conocer la distancia existente entre el principio de curvatura y la punta teórica del sapo, medida paralela al eje de la vía recta:

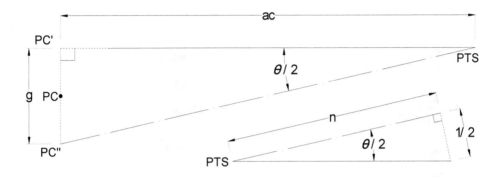

Figura 9.13: Determinación de la distancia *ac*

$$\frac{1/2}{n} = \frac{g}{ac}$$ 　　　　　　　Ecuación 9.7

$$ac = 2gn$$ 　　　　　　　Ecuación 9.8

De la figura 9.11, si extraemos el triángulo rectángulo O-PTS-PC' y con el dato ya conocido de la distancia ac, tenemos la información necesaria para conocer el radio (R) de la curva. Por trigonometría:

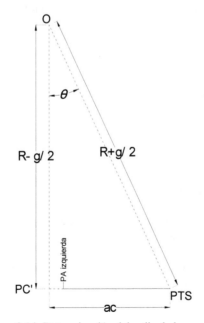

Figura 9.14: Determinación del radio de la curva, R.

$$tan\theta = \frac{ac}{R - {}^{g}/_{2}}$$

Ecuación 9.9

$$R = \frac{ac}{tan\theta} + \frac{g}{2}$$

Ecuación 9.10

Las definiciones y unidades de los términos expuestos en las ecuaciones 9.7 a 9.10 son los siguientes:

θ = ángulo del sapo. [Grados, minutos y segundos]
n = número del sapo. [Adimensional]
g = escantillón de la vía. [Unidades de longitud]
ac = distancia entre el PC y la PTS, medida paralela al eje de la vía recta. [Unidades de longitud]
R = Radio de la curva. [Unidades de longitud]

Llegados a este punto el siguiente dato a obtener será el grado de la curva.

Como sabemos la curva se asimila como una sucesión de arcos pequeños (de longitud prede-terminada), llamados arcos unidad. Comparando el arco de una circunferencia completa ($2\pi R$), que subtiende un ángulo de 360°, con un arco unidad, que subtiende un ángulo G se tiene:

$$\frac{2\pi R}{360°} = \frac{s}{G}$$

Ecuación 9.11

Al emplear el sistema métrico decimal el arco unidad se acepta sea igual a $s=20\ m$, por lo tanto, al sustituir este valor en la ecuación 9.11 y resolver, tenemos:

$$G = \frac{1,146}{R}$$

Ecuación 9.12

Donde, para la ecuación 9.12:

G = grado de la curva. [Grados, minutos y segundos]
R = radio de la curva. [Metros]

Y, si estamos empleando el sistema inglés el arco unidad vale $s=100\ ft$, por lo tanto, al sustituir en la ecuación 9.11 y resolver tenemos:

$$G = \frac{5,729.58}{R}$$

Ecuación 9.13

Donde, para la ecuación 9.13:

G = grado de la curva. [Grados, minutos y segundos]
R = radio de la curva. [Pies]

La longitud de la curva se obtienen de las ecuaciones ya conocidas de la curva:

En el sistema métrico decimal:

$$LC = \frac{20\theta}{G}$$ Ecuación 9.14

Donde:

θ = ángulo del sapo = deflexión de la curva. [Grados, minutos y segundos]
G = grado de la curva. [Grados, minutos y segundos]
LC = longitud de la curva. [Metros]

Y para el sistema inglés:

$$LC = \frac{100\theta}{G}$$ Ecuación 9.15

Donde:

θ = ángulo del sapo = deflexión de la curva. [Grados, minutos y segundos]
G = grado de la curva. [Grados, minutos y segundos]
LC = longitud de la curva. [Pies]

El último dato requerido para trazar el desvío ferroviario será la sub-tangente, la cual se obtiene también de las ecuaciones ya conocidas de la curva:

$$ST = R\left[tan\left(\frac{\theta}{2}\right)\right]$$ Ecuación 9.16

Donde:

θ = ángulo del sapo = deflexión de la curva. [Grados, minutos y segundos]
R = radio de la curva. [Unidades de longitud]
ST = Sub-tangente de la curva. [Unidades de longitud]

9.1.3 Sembrado del cambio en el desvío ya trazado:

Una vez que se han resuelto las ecuaciones anteriores, ya se tienen conocidos los elementos relevantes para trazar la curva del desvío en campo. Lo que procede a continuación, para efectos de armado de vía férrea, es ubicar los aparatos de vía mediante la localización en campo de la punta práctica del sapo (PPS) y la punta de agujas (PA).

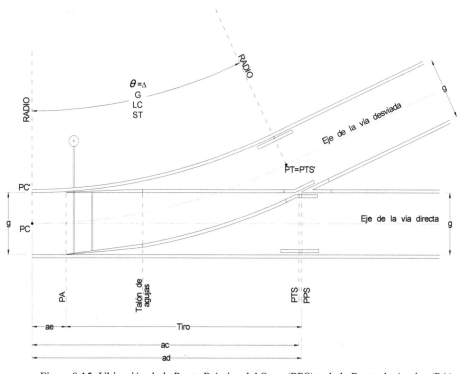

Figura 9.15: Ubicación de la Punta Práctica del Sapo (PPS) y de la Punta de Agujas (PA)

Si a la posición del principio de la curva (PC) le sumamos medio escantillón (g/2), ubicaremos la posición de este PC proyectado sobre el riel de apoyo derecho (PC'); si a este PC' le sumamos la distancia ac obtendremos la posición de la punta teórica del sapo (PTS), y la distancia de la PTS a la PPS quedó definida por la ecuación 9.6, en pulgadas.

Si estamos trabajando como unidad de longitud el pie, la ecuación 9.6 se debe transformar en:

$$d_{gl} = \frac{n}{24cos\left(\theta/2\right)}$$
Ecuación 9.17

Donde:

θ = ángulo del sapo. [Grados, minutos y segundos]
n = número del sapo. [Adimensional]
d_{gl} = separación entre punta teórica y punta práctica del sapo, medida sobre el paño. [Pies]

Pero, si estamos trabajando como unidad de longitud el metro, la ecuación 9.6 se debe transformar en:

$$d_{gl} = \frac{0.0127n}{cos\left(\theta/2\right)}$$ Ecuación 9.18

Donde:

θ = ángulo del sapo. [Grados, minutos y segundos]
n = número del sapo. [Adimensional]
d_{gl} = separación entre punta teórica y punta práctica del sapo, medida sobre el paño. [Metros]

Por lo tanto, la distancia entre el PC' y la PPS, medida sobre el eje de la vía recta será:

$$ad = ac + d_{gl}$$ Ecuación 9.19

En este punto ya tenemos ubicada la Punta Práctica del Sapo, lo que procede ahora, para poder construir el cambio de vías es conocer la ubicación de la Punta de Agujas. A partir de aquí también podemos referenciarla desde el PC': la distancia entre el PC' y la PA, medida sobre el eje de la vía recta será:

$$ae = ad - Tiro$$ Ecuación 9.20

Como ya se mencionó anteriormente, el *Tiro* es la distancia entre la punta de agujas y la punta práctica del sapo, medida paralela al eje de la vía recta.

El *tiro* es un dato proporcionado en el reglamento particular de cada ferrocarril u organismo regulador, los cuales la definen tomando en cuenta diversos factores tales como el espacio necesario para que en él quepan los elementos mecánicos de cada aparato (tornillería, placas, refuerzos) y buscando optimizar al máximo los recortes de riel al formar los rieles guía, agujas y contra-rieles. Es por eso que, al analizar planos de diversos reglamentos, pueden aparecer diferencias entre los tiros de un mismo tipo de cambio, sin que esto afecte la geometría del desvío (ángulo del sapo, radio de la curva en el eje, etc).

Por ejemplo, el plano estándar 10-71 de AREMA para un cambio #10 específica un tiro de 77 pies con 4-3/4 de pulgada (23.59025 metros) y el plano estándar 348-26 de los FNM para un cambio #10 especifica un tiro de 78 pies con 9 pulgadas (24.003 metros).

Mismo AREMA, en su tabla de datos 910-41, permite que dicho tiro sea tal cual lo mencionan los FNM: 78'-9''.

Estas diferencias entre reglamentos variarán la posición de puntos específicos de los aparatos dentro del cambio de vías obedeciendo exclusivamente, como ya se mencionó, a los espacios necesarios para que quepan los elementos mecánicos (tornillería, placas, etc.) y buscando evitar desperdicios al recortar rieles; pero la geometría del desvío se mantiene tal cual se ha desarrollado en las ecuaciones precedentes.

9.2 Corta-vías

Un corta-vías es un par de cambios de vía que divergen en la misma dirección y sus vías desviadas convergen en el mismo punto, permitiendo al tren cruzar de una vía a otra que sea paralela y viceversa.

Figura 9.16: Corta-vías

9.2.1 Solución geométrica para los corta-vías:

Teniendo conocido y resuelto el trazo geométrico para ambos desvíos y cambios ferroviarios, tal cual se expuso en el apartado anterior, el dato que complementaría la información para solucionar correctamente la geometría de un corta-vías será la distancia existente, medida paralela al eje de la vía recta, entre ambas puntas prácticas de los sapos (D_{SP}), para lo cual primero debemos conocer la distancia, medida de igual forma, entre ambas puntas teóricas de los sapos (D_{ST}).

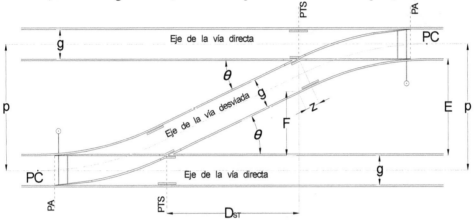

Figura 9.17: Corta-vías típico (los dos sapos son del mismo número)

La distancia (E) representa la separación perpendicular a ambos ejes de vías férreas existente entre puntas teóricas de los sapos, la acotación (g) corresponde al escantillón de la vía (el cual debe ser el mismo para ambas vías, ya que la separación de las ruedas del tren es constante) y (p) representa la separación entre ejes de vías férreas.

En México los Ferrocarriles Nacionales (FNM), desde antes de 1996, habían dispuesto que esta separación (p) sería como mínimo 4.60 metros y como recomendable 5 metros, al emplearse vía de ancho internacional, por así convenir a la seguridad de circulación en patios, dentro de túneles, al cruzar puentes y/o transitar por zonas urbanas.

No obstante que la Asociación Americana para la Ingeniería y Mantenimiento de Vías Férreas (AREMA) permite separaciones menores, inclusive hasta de 4.28 metros, posterior a 1996 los diversos concesionarios del servicio ferroviario en México, por resultar más conveniente a la seguridad y al ya existir gran parte de la infraestructura, optaron por conservar los valores dispuestos por los FNM.

De la figura 9.17 podemos deducir que:

$$E = p - g$$ Ecuación 9.21

Y, si ampliamos el croquis de dicha figura para ver a detalle la zona del sapo, tenemos:

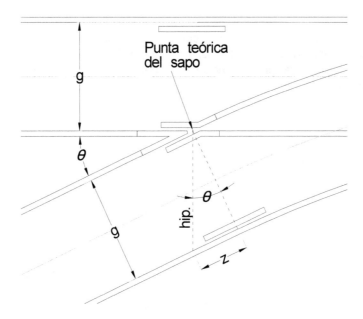

Figura 9.18: Determinación de la distancia F y z

Analizado la figura 9.17, y con el detalle de la figura 9.18, se sabe que:

$$F = E - hip.$$, pero

$$hip. = \frac{g}{cos\theta}$$ por lo tanto:

$$F = E - \frac{g}{cos\theta}$$ Ecuación 9.22; y sustituyendo en esta el valor de E según lo establecido en la ecuación 21, nos resulta:

$$F = (p - g) - \frac{g}{cos\theta} \qquad ; \qquad F = \frac{pcos\theta - gcos\theta - g}{cos\theta}$$

y finalmente:

$$F = \frac{(p-g)cos\theta - g}{cos\theta}$$
Ecuación 9.23

De la figura 9.17, por trigonometría, podemos establecer que:

$$tan\theta = \frac{F}{D_{ST}}$$
Ecuación 9.24

Al sustituir la ecuación 9.23 en la ecuación 9.24 y resolver tenemos:

$$tan\theta = \frac{\frac{(p-g)cos\theta - g}{cos\theta}}{D_{ST}}$$

$$D_{ST} = \frac{\frac{(p-g)cos\theta - g}{cos\theta}}{tan\theta}$$

$$D_{ST} = \frac{(p-g)cos\theta - g}{cos\theta\, tan\theta}$$

por identidad trigonométrica sabemos que $cos\theta\, tan\theta = sen\theta$, por lo tanto:

$$D_{ST} = \frac{(p-g)cos\theta - g}{sen\theta}$$
Ecuación 9.25

Donde:

θ = ángulo del sapo. [Grados, minutos y segundos]
D_{ST} = distancia, medida paralela al eje de la vía recta, entre puntas teóricas de sapos. [U. De longitud]
p = separación entre ejes de vías férreas. [Unidades de longitud]
g = escantillón de la vía. [Unidades de longitud]

Como sabemos, la punta teórica del sapo es un parámetro matemático únicamente ya que por efectos de manufactura no puede lograrse en la realidad. Por lo tanto la distancia que es imprescindible conocer para poder trazar correctamente un corta-vías, es aquella existente entre las puntas prácticas de los sapos.

La ecuación 9.6 nos arroja el valor d_{gl} que representa la distancia, medida sobre el paño del corazón del sapo, existente entre las puntas teórica y práctica del sapo.

En el caso de un corta-vías, al existir dos sapos, debemos restar dos veces esta distancia al parámetro D_{ST} ya obtenido, por lo tanto:

$$D_{SP} = D_{ST} - 2d_{gl}$$
Ecuación 9.26

Donde:

D_{ST} = distancia, medida paralela al eje de la vía recta, entre puntas teóricas de sapos. [U. De longitud]

D_{SP} = distancia, medida paralela al eje de la vía recta, entre puntas prácticas de sapos. [U. De longitud]

d_{gl} = separación entre punta teórica y punta práctica del sapo, medida sobre el paño. [U. De longitud]

Es muy importante, al calcular esta distancia D_{SP}, cuidar la congruencia en las unidades de medida. Recordemos que, si estamos empleando pulgadas, el término d_{gl} será obtenido a partir de la ecuación 9.6; si estamos empleando pies, el término d_{gl} será obtenido a partir de la ecuación 9.17; y, si estamos empleando metros, el término d_{gl} será obtenido a partir de la ecuación 9.18.

9.3 Durmientes para los cambios de vía

Al igual que los tramos de vía férrea en tangente (recta) o en curva, los durmientes dan el soporte requerido a los cambios de vía y transmiten a la subestructura los esfuerzos que, al paso del tren o por intemperismo, sobre de estos actúan.

En el caso de los cambios de vía los durmientes deben tener las longitudes adecuadas para irse adaptando a la geometría del desvío, así como los anchos suficientes para albergar la fijación con la que cuentan los aparatos de vía que conforman la parte 'férrea' del cambio.

Los materiales en que pueden estar fabricados estos durmientes son los mismos que aquellos empleados para el demás cuerpo de la vía; existen durmientes de concreto con las dimensiones requeridas para cada *tipo de cambio*, teniendo estos un desempeño muy favorable en la práctica, tanto en vías troncales como en vías industriales, siendo los países Europeos quienes más usan este material en sus durmientes de cambio.

Los reglamentos y disposiciones particulares de los diversos ferrocarriles que operan en México continúan a la fecha mencionando en sus planos estándares únicamente a la madera como material para estos durmientes, pero aceptan los de concreto siempre y cuando estos sean colocados con los espaciamientos requeridos en dichos planos estándares y tengan las longitudes graduales que se van requiriendo conforme la vía desviada se aleja de la vía directa.

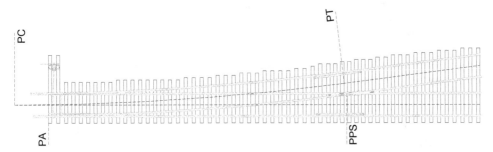

Figura 9.19: Durmientes para cambio de vías

Las dimensiones de los durmientes y su espaciamiento no afectan la geometría del cambio de vías, los reglamentos y diversos ferrocarriles en sus planos estándares especifican claramente la cantidad y dimensiones de estos durmientes para cada tipo de cambio, es decir para cada número de sapo. Es importante mencionar que por convención entre todos los ferrocarriles y reglamentos el *espaciamiento o separación* entre durmientes es la distancia entre centros de estos y no el espacio vacío que se forma entre ellos.

Todos los planos estándares especifican que bajo la punta de agujas (PA) se coloque un *durmiente largo* seguido inmediatamente por otro de igual longitud, estos durmientes sirven para colocar el mecanismo que da movimiento a las agujas y se denominan *pedestales del cambio*. A continuación de los pedestales se colocan una serie de durmientes que se agrupan por distintas longitudes, partiendo desde una longitud mucho menor a la de los pedestales, e incrementándose conforme la curva del desvío se va separando de la vía directa.

En los planos estándares de AREMA y FNM las longitudes de estos durmientes se van incrementando a intervalos de 6" (15.24 cm) y en los planos estándares de los ferrocarriles BNSF, Union Pacific y Conrail, esta longitud se va incrementando a intervalos de 1' (30.48 cm).

En cuanto al espaciamiento entre durmientes de cambio, este es variable y obedece a razones tales como la posición de diversos elementos y aparatos de la vía: el árbol de cambio, la punta de agujas, las juntas entre rieles, el talón de las agujas, la punta práctica del sapo y los contra-rieles; según el criterio de cada reglamento y/o ferrocarril. Debido a esto (al igual que como se mencionó con *el tiro*) se pueden encontrar diferencias entre planos estándares de diversas instituciones, pero eso no afectará la geometría del desvío (ángulo del sapo, radio de curvatura en el eje, etc.)

Por ejemplo, AREMA, en su plano estándar 8-71 para el tipo de cambio #8 específica que la separación entre los pedestales debe ser 22", entre el segundo pedestal y su inmediato siguiente durmiente la separación la indica en 20" para continuar todos los demás durmientes con separaciones entre 20" y 21" hasta llegar a la mano del sapo, donde el plano especifica separaciones entre durmientes de 19-1/2" hasta llegar al talón del sapo; posterior a este talón y hasta el último durmiente del cambio se indica tengan una separación de 20".

FNM, en su plano estándar 'Febrero de 1995' para el tipo de cambio #8 específica que la separación entre los pedestales debe ser 22", entre el segundo pedestal y su inmediato siguiente durmiente la separación la indica en 21.5" para continuar todos los demás durmientes con separaciones entre 20" y 21" hasta llegar a la mano del sapo, donde el plano especifica separaciones entre durmientes de 19-1/2" hasta llegar al talón del sapo; posterior a este talón y hasta el último durmiente del cambio se indica tengan una separación de entre 20.5" y 21.5".

Las variaciones entre criterios, existentes entre diversos reglamentos, para la longitud de durmientes, su cantidad y su espaciamiento para un mismo tipo de cambio, no modifican la geometría del desvío la cual se mantiene según las ecuaciones aquí desarrolladas.

La figura 9.19 muestra el arreglo de los durmientes para un cambio #8 según el criterio de AREMA (que consta de 57 durmientes en distintas longitudes) las figuras 9.20 y 9.21 muestran los durmientes para un cambio #11 según el criterio de BNSF (que consta de 88 durmientes en distintas longitudes).

Figura 9.20: Construyendo un cambio de vías, colocando los elementos férreos sobre los durmientes.

Figura 9.21: Construyendo un cambio de vías, sapo y contra-rieles colocados sobre los durmientes.

En la tabla 9.1 podemos observar las cantidades de durmientes que cada reglamento y disposición de ferrocarril disponen para cada tipo de cambio. Los durmientes están catalogados de acuerdo a su longitud en pies y pulgadas, ya que son las unidades aceptadas comercialmente por los diversos proveedores de durmientes en México.

TIPO DE CAMBIO	LONG. AGUAS FT-INCH	CRITERIO	CANTIDAD DE DURMIENTES DE ACUERDO A SU LONGITUD (FT-INCH)																			CANTIDAD TOTAL DE DURMIENTES
			8'-6"	9'-0"	9'-6"	10'-0"	10'-6"	11'-0"	11'-6"	12'-0"	12'-6"	13'-0"	13'-6"	14'-0"	14'-6"	15'-0"	15'-6"	16'-0"	16'-6"	17'-0"	
5	11'-0"	AREMA	0	4	6	3	3	2	3	2	2	1	1	2	2	3	2	2	2	0	37
6	11'-0"	AREMA	0	4	6	3	3	2	3	2	1	2	1	2	2	3	3	2	2	0	41
6	15'-0"	FNM	7	5	4	3	3	2	2	2	2	2	2	2	2	4	2	3	1	0	45
7	16'-6"	AREMA	0	7	9	4	3	3	2	1	1	2	2	2	2	4	3	3	2	0	52
7	15'-0"	FNM	7	5	4	3	3	2	2	2	2	2	2	2	2	4	2	3	1	0	45
8	16'-6"	AREMA	0	7	9	4	3	4	3	2	1	3	3	2	3	5	3	3	2	0	57
8	15'-0"	FNM	9	6	6	3	3	2	2	1	3	2	2	3	2	5	3	3	0	0	53
8	16'-6"	FNM	0	7	9	4	3	4	4	2	1	3	3	2	3	5	3	3	3	0	57
8	16'-6"	CONRAIL	0	15	0	8	0	7	0	6	0	6	0	6	0	4	0	5	0	0	57
9	16'-6"	AREMA	0	7	9	4	4	3	4	3	3	3	2	2	3	5	3	3	4	0	63
9	15'-0"	FNM	9	6	6	3	2	3	3	3	2	3	2	3	3	5	3	3	0	0	59
9	16'-6"	UP	0	0	0	22	0	20	0	6	0	6	0	5	0	5	0	8	0	6	78
9	16'-6"	BNSF	0	0	0	22	0	20	0	6	0	6	0	5	0	5	0	8	0	6	78
10	16'-6"	AREMA	0	7	10	5	4	4	4	3	3	3	3	3	3	4	4	4	4	0	68
10	15'-0"	FNM	10	6	5	4	4	3	3	2	3	2	3	3	2	6	3	4	0	0	62
10	16'-6"	FNM	10	6	5	4	4	3	3	2	2	2	3	3	2	6	3	4	0	0	62
10	16'-6"	CONRAIL	0	15	0	11	0	9	0	5	0	8	0	6	0	6	0	7	0	0	67
11	22'-0"	AREMA	0	10	10	7	4	5	5	3	4	4	3	3	3	5	5	5	4	0	78
11	19'-6"	UP	0	0	0	24	0	20	0	8	0	7	0	7	0	7	0	8	0	7	88
11	19'-6"	BSNF	0	0	0	24	0	20	0	8	0	7	0	7	0	7	0	8	0	7	88
12	22'-0"	AREMA	0	10	10	7	5	5	5	4	4	4	3	4	3	6	5	4	4	0	83
14	22'-0"	AREMA	0	10	10	7	6	7	6	4	4	5	4	5	5	6	6	5	5	0	94
15	30'-0"	AREMA	0	15	12	9	8	7	6	5	5	5	5	5	5	6	6	6	6	0	110
15	26'-0"	UP	0	0	0	30	0	25	0	11	0	9	0	9	0	12	0	9	0	9	114
15	26'-0"	BNSF	0	0	0	30	0	25	0	11	0	9	0	9	0	12	0	9	0	9	114
15	26'-0"	CONRAIL	0	25	0	15	0	11	0	9	0	11	0	9	0	8	0	9	0	0	97
16	30'-0"	AREMA	0	15	12	9	8	7	6	6	7	6	6	5	4	6	6	6	6	0	114
18	30'-0"	AREMA	0	15	14	10	9	8	7	5	5	6	5	6	6	7	7	7	7	0	124
20	30'-0"	AREMA	0	15	15	11	10	9	6	6	5	7	6	7	7	8	9	7	7	0	133

Tabla 9.1: Juegos de durmientes para diversos tipos de cambio, según el criterio de los reglamentos y ferrocarriles más comunes en México.

En la primera columna podemos ver el tipo de cambio del que se está tratando. Como hemos visto los tipos de cambio de clasifican según su número de sapo. No obstante que en la tabla se muestran todos los tipos de cambio existentes de manera comercial, los diversos concesionarios del Sistema Ferroviario en México aceptan como mínimo, y en conexiones internas de vías particulares, el tipo de cambio con sapo #8, siendo decisión de cada particular el empleo de sapos más grandes en sus vías. Para conexiones con vías principales se aceptan los cambios con sapo #10 en adelante, siendo los más comunes los números 10, 11, 15 y 20.

En la segunda columna se enlistan las longitudes de aguja para cada tipo de cambio, según el diseño de cada reglamento y/o ferrocarril (columna número tres). Como ya se mencionó al principio de este capítulo, las longitudes de aguja las especifica cada empresa ferroviaria según sus lineamientos técnicos y su elección obedece a cuestiones de seguridad en la circulación sobre los cambios y de acomodo de los elementos mecánicos dentro de cada cambio de vías.

La tercera columna muestra las iniciales para cada reglamento y/o ferrocarril de mayor aceptación y uso en las vías férreas de México, a saber:

- AREMA = American Railway Engineering and Maintenance of Way Association.
- FNM = Ferrocarriles Nacionales de México.
- CONRAIL = Consolidated Rail Corporation.
- UP = Union Pacific Railroad
- BNSF = Burlington Northern Santa Fe Railroad

Figura 9.22: Cambios de vía sobre durmientes de concreto, formando dos corta-vías. Arreglo conocido como 'bigote'.

9.4 Velocidad máxima para circulación sobre los cambios de vía

La velocidad de circulación sobre la vía directa de un cambio se determina en base a las características geométricas en planta y perfil de la línea férrea donde se vaya a conectar dicho cambio, así como a las condiciones de explotación comerciales para la misma. El tipo de cambio seleccionado debe garantizar la seguridad al paso de trenes a la velocidad indicada.

La velocidad de circulación sobre la vía desviada de un cambio se determina por la geometría de la curva que forma dicha vía desviada, principalmente el radio y grado de la curva parámetros que, como ya se ha visto, están directamente relacionados con el número del sapo.

Como se vio en el capítulo *Geometría de la vía*, la velocidad máxima que puede adquirir un tren al circular sobre una vía, con ancho de vía internacional, en curva sin pérdida de confort para los viajeros y/o de situación de equilibrio para las mercancías viene dada por la ecuación:

$$v_{max} = \sqrt{\frac{h_T + 3}{0.000407G}}$$

Donde:

V_{max} = velocidad máxima sobre la curva o velocidad confort [Km/hr]
h_T = peralte de la curva [inch]
G = grado de la curva para cuerdas de 20m [grados sexagesimales]

Sin embargo, al igual que en las vías férreas con curvas al interior de patios y/o estaciones, las vías desviadas de un cambio no deben tener peralte. Por lo tanto en la ecuación anterior debemos considerar $h_T = 0$ y obtenemos así que:

$$v_{max} = \sqrt{\frac{3}{0.000407G}}$$

Donde:

V_{max} = velocidad máxima sobre la curva o velocidad confort [Km/hr]
G = grado de la curva para cuerdas de 20m [grados sexagesimales]

Ecuación que también se explicó en el capítulo *Geometría de la vía*.

En la siguiente tabla se pueden observar las velocidades máximas para cada tipo de cambio, calculadas a partir de la ecuación mencionada.

Escantillón = 1.4351

$$v_{max} = \sqrt{\dfrac{3}{0.000407G}}$$

TIPO DE CAMBIO	ÁNGULO DEL SAPO (grados)	RADIO DE LA VÍA DESVIADA (metros)	GRADO DE LA CURVA (MÉTRICO) (grados)	VELOCIDAD MÁXIMA SOBRE LA VÍA DESVIADA DEL CAMBIO DE VÍAS	
				(Km/hr)	(Mi/hr)
5	11° 25' 16''	71.7550	15° 58' 16''	21.48	13.35
6	9° 31' 38''	103.3272	11° 05' 28''	25.78	16.02
7	8° 10' 16''	140.6398	8° 08' 55''	30.08	18.69
8	7° 09' 10''	183.6928	6° 14' 19''	34.37	21.36
9	6° 21' 35''	232.4862	4° 55' 46''	38.67	24.03
10	5° 43' 29''	287.0200	3° 59' 34''	42.97	26.70
11	5° 12' 18''	347.2942	3° 17' 59''	47.26	29.37
12	4° 46' 19''	413.3088	2° 46' 22''	51.56	32.04
14	4° 05' 27''	562.5592	2° 02' 14''	60.15	37.38
15	3° 49' 06''	645.7950	1° 46' 28''	64.45	40.05
16	3° 34' 47''	734.7712	1° 33' 35''	68.75	42.72
18	3° 10' 56''	929.9448	1° 13' 56''	77.34	48.06
20	2° 51' 51''	1,148.0800	0° 59' 53''	85.93	53.40

Tabla 9.2: Velocidad máxima calculada para circulación sobre la vía desviada en un cambio de vías.

Sin embargo, AREMA en su Manual para Ingeniería Ferroviaria, especifica que, para circular sobre la curva de los desvios ferroviarios la velocidad no deberá exceder las 36 millas por hora, que equivale a 57.94 kilómetros por hora.

Por lo tanto la tabla 9.2 deberá ajustarse de la siguiente manera:

Escantillón =   1.4351 $v_{max} = \sqrt{\dfrac{3}{0.000407G}} \leq 57.94 \, {Km}/{hr}$

TIPO DE CAMBIO	ÁNGULO DEL SAPO	RADIO DE LA VÍA DESVIADA	GRADO DE LA CURVA (MÉTRICO)	VELOCIDAD MÁXIMA SOBRE LA VÍA DESVIADA DEL CAMBIO DE VÍAS	
	(grados)	(metros)	(grados)	(Km/hr)	(Mi/hr)
5	11° 25' 16''	71.7550	15° 58' 16''	21.48	13.35
6	9° 31' 38''	103.3272	11° 05' 28''	25.78	16.02
7	8° 10' 16''	140.6398	8° 08' 55''	30.08	18.69
8	7° 09' 10''	183.6928	6° 14' 19''	34.37	21.36
9	6° 21' 35''	232.4862	4° 55' 46''	38.67	24.03
10	5° 43' 29''	287.0200	3° 59' 34''	42.97	26.70
11	5° 12' 18''	347.2942	3° 17' 59''	47.26	29.37
12	4° 46' 19''	413.3088	2° 46' 22''	51.56	32.04
14	4° 05' 27''	562.5592	2° 02' 14''	57.94	36.00
15	3° 49' 06''	645.7950	1° 46' 28''	57.94	36.00
16	3° 34' 47''	734.7712	1° 33' 35''	57.94	36.00
18	3° 10' 56''	929.9448	1° 13' 56''	57.94	36.00
20	2° 51' 51''	1,148.0800	0° 59' 53''	57.94	36.00

Tabla 9.3: Velocidad máxima permisible para circulación sobre la vía desviada en un cambio de vías.

9.5 Diferentes tipos de sapo para los cambios de vía

Ya vimos que los sapos para los cambios de vía se clasifican según su número y este número es una relación entre las magnitudes de las propiedades geométricas del sapo.

El número del sapo, al depender de su geometría, es un valor constante e inamovible para cada cambio en particular. Sin embargo los sapos también se clasifican de acuerdo al modo en que están construidos ya que, además de la geometría, hay consideraciones mecánicas que los sapos deben de cumplir según la categoría de vía en la que estén funcionando.

De acuerdo a su constitución, los sapos pueden clasificarse en cinco tipos:

1. Sapo de resorte:

Es un tipo de sapo que generalmente es utilizado en conexiones con vías principales cuando el tráfico de trenes es predominante y más pesado sobre el lado de la vía directa.

No obstante fueron muy populares entre las décadas de 1970 y 1980, actualmente en el Sistema Ferroviario de México es raro encontrar este tipo de sapos ya que los concesionarios del servicio han optado por dejar de utilizarlos, a excepción de Ferromex, quien ha comenzado a recomendarlos nuevamente.

Pueden fabricarse sapos de resorte para cualquier número de cambio. Los que aún pueden encontrarse en el Sistema Ferroviario Mexicano son número 10.

2. Sapo con inserto acero al manganeso:

Este tipo de sapo es utilizado en conexiones con vías principales cuando el tráfico es pesado y se estima, o puede considerarse, de igual frecuencia tanto sobre el lado de la vía directa como por el lado de la vía desviada.

Actualmente todos los laderos, escapes y espuelas del Sistema Ferroviario de México, así como las vías particulares, que se conecten a alguna vía troncal o ramal deberán hacerlo por medio de este tipo de sapo y que, además, su número sea como mínimo del 10.

Es común, por lo tanto, hablar de "conexiones a la vía principal por medio de cambios #11 con sapo inserto acero al manganeso; o por medio de cambios #15 con sapo inserto acero al manganeso", pero pueden fabricarse sapos con inserto acero al manganeso para cualquier número de cambio; muchas vías internas particulares con tráfico pesado, o con previsiones a tener tráfico pesado, optan por usar este tipo de sapos en cambios número 8, por ejemplo.

3. Sapo sólido plano:

Este tipo de sapo se utiliza en las vías internas (espuelas conectadas a laderos, espuelas conectadas entre sí por medio de corta-vías, o en patios de vía, tanto del Sistema Ferroviario como de empresas o parques industriales particulares) cuando el tráfico es de igual frecuencia tanto sobre el lado de la vía directa como por el lado de la vía desviada, pero no es tan pesado como para utilizar un sapo con inserto acero al manganeso.

Como se verá más adelante, están fabricados también con acero al manganeso, pero no son tan robustos como los inserto. Pueden fabricarse para cualquier número de cambio, los más comunes son los número 8 y número 10.

4. Sapo sólido auto-resguardado:

Al igual que el anterior, este tipo de sapo se utiliza en las vías internas (espuelas conectadas a laderos, espuelas conectadas entre sí por medio de corta-vías, o en patios de vía, tanto del Sistema Ferroviario como de empresas o parques industriales particulares) cuando el tráfico es de igual frecuencia tanto sobre el lado de la vía directa como por el lado de la vía desviada, pero no es tan pesado como para utilizar un sapo con inserto acero al manganeso. La diferencia de este, respecto al anterior, y a los demás, es que al colocarlo en un cambio no se requerirá el uso de contra-rieles ya que el mismo cuerpo del sapo cuenta con una geometría que le permite proteger a la punta práctica del sapo. Están fabricados con acero al manganeso, pero no son tan robustos como los inserto. Pueden fabricarse para cualquier número de cambio, los más comunes son los número 8 y número 10.

5. Sapo rígido atornillado:

Este tipo de sapo es utilizado en conexiones al final de patios o al interior de vías industriales particulares que tengan muy poco tráfico y este sea predominantemente ligero. Es común encontrarlo en vías de desahogo, sobre de las cuales circulan únicamente vagones vacíos en espera de ser retirados para algún próximo servicio. Los más comunes son los número 8 y menores, aunque aquellos que son menores a este número muy rara vez son aceptados en las vías industriales particulares; también pueden fabricarse para cualquier número de cambio.

9.5.1 Sapo de resorte:

Figura 9.23: Sapo de resorte

En un sapo de resorte siempre se tiene paso sobre la vía directa, ya que el corazón del sapo está apoyado hacia el lado de la vía desviada. Esto protege a la punta práctica del sapo ya que las ruedas de los trenes pasan de manera continua sobre un riel recto, tal como se puede observar en la figura, los resortes están en estado de reposo y es la posición original del sapo. Cuando el tren debe dirigirse hacia la vía desviada las mismas ruedas del tren van empujando al riel guía, lo que ocasiona que los resortes se compriman y separen al corazón del sapo de su apoyo, es decir, el sapo se 'abrirá'. Una vez que ha pasado el tren, los resortes vuelven a su estado de reposo y 'cierran' de nueva cuenta el sapo dejándolo en su posición original.

9.5.2 Sapo con inserto acero al manganeso:

Figura 9.24: Sapo inserto acero al manganeso

Como ya se mencionó, en un sapo inserto acero al manganeso se espera que el tráfico de trenes sea aproximadamente igual, tanto en peso como en frecuencia, por la vía directa como por la vía desviada. Este sapo consta de dos rieles doblados y maquinados en la forma del sapo y entre estos dos rieles está insertado de fábrica el corazón del sapo, el cual está formado por un bloque sólido de acero cuyo porcentaje contenido, en peso, de manganeso ha sido enriquecido de manera muy precisa lo cual, como ya se vio en el apartado de la composición química de los rieles, aumenta la resistencia al desgaste, la dureza y tenacidad.

Ambos tramos de riel y el corazón se unen desde fábrica por medio de tornillería y bloques de acero que garanticen el armado del sapo como un solo cuerpo homogéneo.

Estos sapos, ya estando en el cambio de vía, se pueden unir a los rieles guía mediante planchuelas o soldadura alumino-térmica. Esta última posibilidad es lo que los hace tan recomendables para usarse en conexiones con vías troncales o ramales del Sistema Ferroviario Mexicano y por eso los concesionarios los prefieren.

9.5.3 Sapo sólido plano:

Figura 9.25: Sapo sólido plano

Este sapo está formado en su totalidad por un bloque macizo de acero enriquecido con manganeso que tiene la forma adecuada gracias a los moldes donde se vacía el acero en estado líquido.

Su incremento en el porcentaje de manganeso le confiere mayor resistencia al desgaste, mejor dureza y mejor tenacidad que el acero de los rieles (cuyo contenido de manganeso en menor) pero también le quita sus propiedades soldables, es por eso que estos sapos ya no se aceptan en conexiones con vías principales. Para unirse a los rieles guía del cambio de vía se deben usar planchuelas y tornillería en largos especiales.

9.5.4 Sapo sólido auto-resguardado:

Al igual que el anterior, este sapo está formado en su totalidad por un bloque macizo de acero enriquecido con manganeso. El molde donde se vacía el acero en estado líquido para formar este sapo debe de tener la forma adecuada para dotarlo de un par de bordes que sobresalen del plano horizontal (en el argot ferrocarrilero mexicano se conocen como 'alas') y que servirán para empujar a las ruedas del tren y alejarlas de la punta práctica del sapo.

Es debido a estas 'alas' que, a diferencia de los demás tipos de sapos, este no requiere contra-rieles cuando se coloca en el cambio de vías.

Su alto contenido de manganeso no permite se suelde a los rieles guía del cambio de vías. Para unirse a estos se requieren un par de placas especiales en las 'alas' del sapo y tornillería en largos especiales y un par de planchuelas en la salida del sapo junto con su tornillería en largos especiales.

Figura 9.26: Sapo sólido auto-resguardado.

9.5.5 Sapo rígido atornillado:

Este tipo de sapo está formado por cuatro tramos de riel doblados y maquinados en fábrica para lograr la geometría y forma del sapo según su número.

Figura 9.27: Sapo sólido rígido atornillado.

José Antonio Guerrero Fernández

Dos tramos de riel, al doblarse en la forma adecuada, forman el cuerpo del sapo, y otros dos tramos, al cortarse y maquinarse, forman el corazón de este. Todo el sapo se ensambla en fábrica mediante blocks de acero y tornillería.

Al estar formado por tramos de riel con composición química normal, puede soldarse a los rieles guía del cambio de vías, pero como este tipo de sapos de usa en vías con tan poco y tan ligero tráfico no es justificable la inversión en su soldadura con el resto de los rieles, con los cuales es lo más común unirse mediante planchuelas y tornillos de vía.

9.6 Diferentes tipos de agujas para los cambios de vía

Como sabemos, las agujas son el aparato de vías que, dentro de un cambio de vías, nos sirve para dar la dirección deseada al tren.

Analizando el caso de un cambio de vías derecho, si queremos que el tren circule por la vía directa la aguja derecha estará en contacto con el riel de apoyo curvo (o simplemente *riel de apoyo*), y la aguja izquierda estará abierta; pero si queremos que el tren circule por la vía desviada la aguja derecha estará abierta y la aguja izquierda estará en contacto con el riel de apoyo recto (o *riel contiguo*).

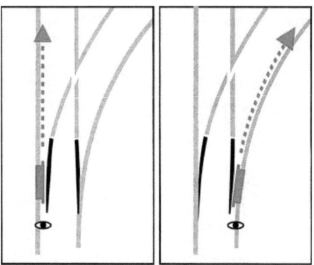

Figura 9.28: Circulación sobre las agujas.

Existen tres criterios para clasificar las agujas: de acuerdo a su constitución, o forma en la que están fabricadas, de acuerdo con el diseño geométrico de su punta, y de acuerdo a la especificación de la empresa ferroviaria que las utilice para sus planos estándar de cambios de vía.

9.6.1 Clasificación de las agujas de acuerdo a su constitución:

De acuerdo a la forma en la que están fabricadas las agujas pueden clasificarse en dos categorías: las agujas sólidas integrales y las agujas inserto acero al manganeso.

9.6.1.1 Agujas sólidas integrales:

Figura 9.29: Aguja sólida integral

Este tipo de aguja está fabricada en su totalidad a partir de un riel cuyo acero es de composición química estándar y tiene un maquinado especial mediante cepillando sucesivo para irlo adelgazando y formar la parte angosta de la aguja. Sus extremos se refuerzan con dos soleras que aprisionan el alma de la aguja mediante tornillería y tuercas, todo asegurado con chavetas, con el objeto de otorgarle un cuerpo más robusto.

Este tipo de aguja puede emplearse en cambios de cualquier número, pero que solo den servicio a vías interiores y/o patios particulares.

9.6.1.2 Agujas inserto acero al manganeso:

Este tipo de aguja también está fabricada a partir de un riel cuyo acero es de composición química estándar y tiene un maquinado especial mediante cepillando sucesivo para irlo adelgazando, pero al llegar a la punta de la aguja el riel se corta y se coloca en su lugar (se inserta) una punta sólida de acero enriquecido con manganeso, lo que le confiere mayor resistencia al desgaste, dureza y tenacidad. La punta de acero al manganeso, así como los extremos de la aguja, se unen y se refuerzan con dos soleras que aprisionan el alma de la aguja mediante tornillería y tuercas, todo asegurado con chavetas, con el objeto de otorgarle un cuerpo más robusto.

Figura 9.30: Aguja con punta inserto acero al manganeso.

Este tipo de aguja puede emplearse en cambios de cualquier número, dando servicio a vías interiores y/o patios particulares, además de vías en conexión a las líneas troncales y/o ramales del Sistema Ferroviario. Las agujas inserto acero al manganeso son las que aceptan los concesionarios del servicio ferroviario para las conexiones a sus vías.

9.6.2 Clasificación de las agujas de acuerdo al diseño geométrico de su punta:

De acuerdo a la geometría de su punta las agujas pueden clasificarse en dos categorías: las agujas estándar y las agujas 'tipo samson'.

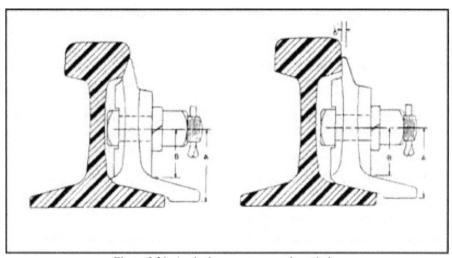

Figura 9.31: Aguja tipo samson y aguja estándar.

9.6.2.1 Agujas diseño samson:

En la parte izquierda de la figura 9.31 podemos observar una aguja con diseño samson apoyada en el riel. El diseño samson consiste en hacer, en fábrica, un desbaste inclinado en la cara interna de la punta de la aguja de tal forma que se amolde perfectamente al hongo del riel de apoyo o contiguo, el cual debe también ser desbastado en fábrica, de tal forma que el espesor 'δ' de la punta de aguja quede completamente cubierto por el riel de apoyo o contiguo. La aguja samson siempre debe de ir acompañada con su riel de apoyo también maquinado.

Esta particularidad evita que la punta aguja se rompa debido al choque continuo que las ruedas del tren le ocasionan a su paso.

Los planos estándares CONRAIL y BNSF contemplan como obligatorio el uso de este diseño de agujas para sus cambios de vía.

Los planos estándares AREMA contemplan como opcional el uso de este diseño de agujas para sus cambios de vía.

9.6.2.2 Agujas diseño estándar:

En la parte derecha de la figura 9.31 podemos observar una aguja con diseño estandar apoyada en el riel. El diseño estándar permite que el espesor 'δ' de la punta de aguja, al apoyarse en el riel, quede expuesto. Por convención, actualmente, las agujas tienen 1/8" de espesor en su punta

Al emplear este tipo de agujas y querer evitar que su punta aguja se rompa debido al choque continuo que las ruedas del tren le ocasionan a su paso, los planos estándares de cambios de vía contemplan artilugios geométricos, como realizar un pequeño doblez en el riel de apoyo, o bien el empleo de 'protectores de aguja', como veremos más adelante.

Los planos estándares AREMA y FNM contemplan como por defecto el empleo de este diseño de agujas para sus cambios de vía, pero no descartan el uso de las agujas samson.

9.6.3 Clasificación de las agujas de acuerdo a la especificación de las empresas ferroviarias:

Esta clasificación de agujas básicamente corresponde a su longitud, en qué número de cambio se deben usar para que sean acordes con la geometría de este y, así como ya lo hemos visto, quepan en la distancia llamada 'tiro' todos los elemento mecánicos necesarios. Actualmente (año 2016) en México, de acuerdo a este criterio, las agujas se pueden dividir en tres tipos: especificación de los FNM, especificación Conrail, especificación AREMA y especificación BSNF.

9.6.3.1 Especificación de los FNM:

También conocida como 'especificación industrial', contempla agujas con 15 pies (4.572 metros) de longitud para emplearse en los cambios números 6, 7, 8, 9 y 10.

Actualmente este tipo de agujas no las aceptan los concesionarios del servicio ferroviario para conexión con sus vías principales, por lo tanto su uso queda únicamente para vías interiores o vías particulares, es por eso que coloquialmente a los cambios que las contemplan se les conoce como 'cambios de vía industriales'.

Figura 9.32: Agujas de 15', en un cambio de vía #8 tipo 'industrial'.

Este tipo de aguja puede verse en los planos de estándares de los Ferrocarriles Nacionales de Mexico, en su Reglamento de Conservación de Vía y Estructuras.

9.6.3.2 Especificación AREMA:

La Asociación de Ingeniería Ferroviaria y Mantenimiento de Vía Americana (AREMA, por sus siglas en ingés) especifica en sus planos estándar que las agujas con 11 pies de longitud (3.3528 metros) se utilicen en los cambios #6; las agujas con 16 pies y 6 pulgadas (5.0292 metros) se utilicen en los cambios #8 y 10; las agujas de 26 pies (7.9248 metros) se utilicen en los cambios #15; y las agujas de 39 pies (11.89 metros) de longitud se utilicen en los cambios #20.

Figura 9.33: Agujas de 16'6'', en un cambio de vía #10 tipo AREMA.

Las empresas concesionarias del servicio ferroviario en México aceptan las agujas con longitudes a partir de 16'6'' en cambios con especificación AREMA, a partir del número 10 y mayores, en conexión a sus vías principales. Para patios o vías internas de estas empresas pueden emplearse cambios a partir número 8, y mayores, pero no menores a este número.

En vías industriales particulares pueden emplearse cambios AREMA de cualquier número, pero no es común encontrar aquellos menores al número 8, ni mayores al número 10.

9.6.3.3 Especificación Conrail:

La empresa Ferrocarriles Consolidados (Conrail, por su acrónimo en inglés) dispone en sus planos de cambios estándares de forma idéntica a como lo hace AREMA: agujas con 11 pies de longitud (3.3528 metros) para los cambios #6; las agujas con 16 pies y 6 pulgadas (5.0292 metros) para los cambios #8 y 10; las agujas de 26 pies (7.9248 metros) para los cambios #15; y las agujas de 39 pies (11.89 metros) de longitud para los cambios #20.

Figura 9.34: Agujas de 16'6'', en un cambio de vía #10 tipo Conrail.

Las empresas concesionarias del servicio ferroviario en México aceptan las agujas con longitudes a partir de 16'6'' en cambios con especificación Conrail, a partir del número 10 y mayores, en conexión a sus vías principales. Para patios o vías internas de estas empresas pueden emplearse cambios a partir número 8, y mayores, pero no menores.

En vías industriales particulares pueden emplearse cambios Conrail de cualquier número, pero no es común encontrar aquellos menores al número 8, ni mayores al número 10.

Sin embargo no es común encontrar cambios Conrail en vías interiores prefiriendo, tanto los concesionarios, como los particulares, colocar cambios AREMA en estas vías.

9.6.3.4 Especificación BNSF:

La empresa ferroviaria Burlington Northern Santa Fe (BNSF, por sus siglas en inglés) dispone en sus planos de cambios estándares que las agujas con 16 pies y 6 pulgadas (5.0292 metros) se usen en los cambios #9; las agujas de 19 pies y 6 pulgadas (5.9436 metros) para los cambios #11; y las agujas de 26 pies (7.9248 metros) de longitud para los cambios #15.

Figura 9.35: Agujas de 19'6'', en un cambio de vía #11 tipo BNSF.

Las empresas concesionarias del servicio ferroviario en México aceptan las agujas con longitudes a partir de 19'6'' en cambios con especificación BNSF a partir del número 11 y mayores, en conexión a sus vías principales. Para patios o vías internas de estas empresas pueden emplearse cambios BNSF a partir número 9, y mayores.

En vías industriales particulares pueden emplearse cambios BNSF de cualquier número.

Sin embargo no es común encontrar cambios BNSF en vías interiores prefiriendo, tanto los concesionarios, como los particulares, colocar cambios AREMA en estas vías.

9.7 Diferentes tipos de contra-rieles para los cambios de vía

Como ya se mencionó los contra-rieles sirven para proteger la punta práctica del sapo al paso del tren, mediante el guiado de las ruedas directamente hacia la boca de sapo en la dirección deseada, evitando así que la ceja, o el cuerpo en sí de la rueda, golpee la punta práctica del sapo.

Actualmente los contra-rieles se pueden clasificar en dos tipos: los estándares y los 'vanguard', y, al igual que las agujas, cada una de estas calificaciones tiene sus longitudes y su empleo es dictaminado por cada empresa o asociación ferroviaria.

9.7.1 Contra-rieles estándar:

Figura 9.36: Contra-riel estándar de 13'' en un cambio #10 AREMA. A la izquierda puede verse el sapo #10 inserto acero al manganeso.

Los contra-rieles estándar son los recomendados por los FNM y por AREMA en sus planos estándares, aunque este último también tienen como opcionales los contra-rieles tipo vanguard.

Como puede observarse en la imagen, se trata de un tramo de riel cortado a la longitud deseada y maquinado en sus extremos para guiar a la rueda del tren justo hacia el canal que se forma entre el riel de la vía y el propio contra-riel. Se une al riel por medio de blocks y tornillería especial. El apoyo en los durmientes es mediante placas especiales (llamadas placas para contra-riel) y su fijación puede ser con clavos (como en la fotografía) o usando pernos tirafondo.

Este tipo de contra-rieles puede encontrarse en longitudes de 8' 3'' (2.5146 metros), 11' (3.3528 metros) y 13' (3.9624 metros).

En cambios que se conecten a las vías principales, los concesionarios del servicio ferroviario en México solicitan contra-rieles no menores a 13' de longitud.

9.7.2 Contra-rieles vanguard:

Este tipo de contra-rieles son los recomendados por las empresas ferroviarias Conrail y BNSF en sus planos estándares. Conrail permite, como opcionales, los contra-rieles estándar.

Este tipo de contra-rieles pueden encontrarse en una longitud desde 16' 6'' (5.0292metros) en adelante, siendo la más común la de 19' 6'' (5.9436 metros).

Figura 9.37: Contra-riel vanguard de 19'6'' en un cambio #11 BNSF. A la izquierda puede verse el sapo #11 inserto acero al manganeso.

Como puede observarse en la imagen, el contra-riel vanguard se trata de un perfil de acero especial y diferente al perfil del riel. Es fabricado con la geometría requerida (angosto en los extremos y robusto en el cuerpo) para guiar la rueda al canal que se forma entre el riel y el propio contra-riel.

Este contra-riel no se fija a su riel contiguo, solamente se apoya a los durmientes mediante silletas soldadas al contra-riel y a las placas, estás ultimas se unen al durmiente por medio de pernos tirafondo.

9.8 Diferentes tipos de protectores para aguja

Ya se explicó que las agujas actualmente son fabricadas de tal forma que su punta tenga un espesor de 1/8" de pulgada y es sabido que las agujas con diseño estándar sobresalen en dicho espesor respecto al riel de apoyo. Para evitar que las ruedas del tren, al pasar por un cambio de vías y golpear a las agujas, las despostillen o rompan se hace uso de elementos que se llaman 'protectores de aguja', cuya función es análoga a un contra-riel, pero para proteger a la punta de agujas, alejando algunos milímetros a la ceja de la rueda del tren de la punta de agujas para evitar su contacto.

Existen varios diseños para los protectores de agujas, entre los más empleados en México están el denominado protector reversible o 'de concha', el protector tipo contra-riel y protector tipo bota-rueda.

Figura 9.38: Protector de aguja tipo reversible o 'de concha'.

El protector reversible para aguja consta de una carcasa de acero enriquecido con manganeso con 4 barrenos que se fija en el alma del riel contiguo por medio de dos tornillos. Este protector debe quedar por dentro den escantillón a una distancia de 2.5" de la punta de agujas por proteger.

Figura 9.39: Protector de aguja tipo contra-riel

El protector tipo contra-riel para aguja es, como su nombre lo indica, un pequeño contra-riel de entre 2 y 3 pies de longitud que se coloca en el riel de apoyo, frente a la aguja que se desea proteger, por dentro del escantillón. Se fija al riel de apoyo por medio de blocks de acero y tornillería especial.

Figura 9.40: Protector de aguja tipo bota-rueda

El protector tipo bota-rueda para aguja Se trata de un "contra-riel", pero colocado en la parte externa del escantillón por afuera del riel contiguo.

Es fabricado a partir de un trozo de riel con acero estándar al que le es cortado su patín y se corta a la longitud deseada. Se coloca con el hongo en forma horizontal en la parte externa del escantillón.

No es recomendable el uso de protectores de aguja en los cambios que se conecten a las vías troncales o ramales del Sistema Ferroviario Mexicano debido a que representan un obstáculo a la continuidad de circulación de las ruedas en serie de los bogies del tren. Es por eso que las empresas concesionarias del servicio ferroviario recomiendan el uso de agujas diseño samson en los cambios que se conecten a las vías principales, quedando las agujas diseño estándar para su uso, en conjunto con su protector, en conexiones de vías interiores y/o patios, tanto de las empresas concesionarias como de cualquier otra empresa privada.

10 Análisis mecánico de la vía

Cuando un vehículo ferroviario dentro de un tren se mueve sobre la vía férrea dispone de seis grados de libertad que corresponden con los desplazamientos según los tres ejes espaciales: vertical, lateral y longitudinal, así como los giros respecto a dichos ejes.

Los desplazamientos reciben los nombres de 'vaivén', 'serpenteo' y 'sacudidas'. Los giros reciben los nombres de 'balanceo', 'cabeceo' y 'lazo'.

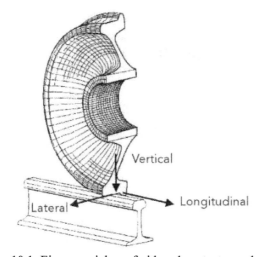

Figura 10.1: Ejes espaciales referidos al contacto rueda-riel.

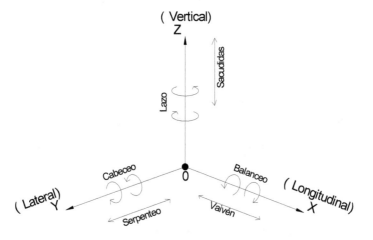

Figura 10.2: Movimientos de un vehículo ferroviario

Por lo tanto los movimientos de los vehículos ferroviarios al circular enganchados a un tren los podemos dividir en movimientos por efecto de rotación y movimientos por efecto del desplazamiento:

A) Movimientos por efecto de rotación – comportamiento del vehículo con respecto a la vía:

A.1) Alrededor del eje longitudinal, 0X = balanceo.
A.2) Alrededor del eje lateral, 0Y = cabeceo.
A.3) Alrededor del eje vertical, 0Z = lazo.

A.1) Balanceo. Es el movimiento de la parte superior del vehículo alrededor de un eje paralelo a la vía. Estos giros son producto de defectos aislados de rectitud transversal (alabeo) y tienen una influencia muy desfavorable en la alineación de la vía produciendo desgaste anormal del riel.

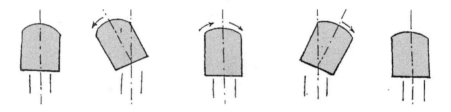

Figura 10.3: Balanceo de un vehículo ferroviario

A.2) Cabeceo. Es el movimiento de la parte superior del vehículo alrededor de un eje horizontal perpendicular al riel. Todo vehículo adquiere este movimiento cuando el primer eje del primer bogie encuentra un defecto de perfil en el riel o algún desnivel en las uniones (juntas bajas y pendientes bruscas). En algunos países este movimiento también se conoce como 'galope'.

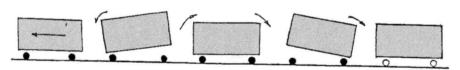

Figura 10.4: Cabeceo, o galope, de los vehículos ferroviarios

A.3) Lazo. Es el movimiento del vehículo completo alrededor de un eje vertical perpendicular al eje de la vía. Es el más importante desde el punto de vista de la estabilidad y resulta de los movimientos de pivoteo y de traslación. Estas oscilaciones provienen de la necesidad de admitir un juego entre las pestañas de las ruedas y las líneas directrices de la vía, aún en recta para facilitar el rodamiento. El juego permite a los vehículos oscilar de derecha a izquierda y viceversa bajo la influencia de las características del trazado (recta, curvas, transiciones, peralte, etc.).

Este fenómeno se produce sin choque mientras la fuerza transversal no sea lo suficientemente grande para provocar el deslizamiento transversal de la rueda sobre el riel.

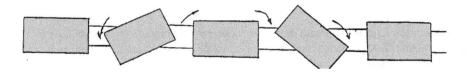

Figura 10.5: Movimiento de 'lazo' en los vehículos ferroviarios acoplados en un tren.

B) Movimientos por efecto de desplazamiento – provocados por el propio avance del tren.

B.1) Sobre el eje longitudinal, 0X = vaivén.
B.2) Sobre el eje lateral, 0Y – serpenteo.
B.3) Según el eje vertical, 0Z – sacudidas.

B.1) Vaivén. Es el movimiento del vehículo completo paralelo a los rieles en sentido longitudinal.

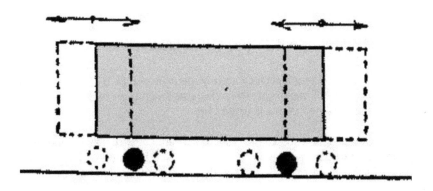

Figura 10.6: Vaivén del vehículo ferroviario.

B.2) Serpenteo. Es el movimiento del vehículo perpendicular a los rieles, se debe, principalmente, al juego existente entre las ruedas del tren y el escantillón de la vía.

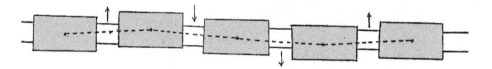

Figura 10.7: Serpenteo de los vehículos ferroviarios conectados en un tren.

B.3) Sacudidas. Es el movimiento de la parte superior del vehículo en el sentido vertical. Puede deberse por irregularidades en la nivelación longitudinal de la vía, por un mal estado en la suspensión de los vehículos o por una combinación de ambos.

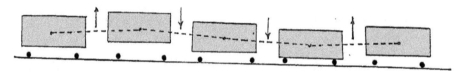

Figura 10.8: Sacudidas de los vehículos ferroviarios conectados en un tren.

Los efectos verticales son aquellos de importancia primordial para establecer los criterios requeridos en el diseño de los elementos que constituyen la vía férrea; los efectos transversales permiten determinar la velocidad de circulación de los vehículos sobre la vía férrea y, finalmente, los efectos longitudinales (producidos por los vehículos o por efectos térmicos) son inherentes a la constitución de la vía y se compensan mediante la colocación de elementos que le den mayor estabilidad a la vía (durmientes y balasto más pesados, anclas de vía, etcétera.)

10.1 Bajada de cargas del equipo rodante hacia la vía

Debido a la naturaleza propia, con carácter de permanente, de la vía férrea podemos establecer que los componentes que la forman representan la carga muerta y el equipo que circula sobre de ella, al ser de carácter temporal, representa la carga viva

Como pudimos estudiar en el capítulo sobre las características del equipo rodante, existe una gama muy grande de cargas vivas que actúan sobre la vía. La gama de cargas puede ser inclusive igual a la diversidad que existe en el mercado de locomotoras, carros de pasajeros y vagones para mercancías.

Esta situación ha existido desde los inicios del ferrocarril y es por eso que en 1894 se creó un sistema unificado para considerar las cargas vivas que actúan sobre la vía férrea, denominado Sistema Cooper, nombre asignado en honor a su creador, el Ingeniero Civil Theodore Cooper.

Este sistema fue establecido particularmente para estimar las cargas vivas sobre los puentes ferroviarios pero actualmente la mayoría de las empresas ferroviarias, y las asociaciones de estas, lo aceptan para el dimensionamiento de diversas clases de obras en las vías férreas.

El sistema de cargas vivas Cooper se basa en un estándar que representa un par de locomotoras a vapor tipo 2-8-0-8 (por la clasificación que tenían las locomotoras de vapor, en donde el primer número representa la cantidad de ruedas guía, el segundo número la cantidad de ruedas motrices, el tercer número la cantidad de ruedas en el segundo arreglo motriz y el cuarto número las ruedas del vagón que almacenaba el carbón con el que se alimentaba la caldera para generar el vapor) tirando de un número infinito de carros y vagones ferroviarios con cierto peso idealizado como una carga continua uniformemente distribuida.

Figura 10.9: La locomotora Erie 2603, fabricada por la empresa Baldwin con un arreglo de ruedas 2-8-8-8, a principios del siglo XX.

Figura 10.10: Locomotora a vapor con un arreglo de ruedas 2-8-0-8, a finales del siglo XIX.

El estándar de partida Cooper es el E10, en donde el primer eje (que considera a las dos ruedas guía) baja una carga de 5,000 libras; los siguientes cuatro ejes (que considera a las ruedas con fuerza motriz) bajan una carga de 10,000libras cada uno; no considera un segundo arreglo motriz; y los cuatro ejes traseros (que consideran a las ruedas bajo el carro carbonero) bajan una carga de 6,500 libras cada uno. Posterior al segundo carro carbonero se considera una cantidad infinita de carros y vagones ferroviarios que representan una carga uniformemente distribuida de 1,000 libras por pie lineal (1,000 lb/ft).

Durante la década de 1880 los puentes ferroviarios se diseñaron y construyeron empleando el equivalente a un estándar Cooper E20, en donde el primer eje (que considera a las dos ruedas guía) baja una carga de 10,000 libras; los siguientes cuatro ejes (que considera a las ruedas con fuerza motriz) bajan una carga de 20,000libras cada uno; no considera un segundo arreglo motriz; y los cuatro ejes traseros (que consideran a las ruedas bajo el carro carbonero) bajan una carga de 13,000 libras cada uno. Posterior al segundo carro carbonero se considera una cantidad infinita de carros y vagones ferroviarios que representan una carga uniformemente distribuida de 2,000 libras por pie lineal (2,000 lb/ft), que, como podemos observar es la multiplicación por dos del estándar de partida Cooper E10.

En el año de 1894, cuando se presentó con fines comerciales la estandarización Cooper, las cargas que bajaban los equipos rodantes se habían incrementado de tal forma que era necesario diseñar y construir las estructuras ferroviarias con un estándar Cooper E40, es decir, cuatro veces el arreglo básico Cooper E10.

Tan solo veinte años después, en el año de 1914, la normativa había incrementado el estándar de diseño a la Cooper E60.

A partir de la última década del siglo veinte, en plena época de las locomotoras diésel-eléctricas y aunque las locomotoras a vapor rara vez ya circulan por las vías férreas del continente Americano, se conservó el estándar de Cooper para estimar las cargas vivas sobre las estructuras ferroviarias; la Asociación de Ingeniería Ferroviaria de América (la AREA, precursora de AREMA) recomendaba emplear el estándar Cooper E72 (7.2 veces el E10) para diseño y construcción de puentes y estructuras en concreto reforzado, y el estándar Cooper E80 (8 veces el E10) para diseño y construcción de puentes y estructuras en acero estructural.

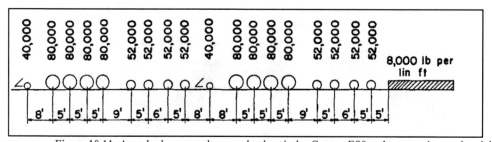

Figura 10.11: Arreglo de cargas de acuerdo al estándar Cooper E80, sobre una vía con dos rieles

Este último arreglo, el Cooper E80, es el que actualmente (año 2016) exigen las empresas concesionarias del servicio ferroviario en México para el diseño y construcción de las estructuras en las vías férreas (puentes, alcantarillas, pasos subterráneos a la vía, etcétera). Sin embargo es recomendable realizar una revisión con las cargas que bajan las locomotoras más modernas ya que, en ciertos casos, sus pesos pueden llegar a ser superiores a lo contemplado por el estándar Cooper E80.

10.2 Efectos dinámicos

Ha sido desde siempre conocido que la velocidad de circulación genera sobre la vía demandas que incrementan las cargas estáticas verticales nominales por eje o por rueda de cada vehículo ferroviario. Los distintos estudios que se han llevado históricamente al respecto son sobre experimentación realizada directamente en distintas líneas férreas en servicio comercial normal. Estos estudios siempre han arrojado resultados en base a una ecuación básica como la siguiente:

$$Q_d = Q_e \cdot C_d$$

Donde Qd representa la carga por rueda ejercida sobre la superficie de un riel tomando en cuenta los efectos dinámicos, Qe representa la carga estática por rueda que baja el vehículo ferroviario, y Cd es una función dependiente de la velocidad de circulación del tren, que se conoce como 'coeficiente de incremento dinámico'.

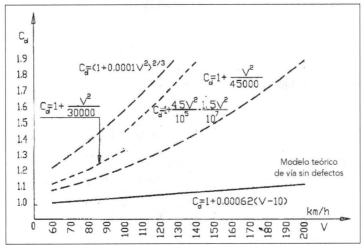

Figura 10.12: Diferentes funciones, y su representación gráfica, históricamente empleadas para el coeficiente de incremento dinámico 'Cd'.

En la figura anterior podemos ver algunas de las expresiones, y su representación gráfica, históricamente propuestas por diversos autores para estimar el valor que adquiere el coeficiente de incremento dinámico debido al incremento de la velocidad a la que circulan los trenes.

Es notable el intervalo de variación del coeficiente en función de la velocidad y se aprecia que la carga estática podría verse duplicada.

Entre dichas ecuaciones las que destacaron por su aceptación en diversos ferrocarriles del mundo son (la velocidad siempre expresada en kilómetros por hora):

-   Fórmula de Winkler y Pihera, desarrollada en 1915:

$$C_d = \frac{1}{1 - \dfrac{V^2}{35,000}}$$

Esta ecuación se adaptaba a los experimentos de la época, pero arroja resultados muy elevados para velocidades superiores a los 100 km/hr.

- Fórmula de Driessen, desarrollada en 1936:

Para cuando la velocidad no excede los 120 km/hr:

$$C_d = 1 + \frac{V^2}{30,000}$$

Para cuando la velocidad es mayor a 120 km/hr:

$$C_d = 1 + \frac{V^2}{45,000}$$

- Formula de Schramm, desarrollada en 1955:

$$C_d = 1 + \frac{4.5V^2}{100,000} - \frac{1.5V^2}{10,000,000}$$

- López Pita, en 1982, desarrolló un modelo teórico donde se considera que tanto la vía como los vehículos tienen una geometría y constitución perfectas, sin defectos de ninguna índole:

$$C_d = 1 + 0.00062(V - 10)$$

Situación que no es aplicable en la realidad pero gracias a esta formulación se demostró que las sobrecargas dinámicas transmitidas a la vía, por acción del incremento de velocidad, se deben casi exclusivamente a irregularidades en la vía.

Durante las décadas de los 60's y 70's del siglo XX los ferrocarriles Alemanes (Deutsche Bahn, por su nombre en alemán) llevaron a cabo proyectos muy ambiciosos de experimentación sobre sus vías férreas en operación donde se midieron sobrecargas y descargas de rueda en torno a valores normales de carga estática. Gracias a estos experimentos el profesor Ingeniero Civil Josef Eisenmann determinó que la distribución de esfuerzos verticales, para una velocidad dada, obedecía a una ley de tipo normal y lo expresó gráficamente como se muestra a continuación:

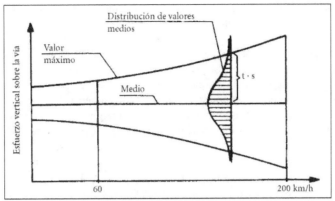

Figura 10.13: Variación de la carga vertical dinámica por rueda, obtenida por Eisenmann en 1969.

Debido a esta ley de tipo normal, el profesor Eisenmann estableció en 1969 que la carga que baja una rueda sobre un riel, tomando en cuenta los efectos dinámicos, obedece a la siguiente ecuación:

$$Q_d = Q_e \cdot [1 + (t \cdot s \cdot \varphi)]$$ Ecuación 10.1

Donde:

Qd = Carga dinámica que baja una rueda sobre un riel.
Qe = Carga estática que baja una rueda sobre un riel.
t = factor de seguridad estadística, que vale:
t = 1, cuando hay un 68.3% de probabilidad a que se presente el valor medio de la carga máxima.
t = 2, cuando hay un 95.5% de probabilidad a que se presente el valor medio de la carga máxima.
t = 3, cuando hay un 99.7% de probabilidad a que se presente el valor medio de la carga máxima.
s = factor que depende del estado de conservación de la vía en general, y adquiere el valor de:
    s = 0.1 para vías en muy buen estado.
    s = 0.2 para vías en buen estado.
    s = 0.3 para vías en mal estado.

φ = factor que depende de la velocidad de circulación, cuyo valor es:

$\varphi = 1$; Cuando la velocidad es igual o menor a 60 km/h (V ≤ 60 km/hr)

$$\varphi = 1 + \frac{V-60}{140}$$; Cuando la velocidad es mayor a 60 km/h, pero no mayor a 200 km/h. (60 km/hr < V ≤ 200 km/hr)

La formulación del profesor Eisenmann, de la ecuación 10.1, es empleada con mucho éxito y aceptación en las vías férreas convencionales (aquellas por donde circulan trenes a velocidades que no exceden los 200 km/h).

La aprobación de esta ecuación por parte de los ferrocarriles se debe a que, a diferencia de las demás mencionadas anteriormente, por primera vez se hace intervenir de forma explícita el estado de calidad de la vía férrea. Los valores que adquiere la constante 's', refiriéndose al estado de conservación de la vía, se pueden interpretar como 'en muy buen estado' cuando la vía está recién construida, 'en buen estado' cuando la vía recibe un mantenimiento preventivo programable periódico y 'en mal estado' cuando la vía presenta deficiencias severas en su alineamiento, calidad de balasto, integridad de durmientes, etc.

En las siguientes gráficas podemos observar el valor que va adquiriendo el coeficiente de incremento dinámico para los diversos escenarios de probabilidad a que se presente la carga máxima y estado de conservación de la vía férrea, para líneas convencionales:

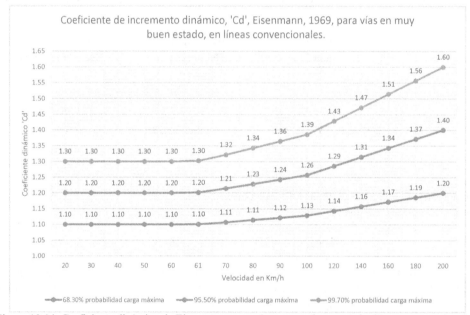

Figura 10.14: Coeficiente dinámico de Eisenmann para vías en muy buen estado, líneas convencionales.

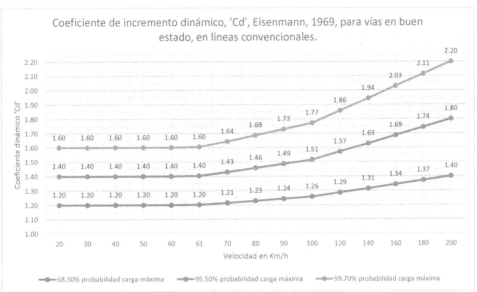

Figura 10.15: Coeficiente dinámico de Eisenmann para vías en buen estado, líneas convencionales.

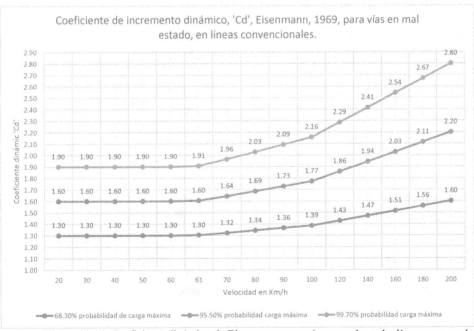

Figura 10.16: Coeficiente dinámico de Eisenmann para vías en mal estado, líneas convencionales.

Como ya se mencionó, la ecuación 10.1, o formula de Eisenmann, es válida para vías férreas convencionales donde las velocidades a las que circulan los trenes en muy excepcionales ocasiones llegan a los 200 kilómetros por hora y nunca exceden dicho valor.

Desde la década de los años 60's del siglo veinte la explotación comercial de servicios con velocidades superiores al mencionado límite dio lugar a las 'líneas de alta velocidad' (operando a velocidades entre 200 y 300 kilómetros por hora) que, como ya se mencionó, son muy populares en España, Alemania, Italia, Francia, Japón, Corea del Sur y China, y en la actualidad muchos más países están optando por proyectar, construir y explotar servicios ferroviarios con estas características.

Debido a esto el profesor Eisenmann en 1993, basándose en experimentaciones hechas por los ferrocarriles franceses en las tres últimas décadas del siglo XX, presentó su nueva ecuación donde adaptó sus formulaciones para ajustarlas a una velocidad máxima de 300 kilómetros por hora, pero no menor a 200 kilómetros por hora.

La nueva ecuación de Eisenmann tomó la misma forma que la anteriormente mencionada ecuación 10.1:

$$Q_d = Q_e \cdot [1 + (t \cdot s \cdot \varphi)]$$

Pero adaptando únicamente el valor del factor que depende de la velocidad de circulación 'φ' que, para el caso de trenes de alta velocidad, deberá considerarse como:

$$\varphi = 1 + \frac{V-60}{380}$$

; Cuando la velocidad es mayor a 200 km/h, pero no mayor a 300 km/h. (200 km/hr < V ≤ 300 km/hr)

Los factores para estimar la probabilidad de que se presente la carga máxima considerada y para considerar la calidad en el estado de conservación de la vía se mantienen con el mismo criterio expuesto para las líneas convencionales.

En las siguientes gráficas podemos observar el valor que va adquiriendo el coeficiente de incremento dinámico para los diversos escenarios de probabilidad a que se presente la carga máxima y estado de conservación de la vía férrea, para líneas de alta velocidad:

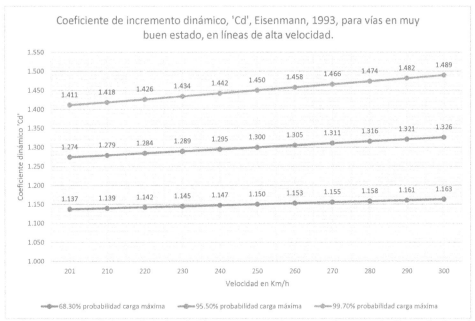

Figura 10.17: Coeficiente dinámico de Eisenmann para vías en muy buen estado, líneas de alta velocidad.

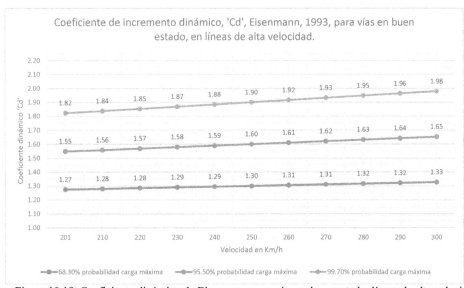

Figura 10.18: Coeficiente dinámico de Eisenmann para vías en buen estado, líneas de alta velocidad.

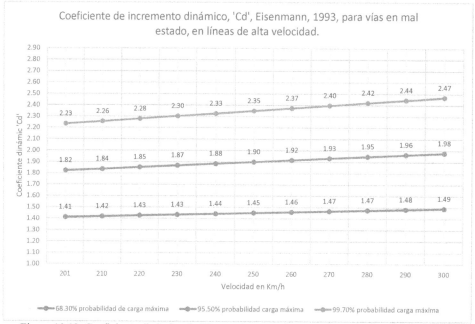

Figura 10.19: Coeficiente dinámico de Eisenmann para vías en mal estado, líneas de alta velocidad.

Resulta interesante notar como para las vías férreas convencionales el coeficiente dinámico parece adquirir valores mayores que para las vías férreas de alta velocidad, al comparar un mismo valor de probabilidad de ocurrencia para la carga máxima y un mismo valor del estado de conservación de las vías.

Esto es debido a que las exigencias que la normativa ha establecido para el diseño y construcción de líneas ferroviarias de alta velocidad son muy superiores a aquellas requeridas para las líneas convencionales, por ejemplo, en cuanto a los parámetros geométricos: los radios mínimos para las curvas horizontales y pendientes máximas en el perfil longitudinal, y en cuanto a la calidad de los materiales: el empleo de largos rieles soldados y de fijaciones elásticas exclusivamente.

Respecto a los parámetros geométricos podemos mencionar algunas experiencias de líneas de alta velocidad en el mundo:

- Línea de alta velocidad Tokio – Osaka, que se proyectó en 1955 y se construyó en 1964
  - Velocidad de operación: entre 210 y 250 km/hr.
  - Radio mínimo de curvas horizontales: 2,500 metros.
  - Pendientes longitudinales máximas: 0.2%

- Línea de alta velocidad Osaka – Okayama, cuya construcción comenzó en 1969:
  - Velocidad de operación: entre 210 y 250 km/hr.
  - Radio mínimo de curvas horizontales: 4,000 metros.
  - Pendientes longitudinales máximas: 0.15%
- Línea de alta velocidad Paris – Lyon, en 1974:
  - Velocidad de operación: entre 210 y 250 km/hr.
  - Radio mínimo de curvas horizontales: 3,250 metros.

- Pendientes longitudinales máximas: 0.35%

■ Línea de alta velocidad Madrid – Sevilla, que se comenzó a construir en 1988:
- Velocidad de operación: entre 210 y 270 km/hr.
- Radio mínimo de curvas horizontales: 3,250 metros.
- Pendientes longitudinales máximas: 0.125%

El Sistema Ferroviario Mexicano actual se puede considerar que está constituido únicamente por líneas convencionales, razón por la cual la primer formulación de Eisenmann es perfectamente aplicable al diseño y construcción de más vías férreas, ya sean troncales, ramales o industriales-particulares, que se conecten a dicho sistema ferroviario.

Existen proyectos a futuro para la construcción de líneas con prestaciones de alta velocidad, estas si deberán, entonces, ser evaluadas bajo la segunda formulación de Eisenmann.

10.3 Sobrecarga debido a la circulación en curva

Cuando los trenes circulan por curvas horizontales se produce una sobrecarga sobre los rieles. Al circular el tren a la velocidad de diseño, o a una velocidad superior a esta, la rueda externa del vehículo ferroviario se carga hacia el riel externo de la curva. Para contrarrestar esta fuerza, las curvas se peraltan pero, tal cual como se explicó en el capítulo Geometría de la Vía, por cuestiones de estabilidad en el talud del balasto, confort del viajero y equilibrio de las mercancías, no siempre es posible asignar el valor teórico del peralte para cada grado de curvatura con cada velocidad de diseño; por lo tanto siempre existirá una insuficiencia de peralte que provocará una fuerza sin anular debido a la aceleración centrifuga. Por otro lado, cuando el tren circule a una velocidad menor a la de diseño la aceleración centrípeta ocasionará una fuerza similar, pero en el riel interno de la curva.

La magnitud de esta fuerza puede ser evaluada por la ecuación:

$$\Delta Q = \frac{Q_e}{S \cdot g} \cdot \left[\left(\gamma_{sc} \cdot h_{cg} \right) + \left(g \cdot \Delta_y \right) \right]$$

Donde:

ΔQ = Sobrecarga que aplica una rueda a un riel por circular en curva [ton]
Q_e = Carga estática que baja una rueda en un riel [ton]
S = Separación entre ejes de los rieles [m]
g = aceleración de la gravedad = 9.81 m/s²
h_{cg} = altura del centro de gravedad del vehículo [m]
Δ_y = excentricidad del punto de aplicación del peso con respecto al centro de línea $\cong$ 0.004 m

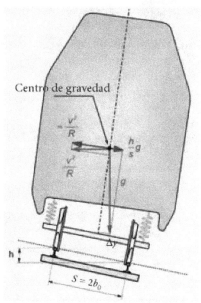

Figura 10.20: Descomposición de fuerzas actuando en curva horizontal

En la ecuación anterior el término $g \cdot \Delta_y$, al adquirir valores muy pequeños, debido a la limitante del peralte 'h' que puede tomar la vía según lo que se expuso en el capítulo sobre la geometría de la vía, que rondan aproximadamente el 3% del término $\gamma_{sc} \cdot h_{cg}$, puede despreciarse obteniéndose:

$$\Delta Q = \frac{Q_e}{S \cdot g} \cdot \left(\gamma_{sc} \cdot h_{cg} \right)$$

También en el capítulo donde se trató el tema de la geometría de la vía vimos que la aceleración sin compensar es igual a:

$$\gamma_{SC} = \frac{I \cdot g}{S}$$

Donde I es la insuficiencia de peralte, en metros.
Entonces al sustituir este valor en la ecuación precedente obtenemos:

$$\Delta Q = \frac{Q_e}{S \cdot g} \cdot \frac{I \cdot g}{S} \cdot h_{cg}$$

Y al simplificar nos queda:

$$\Delta Q = \frac{Q_e \cdot I \cdot h_{cg}}{S^2}$$

Donde:

ΔQ = Sobrecarga que aplica una rueda a un riel por circular en curva [ton]
Qe = Carga estática que baja una rueda en un riel [ton]
S = Separación entre ejes de los rieles [m]
I = Insuficiencia de peralte existente en la curva [m]
h_{cg} = altura del centro de gravedad del vehículo [m]

Al estar bajo estas condiciones, es decir, el tren circulando en curva, esta sobrecarga debería añadirse a la carga dinámica para efectos de diseño de los diversos elementos que conforman la vía, y así obtener la carga total que baja una rueda sobre un riel:

$$Q_T = Q_d + \Delta Q$$

Ecuación 10.2

Donde:

ΔQ = Sobrecarga que aplica una rueda a un riel por circular en curva [ton]
Qd = Carga dinámica que baja una rueda en un riel [ton]
Q_T = Carga total que baja una rueda en un riel [ton]

10.4 Esfuerzos en los componentes de la superestructura ferroviaria

Al proyectar la superestructura de la vía férrea se pretende dimensionar los componentes de tal forma que sus deformaciones sean admisibles, no solo por cuestiones de resistencia de materiales, sino fundamentalmente para mantener el guiado correcto a la rodadura del paso de los trenes cumpliendo las condiciones de confort requeridas por los pasajeros en los carros y el equilibrio de las mercancías dentro de los vagones. También se debe tener en cuenta la capacidad de soportar el desgaste y envejecimiento natural de cada elemento, evitando problemas de fatiga o falla y cuidar la economía del conjunto.

10.4.1 Esfuerzos transversales en la vía férrea

Los esfuerzos transversales sobre la vía se producen tanto en curva como en recta. En curva se origina en la fuerza centrífuga o en la insuficiencia de peralte para todos aquellos casos en que la velocidad sea igual o mayor a la de diseño y en la fuerza centrípeta para aquellos casos en los que la velocidad sea menor; en el primer caso los esfuerzos se dirigen hacia el riel exterior y en el segundo caso hacia el riel interior.

En recta los esfuerzos transversales son debidos al movimiento del lazo y serpenteo de los vehículos que son inevitables y se amplían automáticamente por los defectos de las locomotoras, del material móvil y de la propia vía.

Estos esfuerzos se anulan considerando, como ya se mencionó, la sobrecarga en curvas y los factores de incremento dinámico expuestos, donde ya se considera el estado de conservación de la vía y el juego entre la separación de los rieles y la separación entre las ruedas de los vehículos.

10.4.2 Esfuerzos longitudinales en la vía férrea

Estos esfuerzos son inherentes tanto a las condiciones de establecimiento de la vía como al movimiento de los vehículos sobre la misma y se limitan a estado de esfuerzos en el riel: a la propia fabricación de este y a los efectos de la variación de temperatura.

Los esfuerzos longitudinales debidos al movimiento de los vehículos y fabricación del riel deben ser soportados por el balasto y los durmientes; aquellos que sean debidos a las variaciones térmicas se minimizan con las anclas de vía o bien se anulan mediante la neutralización de esfuerzos por temperatura, como se verá posteriormente.

Entre los esfuerzos longitudinales que más se deben tener en cuenta está el denominado 'esfuerzo residual' y los esfuerzos debidos a la dilatación por efecto de la temperatura.

A) Esfuerzos residuales en el riel.

Estos esfuerzos tienen su origen en el proceso de fabricación del riel. Estos se producen por el enfriamiento posterior a la laminación de los rieles, así como por el enderezamiento del riel en frio por la máquina de rodillos.

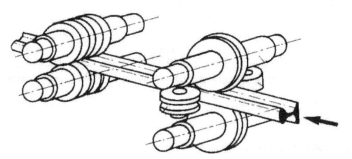

Figura 10.21: Enderezamiento del riel, en frio, por medio de rodillos.

Es natural que los esfuerzos internos en la masa de acero del riel se encuentren actuando de forma compleja, pero los más importantes son aquellos que ocurren paralelos al eje longitudinal. Como se explica en el capítulo de El Riel, la magnitud máxima de estos esfuerzos se ubica entre los 820 kg/cm² y 1,020kg/cm² actuando en tensión, y entre los 600 y 820 kg/cm² actuando en compresión, cuando el riel recién sale de la fábrica. Estos esfuerzos aumentan durante la vida útil del riel, como resultado de la deformación por la fluctuación plástica y por el desgaste que se produce en la superficie de rodadura.

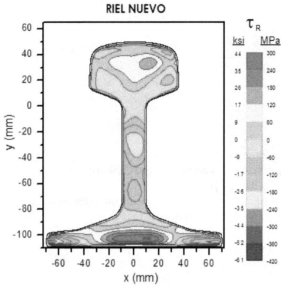

Figura 10.22: Esfuerzos internos residuales en los rieles nuevos (1 ksi = 70.31 kg/cm², 1 Mpa = 10.20 kg/cm²).

B) Esfuerzos por variación de temperatura en los rieles.

Consideremos un riel de longitud 'L' colocado y fijado al durmiente a una temperatura inicial 't₀'. Al modificarse la temperatura del riel con relación a esta temperatura inicial hasta lograr una temperatura final 't₁', la diferencia de temperaturas 'Δt' provocará al riel una variación en su longitud con valor de:

$$\Delta l = \alpha \cdot \Delta t \cdot L$$ Ecuación 10.3

Donde:

Δl = variación de longitud en el riel [cm]
α = coeficiente de dilatación del acero, que vale entre 10.5x10⁻⁶ y 12x10⁻⁶.
Δt = diferencia entre la temperatura final y la temperatura inicial del riel [grados centígrados, °C]

$\Delta t = t_1 - t_0$, donde t_1 es la temperatura final del riel y t_0 es la temperatura inicial del riel, [°C]

L = longitud inicial del riel [cm]

Esta variación de longitud también puede ser expresada, de acuerdo a la ley de Hooke, por la siguiente ecuación:

$$\Delta l = \frac{F \cdot L}{E \cdot S}$$
Ecuación 10.4

Donde:

Δl = variación de longitud en el riel [cm]
F = Fuerza en la sección transversal del riel debido a la variación de su longitud [Kg]
L = longitud inicial del riel [cm]
E = Módulo de elasticidad del acero, se acepta un valor medio de 2,100,000.00 kg/cm².
S = Área de la sección transversal del riel [cm²]

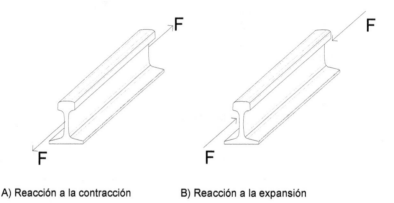

A) Reacción a la contracción   B) Reacción a la expansión

Figura 10.23: Fuerzas en la sección transversal del riel debidas a la variación de su longitud

Al sustituir el valor de Δl, de la ecuación 10.4, en la ecuación 10.3 tenemos:

$$\frac{F \cdot L}{E \cdot S} = \alpha \cdot \Delta t \cdot L$$

Y despejando F, obtendremos:

$$F = \propto \cdot \Delta t \cdot E \cdot S$$
Ecuación 10.5

Ecuación que nos dará la magnitud de la fuerza que es necesario anular para eliminar los efectos de la dilatación por temperatura.

Donde:

F = Fuerza en la sección transversal del riel debido a la variación de su longitud [Kg]
α = coeficiente de dilatación del acero, que vale entre 10.5×10^{-6} y 12×10^{-6}.
Δt = diferencia entre la temperatura final y la temperatura inicial del riel [grados centígrados, °C]
E = Módulo de elasticidad del acero, se acepta un valor medio de $2,100,000.00$ kg/cm².
S = Área de la sección transversal del riel [cm²]

El esfuerzo debido a las variaciones de temperatura será, entonces:

$$\tau_{temp} = \frac{F}{S}$$

Y, sustituyendo el valor de F, de la ecuación 5, obtendremos:

$$\tau_{temp} = \frac{\alpha \cdot \Delta t \cdot E \cdot S}{S}$$

Para llegar finalmente:

$$\tau_{temp} = \alpha \cdot \Delta t \cdot E \qquad\qquad \text{Ecuación 10.6}$$

Donde τ_{temp} representa el esfuerzo sobre la sección transversal del riel, debido a cambios de temperatura, y tiene como unidades [Kg/cm²].

El no anular los esfuerzos debidos a las variaciones longitudinales por efectos térmicos tiene consecuencias muy graves en la vía férrea, tal como se puede observar en las siguientes imágenes:

Figura 10.24: Rieles elementales desconchados debido a que no cuentan con la separación necesaria para absorber las expansiones térmicas (riel en la parte superior de la fotografía) en su junta, comparado con un riel que se muestra sano y que cuenta con la separación requerida en su junta (riel en la parte inferior de la fotografía).

Figura 10.25: Vía deformada, construida a base de Largos Rieles Soldados, por efecto de dilatación térmica.

10.4.3 Esfuerzos verticales en la vía férrea

Para efectos prácticos, en el conjunto del emparrillado que forma una vía férrea, se puede suponer que el comportamiento en cada hilo de riel es igual y por lo tanto el proceso de análisis se enfoca a cuantificar los esfuerzos que un riel individual le transmite a los elementos que le dan apoyo.

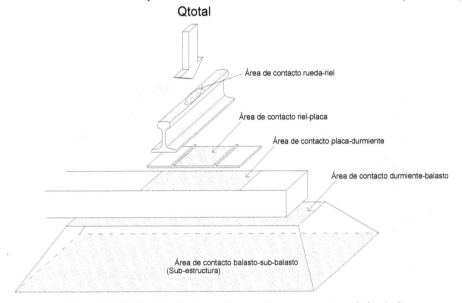

Figura 10.26: Distribución de presiones en la superestructura de la vía férrea

10.4.3.1 Esfuerzos verticales en el contacto rueda-riel:

Es aceptado que el contacto rueda del tren con el riel pueda equipararse al contacto entre dos cilindros, de forma que el rectángulo resultado en la zona de empalme entre ambos cuerpos tiene las dimensiones siguientes:

- En el sentido longitudinal de la vía la distancia de apoyo de la rueda sobre el riel puede estimarse aproximadamente igual valores comprendidos entre 12 y 14 milímetros.

$$12\ mm\ \le\ 2b\ \le 14\ mm$$

- En el sentido transversal de la vía, por la teórica elástica se acepta que:

$$a = 1.52 \cdot \sqrt{\frac{Q_T \cdot R}{2b \cdot E}} \qquad \text{Ecuación 10.7}$$

Donde:

a = apoyo de la rueda sobre el riel en el sentido transversal [cm]

b = apoyo de la rueda sobre el riel en el sentido longitudinal [cm]

Q_T = carga total por rueda [kg]

R = radio de la rueda [cm]

E = módulo de elasticidad del acero, se acepta un valor medio de 2,100,000.00 kg/cm².

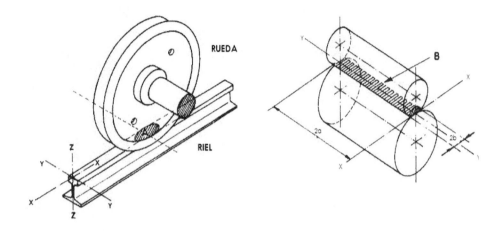

Figura 10.27a: Hipótesis sobre el contacto rueda-riel.

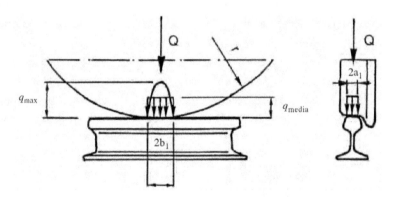

Figura 10.27b: Hipótesis sobre el contacto rueda-riel.

La distribución de presiones en la zona de contacto rueda-riel tiene la forma elíptica que se muestra en la figura 10.27b y su valor medio se obtiene gracias a la ecuación:

$$q_m = 0.21 \cdot \sqrt{\frac{2 \cdot Q_T \cdot E}{b \cdot R}}$$ Ecuación 10.8

Donde:

q_m = valor medio de la presión sobre el hongo del riel [kg/cm²]
Q_T = carga total por rueda [kg]
E = módulo de elasticidad del acero, se acepta un valor medio de 2,100,000.00 kg/cm².
b = apoyo de la rueda sobre el riel en el sentido longitudinal [cm]
R = radio de la rueda [cm]

Suponiendo al riel como un semi-espacio indefinido de Boussinesq, y analizando al hongo del riel, que tiene una altura en el orden de los 30 milímetros, numerosos investigadores, entre los que destaca Hana, en 1969, determinaron la distribución de esfuerzos al interior de la masa del riel, comprobándose que estos disminuyen rápidamente al alejarnos de la superficie cargada, teniendo un valor máximo a la profundidad de:

$$Z = 0.78a$$

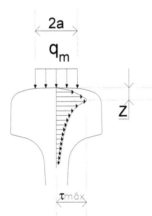

Figura 10.28a: Esfuerzo máximo en el riel debido a los esfuerzos verticales.

Al sustituir la ecuación 10.7 en la expresión anterior obtendremos:

$$Z = 0.78 \cdot \left[1.52 \cdot \sqrt{\frac{Q_T \cdot R}{2b \cdot E}} \right]$$

Es decir:

$$Z = 1.19 \cdot \sqrt{\frac{Q_T \cdot R}{2b \cdot E}} \qquad \text{Ecuación 10.9}$$

Donde:

Z= Profundidad donde se localiza la fibra en la que actúa el esfuerzo máximo [cm]
Q_T = carga total por rueda [kg]
E = módulo de elasticidad del acero, se acepta un valor medio de 2,100,000.00 kg/cm².
b = apoyo de la rueda sobre el riel en el sentido longitudinal [cm]
R = radio de la rueda [cm]

Y el esfuerzo máximo, de acuerdo a estos mismos investigadores, adquiere valores muy próximos a:

$$\tau_{max} = 0.304 \cdot q_m$$

Al sustituir la ecuación 10.8 en la expresión anterior obtendremos:

$$\tau_{max} = 0.304 \cdot \left[0.21 \cdot \sqrt{\frac{2 \cdot Q_T \cdot E}{b \cdot R}} \right]$$

Es decir:

$$\tau_{max} = 0.06 \cdot \sqrt{\frac{2 \cdot Q_T \cdot E}{b \cdot R}} \qquad \text{Ecuación 10.9}$$

Donde:

τ_{max} = Esfuerzo máximo en el riel debido a las cargas verticales [kg/cm²]
Q_T = carga total por rueda [kg]
E = módulo de elasticidad del acero, se acepta un valor medio de 2,100,000.00 kg/cm².
b = apoyo de la rueda sobre el riel en el sentido longitudinal [cm]
R = radio de la rueda [cm]

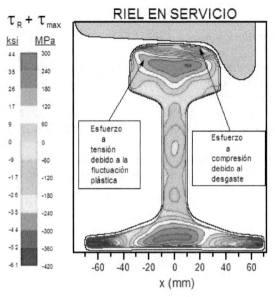

Figura 10.28b: Esfuerzos por cargas verticales más esfuerzos residuales para los rieles en uso (1 ksi = 70.31 kg/cm², 1 Mpa = 10.20 kg/cm²).

En el caso más desfavorable habría que sumar los máximos esfuerzos que actúan en la sección trasversal del riel, esfuerzos residuales, esfuerzos por dilatación térmica y esfuerzos por carga vertical y corroborar que esta suma sea menor a la resistencia nominal a la tensión del acero en los rieles de acuerdo a la normativa.

$$\tau_{TOTAL} = \tau_R + \tau_{temp} + \tau_{max}$$
    Ecuación 10.10

Donde:

τ_{TOTAL} = Esfuerzo máximo total longitudinal en el riel [kg/cm²]

τ_R = Esfuerzo máximo residual en el riel [kg/cm²]

τ_{temp} = Esfuerzo máximo por cambios de temperatura en el riel [kg/cm²]

τ_{max} = Esfuerzo máximo en el riel debido a las cargas verticales [kg/cm²]

10.4.3.2 Esfuerzos verticales en las placas de asiento:

A) Placas de asiento rígidas

Las placas de asiento rígidas, que se emplean en el sistema de fijación clásico o rígido, son de acero y tienen un comportamiento plástico ya que no amortigua la energía de los choques que se producen al paso del tren y los movimientos.

Su análisis se centra en, básicamente, el correcto reparto de los esfuerzos que recibe en el contacto riel-placa hacia el contacto placa-durmiente, que tiene un área mayor.

El esfuerzo en el contacto riel-placa se determina al tener conocida la carga total por rueda que actúa sobre el riel y el área de contacto que el patín del riel tiene con la placa de asiento, de acuerdo a la ecuación básica del esfuerzo:

$$\sigma_{RP} = \frac{Q_T}{A_{RP}}$$
Ecuación 10.11

Donde:

σ_{RP} = Esfuerzo en el contacto riel-placa de asiento [kg/cm²]
Q_T = Carga total por rueda [Kg]
A_{RP} = Área de contacto entre riel y placa de asiento [cm²]

Figura 10.29: Construyendo vía férrea con fijación clásica o rígida

Para reducir el esfuerzo que es transmitido por el patín del riel hacia el durmiente, la placa de asiento tiene una mayor área de contacto con el durmiente que con el patín del riel. De esta forma el esfuerzo en el contacto placa-durmiente se determina mediante la ecuación:

$$\sigma_{PD} = \frac{Q_T}{A_{PD}}$$
Ecuación 10.12

Donde:

σ_{PD} = Esfuerzo en el contacto placa de asiento-durmiente [kg/cm²]
Q_T = Carga total por rueda [Kg]
A_{PD} = Área de contacto entre placa de asiento y durmiente [cm²]

Las placas de asiento rígidas se emplean únicamente sobre durmientes de madera y, más recientemente, de forma experimental, sobre durmientes de plástico.

Figura 10.30: Placa de asiento rígida.

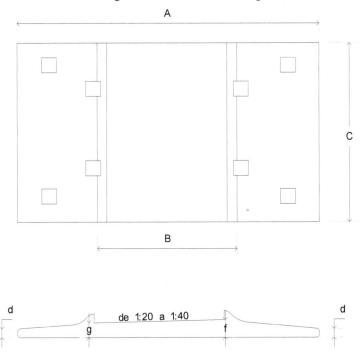

Figura 10.31: Placa de asiento rígida, dimensiones generales

A	B	C	d	f	g	Patín del riel	Área contacto patín-placa		Área contacto placa-dte.		Para rieles calibre
inch	inch	inch	inch	inch	inch	inch	inch²	cm²	inch²	cm²	(lb/yd)
16"	6-1/16"	8-1/2"	7/16"	1"	51/64"	6"	51.000	329.032	136.000	877.418	131RE, 133RE, 136RE y 140RE
14"	6-1/16"	8"	7/16"	7/8"	23/32"	6"	48.000	309.677	112.000	722.579	
14"	6-1/16"	7-3/4"	7/16"	7/8"	23/32"	6"	46.500	299.999	108.500	699.999	
14"	5-9/16"	8"	7/16"	27/32"	23/32"	5-1/2"	44.00	283.87	112.00	722.58	
14"	5-9/16"	7-3/4"	7/16"	27/32"	23/32"	5-1/2"	42.63	275.00	108.50	700.00	100RA, 110RE, 112RE, 115RE, 119RE
13"	5-9/16"	8"	7/16"	27/32"	23/32"	5-1/2"	44.00	283.87	104.00	670.97	
13"	5-9/16"	7-3/4"	7/16"	27/32"	23/32"	5-1/2"	42.63	275.00	100.75	650.00	
11"	5-9/16"	7-3/4"	7/16"	27/32"	23/32"	5-1/2"	42.63	275.00	85.25	550.00	

DIMENSIONES GENERALES PLACAS DE ASIENTO MÁS COMUNMENTE EMPLEADAS EN EL SISTEMA FERROVARIO MEXICANO (2016)

Tabla 10.1: Dimensiones generales placas de asiento rígidas

B) Placas de asiento para fijación elástica

Las placas de asiento elásticas, que se emplean en la gran variedad de sistemas de fijación elásticos, son de neopreno y/o plástico elastomérico que garantice un comportamiento elástico y que amortigüe la energía de los choques que se producen al paso del tren y los movimientos.

Las placas de asiento elásticas no trabajan por si solas si no que lo hacen en conjunto con todo el sistema de fijación el cual, aunque existe gran diversidad en el mercado, consta generalmente de elementos de anclaje más placas de asiento ahuladas.

Los sistemas de fijación elásticos pueden emplearse tanto en durmientes de madera como en durmientes de concreto, siendo más común su empleo en estos últimos debido a que al utilizarlos en conjunto se han logrado niveles de estabilidad y confort en la vía tales que han dado lugar a los desarrollos de líneas de alta velocidad.

En el Sistema Ferroviario Mexicano, como se ha mencionado, actualmente no se cuenta con líneas de alta velocidad, sin embargo el empleo de fijaciones elásticas con durmientes de concreto es la tendencia de todas las empresas concesionarias del servicio ferroviario en el país de tal forma que las principales líneas ya cuentan casi en su totalidad con este sistema.

El esfuerzo existente en el contacto patín del riel con la placa de la fijación elástica se puede obtener por la misma ecuación 10.11 ya explicada:

$$\sigma_{RP} = \frac{Q_T}{A_{RP}}$$

Donde:

σ_{RP} = Esfuerzo en el contacto riel-placa de asiento [kg/cm²]
Q_T = Carga total por rueda [Kg]
A_{RP} = Área de contacto entre riel y placa de asiento [cm²]

Y las dimensiones generales de dichas placas son, según las más comunes empleadas en México, las siguientes:

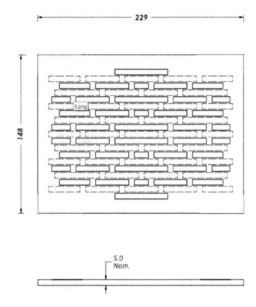

Figura 10.32: Placa de asiento para fijación elástica RNY, tanto para durmientes de madera como para durmientes de concreto. Cotas en milímetros.

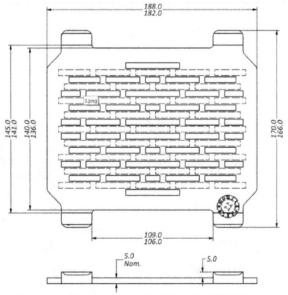

Figura 10.33: Placa de asiento para fijación elástica tipo Pandrol o NY-ES, para durmientes de concreto. Cotas en milímetros.

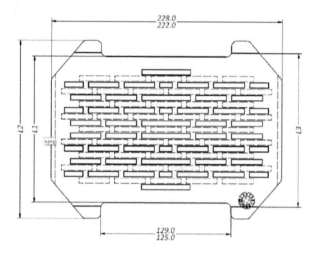

Figura 10.34: Placa de asiento para fijación elástica tipo Pandrol o NY-ES, para durmientes de concreto. Cotas en milímetros.

En la figura 10.34 las dimensiones L1, L2 y L3 dependen del calibre de riel para el cual se vaya a colocar la fijación y cuyos valores más comunes, en milímetros, son:

Calibre de riel	L1	L2	L3
115 lb-RE	140 136	170 166	148 144
136 lb-RE	152 148	182 178	160 156

Figura 10.34: Construyendo vía férrea con fijación elástica.

Figura 10.35: Placas de hule elastomérico, para emplearse en fijaciones elásticas tipo Pandrol o NY-ES, para durmientes de concreto.

Figura 10.36: Placa de neopreno, para emplearse en fijación elástica tipo RNY, para durmientes de concreto o madera.

Para calcular el esfuerzo existente en la frontera placa de asiento elástica-durmiente debemos considerar que bajo la acción de la carga exterior al riel (aquella carga que le transmite la rueda del tren) la placa de asiento se deforma y en conjunto con todo el sistema de fijación amortiguan la carga de acuerdo al esquema siguiente:

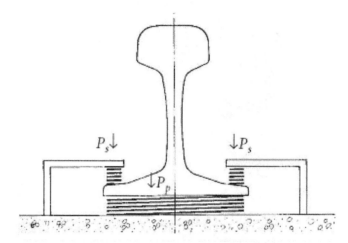

Figura 10.37: Amortiguamiento de la carga efectuado por la fijación elástica.

Se han realizado numerosos ensayos en laboratorios para los diversos tipos de fijación elástica en el mercado, y también para infinidad de prototipos de nuevas fijaciones, que consisten en aplicar una carga vertical sobre un tramo de riel apoyado sobre el elemento a ensayar y se miden los desplazamientos mediante comparadores colocados en los extremos del patín, tal cual se muestra en la siguiente figura.

Figura 10.38: Prueba en laboratorio para calcular la curva esfuerzo-deformación en las placas de asiento de las fijaciones elásticas.

Gracias a este tipo de pruebas la obtención de la curva presión (R) – asentamiento (Δz) de las placas de asiento da resultados como los que se muestran en la siguiente gráfica:

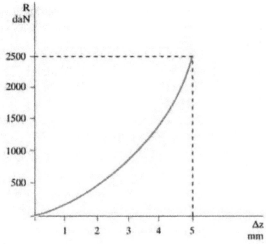

Figura 10.39: Curva esfuerzo-deformación para placas de asiento elásticas (1 daN = 1.02 Kg)

Resultado de estos ensayos se han establecido valores para los 'coeficientes de atenuación del impacto' que se logran con diversas placas de asiento elásticas existentes en el mercado. Estos coeficientes se han agrupado en tres categorías:

- Placas elásticas de débil atenuación: $\gamma_p = 1.00$
- Placas elásticas de mediana atenuación: $\gamma_p = 0.89$
- Placas elásticas de fuerte atenuación: $\gamma_p = 0.78$

Con lo que el esfuerzo existente en el contacto placa de la fijación elástica con durmiente valdría:

$$\sigma_{PD} = \sigma_{RP} \cdot \gamma_P \qquad \text{Ecuación 10.13}$$

Donde:

σ_{PD} = Esfuerzo en el contacto placa de asiento elástica - durmiente [kg/cm²]

σ_{RP} = Esfuerzo en el contacto riel-placa de asiento elástica [kg/cm²]

γ_p = coeficiente de atenuación de la placa [adimensional]

10.4.3.3 Esfuerzos verticales en el contacto durmiente-balasto:

La determinación de cómo se transmiten los esfuerzos debidos al tráfico de trenes desde el riel hasta la subestructura de la vía férrea resulta de gran importancia para el diseño de los espesores en la capa de balasto y subsecuentes.

Uno de los procesos más aceptados para conocer el esfuerzo existente en el área de contacto entre durmiente y balasto es el conocido como Método de Zimmermann, en honor al ingeniero alemán que lo desarrolló, y se basa en analizar la flexión del riel como medio para la transmisión de esfuerzos a la capa de balasto.

Bajo este criterio se supone que el emparrillado de la vía reposa sobre un medio elástico que responde a la denominada 'hipótesis de Winkler' que expresa:

$$\sigma = c \cdot y \qquad\qquad \text{Ecuación 10.14}$$

Donde:

σ = esfuerzo aplicado en la superficie del medio elástico (la capa de balasto).
c = coeficiente de balasto.
y = asentamiento provocado por el esfuerzo.

Es sabido que las dimensiones del coeficiente de balasto son unidades de fuerza entre unidades de volumen, es decir, dimensiones de densidad. Por lo tanto este criterio equivale a suponer que el emparrillado de la vía reposa sobre un líquido con densidad 'c'.

Debido a que se estima que el comportamiento en ambos hilos de riel de una vía férrea es igual, podemos evaluar solo uno de estos hilos como un elemento sólido del emparrillado completo y considerar una ecuación diferencial para un hilo de longitud infinita y de ancho 'b' sometido a una carga 'Q'; en una rebanada 'dx' de dicho hilo el equilibrio será:

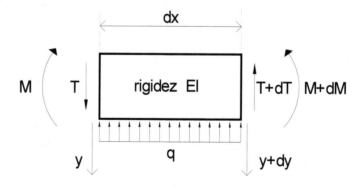

Donde:

M = momento flexionante en el hilo.
T = fuerza cortante.
q = reacción de apoyo.
b = ancho de la rebanada.
y = asentamiento.
E = módulo elástico.
I = momento de inercia.

$$dT = -q \cdot dM$$

$$dM = T \cdot dx$$

De donde podemos obtener:

$$\frac{dM}{dx} = T$$

Y:

$$\frac{d^2M}{dx^2} = \frac{dT}{dx} = -q$$

Y sabemos que:

$$M = -EI\frac{d^2y}{dx^2}$$

Diferenciando dos veces la expresión anterior obtendremos:

$$q = -EI\frac{d^4y}{dx^4}$$

Y al aplicar la hipótesis de Winkler (ecuación 10.14), sabiendo que la rebanada 'dx' tiene un ancho 'b', obtenemos:

$$q = b \cdot c \cdot y$$

Y la ecuación diferencial resultante será, entonces:

$$EI\frac{d^4y}{dx^4} + bcy = 0$$

La integración de esta ecuación diferencial, para el caso de una carga puntual 'Q' actuando sobre el riel, nos dará las ecuaciones para calcular el asentamiento 'y' del hilo de emparrillado en el punto donde se está aplicando la carga y la magnitud del momento flexionante 'M':

$$y = \frac{Q}{2bc} \cdot \sqrt[4]{\frac{bc}{4EI}}$$ Ecuación 10.15

$$M = \frac{Q}{4} \cdot \sqrt[4]{\frac{4EI}{bc}}$$ Ecuación 10.16

Y, al sustituir la ecuación 10.15 en la hipótesis de Winkler (ecuación 10.14), obtendremos el esfuerzo que actúa en la cara inferior del elemento sólido de un hilo del emparrillado:

$$\sigma = c \cdot y = c \cdot \frac{Q}{2bc} \cdot \sqrt[4]{\frac{bc}{4EI}}$$

Y finamente:

$$\sigma = \frac{Q}{2b} \cdot \sqrt[4]{\frac{bc}{4EI}}$$ Ecuación 10.17

El Método de Zimmermann, como podemos observar, supone un apoyo continuo del hilo del emparrillado en la capa subsecuente con un ancho 'b', tal cual se esquematiza en la siguiente figura:

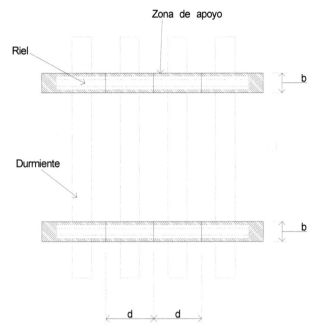

Figura 10.40: Suposición de un apoyo continuo debajo del riel, Método de Zimmermann.

El área de contacto de cada rebanada del hilo con la superficie del balasto, si consideramos a 'd' como la distancia entre fronteras de cada rebanada, será:

$$F = b \cdot d$$ Ecuación 10.18

Sin embargo en la realidad la vía férrea trabaja mecánicamente sobre apoyos discontinuos separados entre sí por una distancia a intervalos regulares (los durmientes). Debido a este hecho, a principios del siglo XX autores como Timoshenko, Seller y Hanker establecieron que, desde el punto de vista mecánico, la vía sobre durmientes puede equipararse al emparrillado continuamente apoyado siempre y cuando cada durmiente individual ofrezca un área de apoyo igual a la que ofrece el apoyo continuo entre dos durmientes seguidos de la suposición continuamente apoyada, es decir, tomar como superficie de contacto un valor mínimo que el de la expresión anterior.

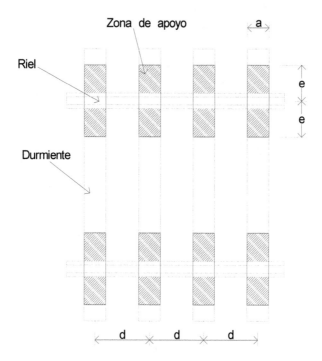

Figura 10.41: Apoyos discontinuos espaciados a intervalos regulares, zona de apoyo equivalente al Método de Zimmermann.

Con lo que podemos expresar que:

$$a \cdot 2e \geq F = b \cdot d$$

Al despejar b, de la ecuación 10.18, obtenemos:

$$b = \frac{F}{d}$$

Al introducir este valor en las ecuaciones del Método de Zimmermann (ecuaciones 10.15, 10.16 y 10.17) y haciendo que la carga sea igual a la carga total bajada por una rueda, según lo expresado en la ecuación 10.2, obtendremos:

- Para el asentamiento en el balasto:

$$y = \frac{Q_T}{2 \cdot \left(\frac{F}{d}\right) \cdot c} \cdot \sqrt[4]{\frac{\left(\frac{F}{d}\right) \cdot c}{4EI}}$$

Al simplificar:

$$y = \frac{Q_T d}{2Fc} \cdot \sqrt[4]{\frac{Fc}{4EId}}$$
Ecuación 10.19

- Para el momento flexionante:

$$M = \frac{Q_T}{4} \cdot \sqrt[4]{\frac{4EI}{\frac{F}{d}c}}$$

Al simplificar:

$$M = \frac{Q_T}{4} \cdot \sqrt[4]{\frac{4EId}{Fc}}$$
Ecuación 10.20

- Para el esfuerzo actuante en la superficie del balasto:

$$\sigma = \frac{Q_T}{2 \cdot \left(\frac{F}{d}\right)} \cdot \sqrt[4]{\frac{\left(\frac{F}{d}\right) \cdot c}{4EI}}$$

Al simplificar:

$$\sigma = \frac{Q_T d}{2F} \cdot \sqrt[4]{\frac{Fc}{4EId}}$$
Ecuación 10.21

Donde:

y = Asentamiento en el balasto [cm]
Q_T = Carga total que baja una rueda en un riel [kg]
d = Separación entre durmientes [cm]
F = Superficie de contacto entre los durmientes y el balasto [cm²]
c = Coeficiente de balasto [kg/cm³]
E = Módulo de elasticidad del acero [kg/cm²] (Se acepta, como valor medio, 2,100,000.00 kg/cm²).
I = Momento de inercia de la sección de riel comercial considerado [cm⁴]
M = Momento flexionante en el tramo considerado [kg*cm]
σ = esfuerzo en la superficie del balasto [kg/cm²]

10.4.3.4 Esfuerzos verticales en el contacto durmiente-balasto, debido al proceso constructivo de la superestructura:

Para aplicar en la realidad el Método de Zimmermann anteriormente expuesto debemos tomar en consideración el proceso constructivo que en la realidad se lleva a cabo para el armado de las vías férreas.

El balasto debajo del durmiente debe ser calzado, ya sea por medios mecánicos empleando la maquina calzadora, por medios manual-mecánicos empleando los martillos hidráulicos calzadores, o por medios manuales empleado las barras para calzado, hasta lograr el máximo acomodo, o su máxima densidad, que se pueda obtener por este procedimiento ("la capa de balasto para la vía no se compacta, se calza") de tal forma que la transmisión de esfuerzos hacia las capas de la subestructura, el nivel de la vía y el drenaje de la misma se garantice adecuadamente.

Este calzado debe hacerse introduciendo cualquiera de las citadas herramientas en una franja lateral a cada hilo de riel con un ancho de aproximadamente 400 mm a cada lado de este, pero dejando sin calzar la zona central del durmiente, en cuya zona el balasto debe reposar por propia gravedad.

Debe evitarse calzar la zona central de la vía férrea debido a que las reacciones de la subestructura, al paso del tren y al transmitirle el balasto las presiones a esta, generan un efecto de 'rebote' ascendente que debe absorberse por una zona de balasto con menor densidad. Caso contrario este efecto rompería los durmientes en su centro.

Figura 10.42: Calzando el balasto correctamente, a los costados de cada hilo del riel.

Figura 10.43: Calzando el balasto incorrectamente, al centro de la vía férrea.

Figura 10.44: Tipo de falla que presentan los durmientes cuando el balasto ha sido calzado en el centro de la vía.

Debido a este procedimiento constructivo el diagrama de cuerpo libre para la bajada de cargas hacia la subestructura de la vía férrea puede estimarse como se muestra a continuación:

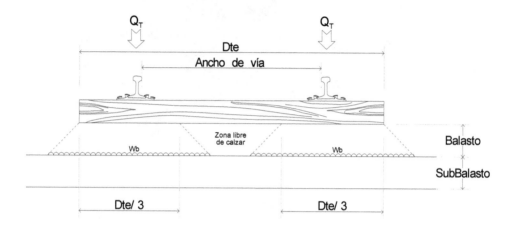

Figura 10.45: Bajada de cargas desde la rueda hasta la subestructura

De tal forma que la superficie de contacto entre el durmiente y la capa de balasto será, en realidad:

$$F = a \cdot {Dte}/{3}$$
Ecuación 10.22.

Donde:

F = Superficie de contacto entre los durmientes y el balasto [cm²] (bajo un solo hilo de riel).
a = Ancho del durmiente [cm]
Dte/3 = Un tercio de la longitud del durmiente [cm]

11 La continuidad de los rieles

Los rieles tradicionalmente se fabrican en longitudes de 30', 33', 39', 40' y 80' (9.14m, 10.06m, 11.89m, 12.19m y 24.38m, respectivamente) formando así los denominados rieles elementales. Los avances en las tecnologías para liberación de esfuerzos por temperatura y unión mediante soldadura de arco eléctrico originaron que, a partir de la segunda mitad del siglo XX, se pudiesen unir estos rieles elementales entre sí en fábricas para formar rieles con longitudes de 144 metros, 180 metros, 270 metros y 288 metros, obteniendo así los denominados largos rieles provisionales.

Sin embargo las líneas ferroviarias requieren vías férreas con longitudes de cientos y miles de kilómetros para cubrir sus itinerarios. Las estaciones, patios, laderos y vías industriales requieren que sus vías férreas tengan la extensión necesaria para satisfacer sus necesidades de almacenamiento, reciba y despacho de carros; así como distancias suficientes entre cambios de vía para que la logística en el movimiento de sus trenes sea la adecuada.

Para formar la secuencia requerida en las vías férreas los rieles, sean elementales o largos provisionales, deben unirse entre sí en sus extremos por medio de mecanismos adecuados que garanticen la circulación segura, confortable para los viajeros y con suficientes condiciones de equilibrio para las mercancías. Existen dos formas para dar continuidad a los rieles al construirse las vías férreas:

- Formar 'rieles emplanchuelados', mediante la unión embridada entre rieles.
- Formar 'largos rieles soldados', mediante la unión por soldadura de los rieles.

11.1 Rieles emplanchuelados

Los rieles emplanchuelados se logran al unir entre sí los extremos de dos rieles mediante el uso de planchuelas, de forma que coincidan sus ejes longitudinales, inmovilizando su posición tanto en el plano horizontal como en el vertical. Las planchuelas, que también son conocidas como bridas o eclisas, son elementos metálicos barrenados que se colocan en pares sujetando los extremos laterales de dos rieles contiguos, los cuales deberán estar también barrenados. El conjunto así formado (planchuela – riel – planchuela) se une rígidamente mediante el uso de tornillos que pasan a través de todo este.

Figura 11.1: Rieles unidos mediante planchuelas y tornillos

Las planchuelas son fabricadas en diversos tamaños, con distintos diámetros y separaciones entre barrenos para adecuarse a cada calibre de riel en específico; no obstante es muy común la necesidad de unir rieles de distintos calibres, en unión de vías antiguas con vías nuevas, en unión de vías principales con vías secundarias de menor tráfico, etcétera. En estos casos particulares, en donde un riel de cierto tamaño es contiguo a otro con diferentes dimensiones, se realiza la continuidad del riel mediante el uso de "planchuelas compromiso" que son fabricadas especialmente para unir los diferentes calibres de riel especificados.

Figura 11.2: Planchuelas compromiso uniendo rieles 90RA (a la izquierda) con rieles 133RE (a la derecha).

En los límites de los circuitos de vía donde deba garantizarse un aislamiento eléctrico entre rieles se utiliza un tipo especial de planchuela que se denomina "planchuela aislante" la cual está fabricada de forma que se interponen diversos espesores de materiales dieléctricos entre todas las superficies metálicas que pudieran estar en contacto. Además, en estos casos, la junta entre rieles se rellena con un perfil de bakelita cuya geometría debe ser idéntica a la del perfil de riel por unir y con el espesor requerido por la 'cala' (separación entre rieles contiguos), como se verá más adelante.

Figura 11.3: Planchuelas aisladas

11.1.1 Función de las planchuelas

Las principales funciones que debe cumplir una unión emplanchuelada son las siguientes:

- Garantizar la secuencia de los rieles para que estos funcionen como una viga continua en planta y perfil.
- Resistir los esfuerzos que le son transferidos por las ruedas del tren, tal cual como si se tratara del propio riel.
- Permitir los desplazamientos longitudinales en los rieles debidos a la contracción y expansión por los cambios de temperatura de estos.
- Impedir el movimiento transversal y vertical de la junta de rieles.

11.1.2 Clasificación de las planchuelas de acuerdo al calibre del riel

Como ya se ha mencionado, existen diversos tamaños de riel que se clasifican de acuerdo a su peso por unidad de longitud, valor que se denomina 'calibre del riel'; entre los diversos calibres de riel existen además diferencias de fábrica en cuanto a la posición y diámetros de sus barrenos. Atendiendo a esta última diferencia las planchuelas se deben fabricar en específico para cada tipo de riel, llegando a las dimensiones que se muestran en la siguiente tabla que, si bien no muestra la enorme gama de rieles existentes, menciona aquellos calibres que se emplean con más frecuencia en México.

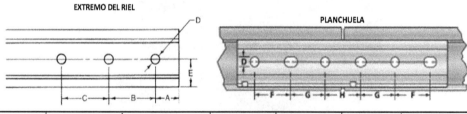

TIPO DE RIEL	BARRENACIÓN EN LOS RIELES					LONGITUD TOTAL		PESO POR PAR		BARRENACIÓN PLANCHUELA			
	A	B	C	D	E	4 BARR	6 BARR	4 BARR	6 BARR	D	F	G	H
	(PULGADAS)					(INCH)		(Libras)		(PULGADAS)			
70 ASCE	2-1/2	5	---	1	2-3/64	24	---	38.6	---	7/8	---	5	5-1/8
75 ASCE	2-3/8	5	---	1-1/8	2-15/128	24	---	40.7	---	1	---	5	5
80 ASCE	2-1/2	5	6	1-1/16	2-3/16	---	34	---	59.5	1-3/16	6	5	5-1/8
85 ASCE	2-1/2	5	---	1-1/16	2-17/264	24	---	47.5	---	1	---	5	5-1/8
90 ARA-A	2-1/2	5	6	1-1/8	2-37/64	---	34	---	92.4	1	6	5	5-1/8
90 ARA-B	2-29/64	5	6	1-1/4	2-11/32	---	32	---	72.0	1-5/32	6	5	5
100 ARA-A	2-11/16	5-1/2	---	1-3/16	2-3/4	24	---	58.5	---	1-5/32	---	5-1/2	5-1/2
100 ARA-B	2-11/16	5-1/2	---	1-3/16	2-65/128	24	---	58.5	---	1-1/8	---	5-1/2	5-1/2
100 AREA	2-1/2	6-1/2	---	1-3/16	2-31/32	24	---	66.9	---	1-1/8	---	6-1/2	5-1/8
110 AREA	2-3/4	5-1/2	---	1-3/16	2-53/64	26	---	75.1	---	1-1/8	---	5-1/2	5-1/2
112 AREA	2-1/2	6-1/2	6	1-3/16	2-7/8	24	36	75.1	99.8	1-1/8	6	6-1/2	5-1/2
115 AREA	3-1/2	6	6	1-3/16	2-7/8	24	36	62.6	99.8	1-1/16	6	6	7-1/8
132 AREA	3-1/2	6	6	1-5/16	3-3/32	24	36	71.0	106.5	1-7/16	6	6	7-1/8
136 AREA	3-1/2	6	6	1-5/16	3-3/32	24	36	71.0	106.5	1-7/16	6	6	7-1/8

Figura 11.4 y tabla 11.1: Nomenclatura y dimensiones para las planchuelas.

Nota importante: se deben verificar las dimensiones y posición de los barrenos directamente en campo, ya que pueden variar respecto a las mostradas en la tabla anterior.

11.1.3 Clasificación de las juntas entre rieles de acuerdo a su apoyo

Independientemente del calibre de riel al que estén uniendo, las juntas emplanchueladas se pueden clasificar de acuerdo a como están apoyadas al resto del emparrillado de la vía férrea. De acuerdo a este criterio se pueden identificar, en términos generales, tres tipos de juntas:

- Junta con apoyo simple
- Junta con apoyo doble
- Junta suspendida

La junta con apoyo simple ocurre cuando los dos rieles, justo en su unión emplanchuelada, están soportados por un mismo durmiente.

Figura 11.5: Junta emplanchuelada con apoyo simple

Al unir los rieles y apoyar la junta emplanchuelada justo sobre un durmiente se incrementa la rigidez para el riel en este punto, lo que acarrea que, dado el caso de desnivelaciones entre riel y riel, las ruedas del tren continuamente golpeen el hongo del riel que haya quedado más elevado. El durmiente reacciona a la rigidez de la unión, ocasionando que se mueva el balasto y con el riesgo de producir un falso apoyo justo debajo de la junta. Su ventaja es que imposibilita a la junta de rieles para moverse lateralmente.

La junta con apoyo doble ocurre cuando cada riel, justo en su unión emplanchuelada, está soportado por su respectivo durmiente.

Figura 11.6: Junta emplanchuelada con apoyo doble

Al darle este tipo de soporte a la junta emplanchuelada se evita que los rieles queden desnivelados entre sí; al igual que la junta con apoyo simple, se evitan los movimientos laterales pero se incrementa considerablemente la rigidez del conjunto rieles-planchuela-durmiente, lo que ocasiona que el balasto debajo de los durmientes fácilmente se pulverice y/o disgregue. Además se dificulta el calzado del balasto al ocupar tanto espacio ambos durmientes juntos.

La junta suspendida es aquella donde los durmientes continúan a su separación normal y se busca que justo la unión emplanchuelada no quede sobre ninguno de estos.

Figura 11.7: Junta emplanchuelada suspendida

Esta unión es elástica y, debido a este comportamiento, el desgaste en los extremos de ambos rieles es menor. El balasto justo debajo de la junta emplanchuelada es posible calzarlo de igual forma a los demás espacios entre durmientes, lo que garantiza un comportamiento más homogéneo de esta capa. Como se puede observar en la figura, debido a que la longitud de las planchuelas es mayor a la separación entre durmientes, la junta realmente trabaja como si estuviera 'semi-suspendida'.

Esta forma de apoyar las uniones emplanchueladas es la que se permite en el Sistema Ferroviario de la República Mexicana, a excepción de algunas juntas emplanchueladas de ciertos cambios de vía.

11.1.4 Clasificación de las juntas entre rieles de acuerdo a su posición respecto al otro hilo del riel

En función de su posición, respecto al otro hilo de rieles en el emparrillado de la vía férrea, las juntas emplanchueladas se pueden dividir en dos grupos:

- Juntas emplanchueladas alternadas: es el tipo de uniones que no están una frente a la otra, también pueden llamarse 'uniones a falsa escuadra' o 'uniones a tres-bolillo'. Lo ideal es que cada junta quede en el punto medio de las juntas del otro hilo.

Figura 11.8: Juntas emplanchueladas alternadas

- Juntas emplanchueladas a escuadra: se denominan así cuando las uniones en ambos hilos de rieles quedan justo una frente a la otra. En la figura 11.2 se puede ver un ejemplo de este tipo de juntas.

En el Sistema Ferroviario Mexicano las juntas emplanchueladas permitidas son las alternadas, debido a que los golpes de las ruedas del tren contra estas es menor a aquellas estando en escuadra.

11.1.5 Holgura entre rieles emplanchuelados

Al unir a los rieles elementales o a los largos rieles provisionales mediante planchuelas es necesario dejar una holgura entre ambos rieles de un mismo hilo para permitir la expansión y contracción que dichos rieles experimentaran debido a la variación de su temperatura. A esta holgura entre rieles se le denomina "cala" y para conocer la magnitud de dicho espaciamiento se puede hacer uso de la expresión expuesta en el capítulo "Análisis Mecánico de la Vía":

$$\Delta l = \alpha \cdot \Delta t \cdot L \qquad \text{Ecuación 11.1}$$

Donde:

Δl = variación de longitud en el riel [cm]
α = coeficiente de dilatación del acero, que vale entre 10.5×10^{-6} y 12×10^{-6}. [$1/^\circ$C]
Δt = diferencia entre la temperatura final y la temperatura inicial del riel [grados centígrados, $^\circ$C]

$\Delta t = t_1 - t_0$, donde t_1 es la temperatura final del riel y t_0 es la temperatura inicial del riel, [$^\circ$C]

L = longitud inicial del riel [cm]

Gracias a esta ecuación podemos observar que, conocida la característica propia del material para dilatarse, en este caso el acero, solo hará falta conocer la longitud total del riel para determinar que tanto podrá expandirse o contraerse cada uno para así determinar el espaciamiento necesario en la unión de dos rieles. La evaluación bajo este criterio, para mayor seguridad, considera que ambos rieles estarán en condiciones de dilatación libre despreciando la resistencia a los desplazamientos longitudinales que pueden ofrecer las fijaciones y/o las anclas de vía.

Figura 11.9: Termómetro imantado para conocer la temperatura del riel.

Resulta obvio que la temperatura que puede adquirir el riel depende de la temperatura ambiente, la cual es variable en las distintas ubicaciones geográficas y en las distintas horas del día. Por regla general la temperatura del acero es 10°C superior a la temperatura ambiente en épocas calurosas y unos 5°C menor a la temperatura ambiente en épocas de frio. Sin embargo, este criterio es una mera aproximación y lo más recomendable sería sondear las temperaturas que va adquiriendo el riel en distintos horarios, a diferentes horas, y en distintas épocas del año.

Los Ferrocarriles Nacionales de México, en su Reglamento de conservación de vías, para agilizar las labores de construcción, agruparon los rangos de temperatura para los rieles de acuerdo a las longitudes comerciales más comunes de los rieles elementales, y estableció, así, las "calas" necesarias para considerar en cada junta de rieles:

Temperatura del riel al momento de su colocación	"Cala" recomendada para la expansión	
	Rieles de 33' = 10.06 mts	Rieles de 39' = 11.89 mts
(°C)	(mm)	(mm)
-20 a 0	5	6
0 a 10	4	5
10 a 25	3	3
25 a 40	2	2
más de 40	0	0

Tabla 11.2: Holgura recomendada en juntas emplanchueladas, según los FNM.

No obstante los valores de la tabla anterior continúan siendo válidos en algunas zonas de la República Mexicana (la tabla se elaboró en el año 1966), en la actualidad, cuando ya se construyen vías férreas con juntas emplanchueladas a partir de rieles elementales con longitudes de hasta 80' (24.38 mts), o a partir de largos rieles provisionales, y aunado a que las condiciones climatológicas han sufrido grandes variaciones, es recomendable revisar el valor de las calas para las condiciones particulares de cada obra en cada región geográfica.

Los desplazamientos ocasionados por la dilatación térmica de los rieles son absorbidos por las calas en las juntas de los rieles, pero, en la vía férrea con fijación plástica los esfuerzos se ven disminuidos gracias al empleo de las anclas de vía las cuales fuerzan al riel a mantenerse en su lugar usando al peso de los durmientes y del balasto como elemento de amarre. En la vía férrea con fijación elástica se espera que las grapas de sujeción y las placas de hule resistan los desplazamientos longitudinales para transmitirlos directamente a los durmientes y estos últimos al balasto, en el cual todo el emparrillado de la vía se supone debe estar trabado. Es por esto que las placas de asiento elásticas cuentan con un entramado en su superficie.

Figura 11.10: Vía férrea con fijación plástica (clavo, placa y ancla). Obsérvese la marca que el ancla va dejando en el patín del riel debido a los desplazamientos longitudinales del riel por dilatación térmica.

11.2 Largos rieles soldados

No obstante las grandes mejoras y controles de calidad para las planchuelas y tornillos, las juntas de riel siempre han sido el punto débil de la vía férrea. A partir de la segunda mitad del siglo XX, gracias a las mejoras tecnológicas en los durmientes, la fijación elástica y la soldadura se han podido construir vías férreas prácticamente sin juntas, lo que ha redundado en mejoras importantes en cuanto a la velocidad de operación, el confort de los viajeros, un mejor equilibrio de las mercancías y la reducción de costos para mantenimiento.

Figura 11.11: Línea I, Irapuato – Manzanillo, entre Guadalajara y Sayula. Ejemplo de vía férrea construida con Largos Rieles Soldados, nótese la ausencia de planchuelas.

Los largos rieles soldados (LRS) se logran al unir entre sí los extremos de dos rieles (ya sean elementales o largos provisionales) mediante el uso soldadura alumino-térmica o soldadura eléctrica por resistencia (que también se conoce como 'soldadura por chisporroteo'), que se aplican directamente en campo; la primera por medios manuales y la segunda por medios mecánicos haciendo uso del camión soldador.

Previo a esto el riel se fabrica en la planta acerera en las longitudes comerciales requeridas para los rieles elementales, como ya se ha mencionado. Los rieles elementales se transportan a las plantas soldadoras donde, por medio de soldadura eléctrica por resistencia, se forman los largos rieles provisionales. Este tipo de soldadura sigue, a grandes rasgos, el proceso que se describe a continuación:

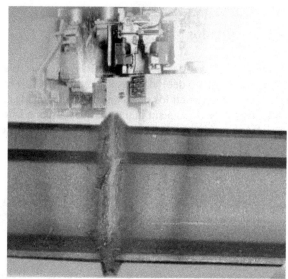

Figura 11.12: Soldando por 'chisporroteo' dos rieles elementales en planta. Imagen tomada de Geismar.com.

- Se acomodan dos rieles longitudinalmente, haciendo que coincidan en su sección transversal dentro de la máquina soldadora, y se hace pasar a través de ellos una corriente eléctrica de pequeño voltaje y muy alta intensidad que ocasiona el calentamiento del acero en los extremos de cada riel hasta que se obtenga una temperatura de 800 °C.
- A continuación los rieles se separan una pequeña distancia y se vuelven a unir aplicando presión sucesivamente en repetidas ocasiones en los extremos. Los arcos eléctricos que se producen debido a esto aumentan la resistencia al paso de la corriente y se obtiene subir la temperatura de los extremos hasta los 1.500°C.
- En esta temperatura el acero en los extremos de los rieles adquiere una consistencia dúctil y se les aplica una última presión, de 50 toneladas, para que se fusionen uno con otro.
- En la misma posición, dentro de la máquina, por medios mecánicos se retiran las rebabas de acero y se esmerila el riel para lograr el perfilado propio de la geometría en cada calibre y tipo de riel.

Figura 11.13: Apariencia final de dos rieles soldados por resistencia eléctrica o chisporroteo.

Una vez que se han formado los largos rieles provisionales estos se transportan hacia el sitio de construcción por medio de 'trenes rieleros' cuyos vagones son plataformas planas adaptadas para que lateralmente contengan las pilas de rieles, pero longitudinalmente estos puedan cruzar de una plataforma a otra.

Los largos rieles provisionales, al tener una esbeltez tan grande (su longitud, de hasta 288 metros, es muchísimo mayor a su sección transversal) adquieren la forma que tiene la geometría de la vía mientras el tren va circulando sobre de esta. Cuando se llega al sitio de construcción estos rieles pueden descargarse directamente sobre los durmientes previamente colocados y espaciados, o bien a un costado de su emplazamiento final para su posterior colocación.

Figura 11.14: Colocando los largos rieles provisionales directamente sobre los durmientes en su posición final.

Una vez instalados los largos rieles provisionales en la vía férrea se unen unos con otros mediante soldadura por chisporroteo o soladura alumino-térmica, para así formar un solo gran riel, llamado largo riel soldado, en cada hilo del emparrillado de la vía férrea, con grandes longitudes que pueden llegar a sumar decenas o centenas de kilómetros dependiendo de que el tramo esté libre de conexiones o derivaciones hacia otras vías, obras de infraestructura tales como puentes, o el inicio de otro tramo de la misma vía que aun esté constituida por rieles sin soldar.

Es práctica común en los ferrocarriles, antes de realizar la soldadura en campo entre dos largos rieles soldados, dejarlos instalados de manera provisional, unidos mediante planchuelas, y permitir la circulación con restricciones, con fines de garantizar la seguridad, de cierta cantidad de trenes que lleguen a sumar un tránsito de hasta 100,000 toneladas para que la vía se asiente y adquiera su acomodo definitivo.

Posterior a la circulación de este tránsito se lleva a cabo el procedimiento denominado 'Liberación de esfuerzos por temperatura' en los largos rieles soldados y, finalmente, realizar la unión entre estos para formar los hilos continuos de longitudes kilométricas.

11.2.1 Fuerzas longitudinales presentes en los largos rieles soldados

En los largos rieles soldados, como se menciona en el capítulo 'Análisis Mecánico de la Vía", el esfuerzo longitudinal que más importancia y magnitud adquiere es aquel ocasionado por las dilataciones o contracciones térmicas.

Los rieles, al sufrir los cambios de temperatura ambiente, sufren variaciones en su longitud que tienden a querer desplazar todo el conjunto del emparrillado de la vía férrea, a este desplazamiento se opone el propio peso del emparrillado y el balasto dentro de los espacios intermedios entre durmientes (llamados 'cajones de balasto' en el argot ferrocarrilero).

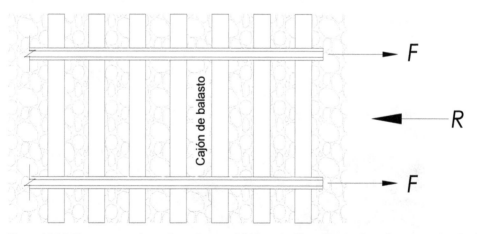

Figura 11.15: Fuerza generada por los esfuerzos debidos a la dilatación térmica y la resistencia ofrecida por la vía.

Ya se ha mencionado en el capítulo "Análisis Mecánico de la Vía", y a principios de este, que en condiciones de dilatación libre un riel tendrá variaciones en su longitud de acuerdo a la siguiente ecuación:

$$\Delta l = \alpha \cdot \Delta t \cdot L \qquad \text{Ecuación 11.1}$$

Donde:

Δl = variación de longitud en el riel [cm]
α = coeficiente de dilatación del acero, que vale entre 10.5×10^{-6} y 12×10^{-6}. [1/°C]
Δt = diferencia entre la temperatura final y la temperatura inicial del riel [grados centígrados, °C]

$\Delta t = t_1 - t_0$, donde t_1 es la temperatura final del riel y t_0 es la temperatura inicial del riel, [°C]

L = longitud inicial del riel [cm]

Esta variación de longitud también puede ser expresada, de acuerdo a la ley de Hooke, por la siguiente ecuación:

$$\Delta l = \frac{F \cdot L}{E \cdot S} \qquad \text{Ecuación 11.2}$$

Donde:

Δl = variación de longitud en el riel [cm]
F = Fuerza en la sección transversal del riel debido a la variación de su longitud [Kg]
L = longitud inicial del riel [cm]
E = Módulo de elasticidad del acero, se acepta un valor medio de 2,100,000.00 kg/cm².
S = Área de la sección transversal del riel [cm²]

Al sustituir el valor de Δl, de la primera a la segunda ecuación mencionada tenemos:

$$\frac{F \cdot L}{E \cdot S} = \alpha \cdot \Delta t \cdot L$$

Y despejando F, obtendremos:

$$F = \alpha \cdot \Delta t \cdot E \cdot S \qquad \text{Ecuación 11.3}$$

Que es la ecuación donde obtendremos la magnitud de la fuerza que es necesario anular para eliminar los efectos de la dilatación por temperatura, para un solo riel.

Como el emparrillado de la vía consta de dos hilos de riel, la fuerza total actuante debida a los efectos de la dilatación térmica es:

$$F = 2(\propto \cdot \Delta t \cdot E \cdot S) \qquad \text{Ecuación 11.4}$$

Donde:

F = Fuerza en la sección transversal del riel debido a la variación de su longitud [Kg]
α = coeficiente de dilatación del acero, que vale entre 10.5×10^{-6} y 12×10^{-6}. [1/°C]
Δt = diferencia entre la temperatura final y la temperatura inicial del riel [grados centígrados, °C]
E = Módulo de elasticidad del acero, se acepta un valor medio de 2,100,000.00 kg/cm².
S = Área de la sección transversal del riel [cm²]

La reacción que se opondrá a que esta fuerza desplace sin restricción al conjunto de la vía debido a la dilatación térmica de los dos hilos del riel será aquella que ofrezca el peso propio del emparrillado de la vía más el balasto dentro de los espacios intermedios entre durmientes. Esta suposición es válida para las vías férreas con fijación elástica, la cual transmite de manera muy adecuada los esfuerzos longitudinales actuantes en la vía hacia los durmientes y estos últimos hacia el balasto dentro de los cajones. La fijación clásica que, como ya se ha mencionado, tiene un comportamiento plástico, no es recomendable para usarse en vías férreas construidas con largos rieles soldados debido a que la fuerza de dilatación suele exceder la capacidad de amarre que las anclas pueden otorgar (ver figura 11.10).

En las siguientes tablas se muestran los pesos por metro lineal de diversos arreglos para vías férreas con los calibres de riel más comunes empleados en el Sistema Ferroviario Mexicano, así como en laderos, patios y espuelas industriales particulares.

PESOS PARA 1 KILÓMETRO DE VÍA FÉRREA ELÁSTICA CON DIVERSOS CALIBRES DE RIEL			SOBRE DURMIENTE 7"x9"x9' MADERA SUAVE				
			CALIBRE DEL RIEL EN LB/YD				
ELEMENTO DEL EMPARRILLADO	CANTIDAD EN 1 KM DE VÍA	UNIDAD	100	110	112	115	136
			PESO EN KILOGRAMOS				
Riel	2,000	ML	93,820	103,202	105,078	107,893	127,595
Fijación riel-durmiente	2,000	JGO	20,000	20,000	20,000	20,000	20,000
Durmiente	2,000	PZA	122,000	122,000	122,000	122,000	122,000
Balasto en cajones	260	M3	494,000	494,000	494,000	494,000	494,000
PESO TOTAL PARA 1 KILÓMETRO DE VÍA (KG) =			729,820	739,202	741,078	743,893	763,595
PESO UNITARIO POR METRO LINEAL (KG/M) =			729.82	739.20	741.08	743.89	763.60

Tabla 11.3: Peso por metro lineal de vía con durmientes de madera suave.

PESOS PARA 1 KILÓMETRO DE VÍA FÉRREA ELÁSTICA CON DIVERSOS CALIBRES DE RIEL			SOBRE DURMIENTE 7"x9"x9' MADERA DURA				
			CALIBRE DEL RIEL EN LB/YD				
ELEMENTO DEL EMPARRILLADO	CANTIDAD EN 1 KM DE VÍA	UNIDAD	100	110	112	115	136
			PESO EN KILOGRAMOS				
Riel	2,000	ML	93,820	103,202	105,078	107,893	127,595
Fijación riel-durmiente	2,000	JGO	20,000	20,000	20,000	20,000	20,000
Durmiente	2,000	PZA	150,000	150,000	150,000	150,000	150,000
Balasto en cajones	260	M3	494,000	494,000	494,000	494,000	494,000
PESO TOTAL PARA 1 KILÓMETRODE VÍA (KG) =			757,820	767,202	769,078	771,893	791,595
PESO UNITARIO POR METRO LINEAL (KG/M) =			757.82	767.20	769.08	771.89	791.60

Tabla 11.4: Peso por metro lineal de vía con durmientes de madera dura.

PESOS PARA 1 KILÓMETRO DE VÍA FÉRREA ELÁSTICA CON DIVERSOS CALIBRES DE RIEL			SOBRE DURMIENTE BIBLOQUE CONCRETO				
			CALIBRE DEL RIEL EN LB/YD				
ELEMENTO DEL EMPARRILLADO	CANTIDAD EN 1 KM DE VÍA	UNIDAD	100	110	112	115	136
			PESO TOTAL EN KILOGRAMOS				
Riel	2,000	ML	93,820	103,202	105,078	107,893	127,595
Fijación riel-durmiente	1,667	JGO	16,670	16,670	16,670	16,670	16,670
Durmiente	1,667	PZA	233,380	233,380	233,380	233,380	233,380
Balasto en cajones	295	M3	560,500	560,500	560,500	560,500	560,500
PESO TOTAL PARA 1 KILÓMETRODE VÍA (KG) =			904,370	913,752	915,628	918,443	938,145
PESO UNITARIO POR METRO LINEAL (KG/M) =			904.37	913.75	915.63	918.44	938.15

Tabla 11.5: Peso por metro lineal de vía con durmientes bi-bloque de concreto

PESOS PARA 1 KILÓMETRO DE VÍA FÉRREA ELÁSTICA CON DIVERSOS CALIBRES DE RIEL			SOBRE DURMIENTE MONOLÍTICO CONCRETO				
			CALIBRE DEL RIEL EN LB/YD				
ELEMENTO DEL EMPARRILLADO	CANTIDAD EN 1 KM DE VÍA	UNIDAD	100	110	112	115	136
			PESO TOTAL EN KILOGRAMOS				
Riel	2,000	ML	93,820	103,202	105,078	107,893	127,595
Fijación riel-durmiente	1,667	JGO	16,670	16,670	16,670	16,670	16,670
Durmiente	1,667	PZA	533,440	533,440	533,440	533,440	533,440
Balasto en cajones	288	M3	547,200	547,200	547,200	547,200	547,200
PESO TOTAL PARA 1 KILÓMETRODE VÍA (KG) =			1,191,130	1,200,512	1,202,388	1,205,203	1,224,905
PESO UNITARIO POR METRO LINEAL (KG/M) =			1,191.13	1,200.51	1,202.39	1,205.20	1,224.91

Tabla 11.6: Peso por metro lineal de vía con durmientes monolíticos de concreto

El peso de la vía férrea será, entonces, la resistencia que se opone a los movimientos que la dilatación térmica en los rieles le provoca. Si esta resistencia se ve superada por la fuerza de dilatación la vía férrea sufrirá pandeos en su alineamiento transversal al expandirse el riel en las épocas más calurosas del año; por el contrario, en las épocas más frías del año, la fuerza debida a la contracción puede provocar que el riel se rompa.

Figura 11.16: Vía pandeada debido a la expansión de los LRS en época calurosa.

Figura 11.17: Riel roto debido a la contracción de los LRS en época de frio.

En un punto cualquiera, que se localice a una distancia 'L' del inicio de la vía construida con largos rieles soldados (LRS), la resistencia que ofrece la vía férrea se puede expresar como:

$$R = r \cdot L \qquad \text{Ecuación 11.5}$$

Donde:

R = Resistencia que ofrece la vía [Kg]
r = Peso unitario de la vía [Kg/m]
L = Distancia a un punto cualquiera, desde el inicio de los LRS [m]

11.2.2 La 'inestabilidad' de la vía férrea

Como es fácil notar en las tablas 11.3 a 11.6, a mayor calibre de riel se incrementa el peso unitario por metro lineal de vía férrea, sin embargo el elemento del emparrillado que más incide en incremento de este peso unitario es el durmiente; la magnitud del peso del balasto es importante, pero es un elemento constante independientemente de que elementos constituyan el emparrillado de la vía. Como se puede ver el peso de balasto por kilómetro de vía es el mismo para emparrillados de vía sobre durmientes de madera 'suave', como para aquellos que estén sobre durmientes de madera 'dura'. Inclusive el peso de balasto es mayor para los durmientes de concreto bi-block que para los durmientes monolíticos de concreto, situación obvia ya que el bi-bloque permite más volumen de balasto entre sus cajones.

A propósito de estas observaciones, en el siglo XX, la asociación de ferrocarriles franceses SCNF ("Société Nationale des Chemins de fer Français", en español: "Sociedad Nacional de Ferrocarriles Franceses") desarrolló una ecuación que, involucrando a la masa del riel, el peso de los durmientes y la separación entre estos, sirve para estimar la 'inestabilidad de la vía':

$$I = 100 \cdot \frac{2W}{\left(2W + \frac{P}{d}\right)^2} \qquad \text{Ecuación 11.6}$$

Donde:

I = Índice de inestabilidad
W = Calibre del riel [Kg/m]
P = Peso de un durmiente [Kg]
d = separación entre durmientes [m]

Ecuación en la cual se cumple que, a mayor peso por metro lineal de riel y a mayor peso por pieza de durmiente, menor será la inestabilidad de la vía férrea.

11.2.3 'Longitud de respiración' y 'zona neutra' en los LRS

Para anular la fuerza que los efectos de la dilatación térmica en los rieles provoca a la vía férrea y evitar que esta se pandee debido a la expansión o sus rieles se rompan debido a la contracción, la reacción ofrecida por la vía debe ser igual a la fuerza originada por las manifestaciones térmicas:

$$R = F$$

Entonces, podemos igualar a la ecuación 11.4 con el valor de la ecuación 11.5:

$$r \cdot L = 2(\propto \cdot \Delta t \cdot E \cdot S)$$

Al despejar a la longitud 'L' y denominar a esa longitud 'L_R', obtendremos:

$$L_R = \frac{2(\propto \cdot \Delta t \cdot E \cdot S)}{r} \qquad \text{Ecuación 11.7}$$

Donde:

L_R = Longitud de respiración [cm]
α = coeficiente de dilatación del acero, que vale entre 10.5×10^{-6} y 12×10^{-6}. [$1/°C$]
Δt = diferencia entre la temperatura final y la temperatura inicial del riel [grados centígrados, °C]
E = Módulo de elasticidad del acero, se acepta un valor medio de 2,100,000.00 kg/cm².
S = Área de la sección transversal del riel con el que cuenta la vía férrea [cm²]
r = Peso unitario de la vía [Kg/cm]

La 'longitud de respiración' representa aquella zona del largo riel soldado donde, partiendo desde un origen imaginario y arbitrario que no esté unido a otro riel, los esfuerzos por dilatación térmica comienzan a actuar y se van incrementando hasta llegar a un punto donde son equilibrados por la resistencia que ofrece el peso de la vía férrea cuando esta tiene la suficiente longitud para anularlos.

Al punto donde la resistencia de la vía férrea anula a los esfuerzos térmicos se le conoce como 'punto de equilibrio'; y la región comprendida entre dos puntos de equilibrio para un largo riel soldado se conoce como 'zona neutra'. En la zona neutra el riel ya no se contrae ni se expande, se encuentra en un estado de esfuerzos (tensión o compresión) equilibrados entre los efectos térmicos y el peso de la vía férrea.

Dicho esfuerzo se puede cuantificar al dividir la fuerza actuante en el riel entre la sección transversal de este:

$$\sigma = \frac{F}{S} \qquad \text{Ecuación 11.8}$$

Donde:

σ = Esfuerzo que actua en el riel [Kg/cm²]
F = Fuerza en la sección transversal del riel debido a la variación de su longitud [Kg]
S = Área de la sección transversal del riel con el que cuenta la vía férrea [cm²]

Al sustituir el valor de F, obtenido en la ecuación 11.3, dentro de la ecuación 11.8, obtendremos:

$$\sigma = \frac{\propto \cdot \Delta t \cdot E \cdot S}{S}$$

Para llegar finalmente a la ecuación:

$$\sigma = \propto \cdot \Delta t \cdot E \qquad\qquad \text{Ecuación 11.9}$$

Donde:

σ = Esfuerzo que actua en el riel [Kg/cm²]
α = coeficiente de dilatación del acero, que vale entre 10.5×10^{-6} y 12×10^{-6}. [1/°C]
Δt = diferencia entre la temperatura final y la temperatura inicial del riel [grados centígrados, °C]
E = Módulo de elasticidad del acero, se acepta un valor medio de 2,100,000.00 kg/cm².

Representando los esfuerzos a los que es sometido un largo riel soldado en una gráfica se obtendría un comportamiento como el siguiente:

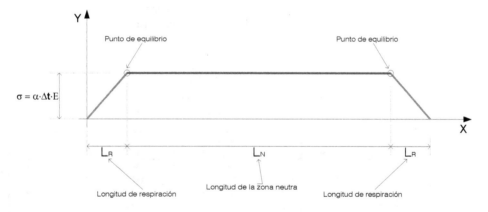

Figura 11.18: Distribución de esfuerzos en un largo riel soldado entre dos puntos libres para dilatarse.

Donde se representa, en el eje de las x's a la longitud que va adquiriendo el largo riel soldado y, en el eje de las y's los esfuerzos que se van presentando dentro de la masa del riel.

En la gráfica podemos observar cómo, partiendo desde un origen arbitrario donde se considere que el largo riel soldado está libre para expandirse o contraerse, se presenta un rápido aumento en la magnitud de los esfuerzos, ya que la longitud de la vía férrea aún no es la suficiente como para que su peso los contenga, hasta que se llega al punto de equilibrio. La distancia entre el origen y el punto de equilibrio se denomina, como ya lo mencionamos, longitud de respiración.

A partir del punto de equilibrio la longitud del largo riel soldado es lo suficiente como para que la vía cumpla el peso necesario y contenga las fuerzas térmicas en el riel, por lo tanto la magnitud de esfuerzos permanece constante hasta llegar al siguiente punto de equilibrio, habiendo recorrido la totalidad de la zona neutra.

Desde este segundo punto de equilibrio, y hasta el final del largo riel soldado, los esfuerzos decrecen con la misma rapidez que se presentaron al inicio ya que en este extremo se considera que el LRS también es libre de expandirse o contraerse.

Como podemos observar, la longitud de respiración variará de acuerdo a las características propias de cada vía férrea en estudio (la sección transversal del riel, que se obtiene a partir del calibre de riel con el que cuente la vía, y el peso unitario de la vía férrea, cuyo parámetro más importante, como ya lo vimos, es el tipo de durmiente sobre de los cuales se haya construido esta) así como por la oscilación térmica a la que se vea sometido el riel.

Como se mencionó previamente en este capítulo, por regla general y como criterio aproximado, la temperatura del acero es 10°C superior a la temperatura ambiente en épocas calurosas y unos 5°C menor a la temperatura ambiente en épocas de frio. Debido a esto en México existen zonas geográficas donde la temperatura ambiente a lo largo de un año puede llevar a que los rieles sufran oscilaciones térmicas de entre $\Delta t = 40°C$ y $\Delta t = 50°C$. Por lo tanto, en las siguientes tablas, considerando el valor medio para el módulo de elasticidad del acero ($E=2,100,000.00$ kg/cm²) y del coeficiente de dilatación para este material (11.25×10^{-6} 1/°C), se obtienen las longitudes de respiración para los distintos calibres de riel más comúnmente empleados en el Sistema Ferroviario Mexicano, sobre diferentes tipos de durmientes, al aplicar la ecuación 11.7.

PARA VÍAS FÉRREAS DONDE EL RIEL ESTÉ SUJETO A UNA OSCILACIÓN TÉRMICA ANUAL DE 40°C								
DATOS DEL RIEL		Vía con durmientes 7"x9"x9' madera 'suave'		Vía con durmientes 7"x9"x9' madera 'dura'		Vía con durmientes bi-bloque de concreto		Vía con durmientes monolíticos de concreto	
Calibre y tipo de riel	Área sección S (cm²)	r (kg/cm)	L$_R$ (m)	r (kg/cm)	L$_R$ (m)	r (kg/cm)	L$_R$ (m)	r (kg/cm)	L$_R$ (m)
100 RE	64.19	7.30	166.23	7.58	160.09	9.04	134.15	11.91	101.85
100 RA	63.48	7.30	164.39	7.58	158.32	9.04	132.66	11.91	100.73
100 RB	63.55	7.30	164.57	7.58	158.49	9.04	132.81	11.91	100.84
110 RE	69.81	7.39	178.49	7.67	171.98	9.14	144.39	12.01	109.90
112 RE	71.03	7.41	181.15	7.69	174.55	9.16	146.62	12.02	111.65
115 RE	72.65	7.44	184.58	7.72	177.89	9.18	149.50	12.05	113.93
136 RE	86.52	7.64	214.15	7.92	206.57	9.38	174.30	12.25	133.50
140 RE	89.03	7.67	219.28	7.95	211.56	9.42	178.65	12.29	136.95

Tabla 11.7: Longitud de respiración en los extremos de un largo riel soldado para diversos calibres de riel según el durmiente con el que cuente la vía férrea. Oscilación térmica en el riel de 40°C.

PARA VÍAS FÉRREAS DONDE EL RIEL ESTÉ SUJETO A UNA OSCILACIÓN TÉRMICA ANUAL DE 50°C									
DATOS DEL RIEL		Vía con durmientes 7"x9"x9' madera 'suave'		Vía con durmientes 7"x9"x9' madera 'dura'		Vía con durmientes bi-bloque de concreto		Vía con durmientes monolíticos de concreto	
Calibre y tipo de riel	Área sección S (cm²)	r (kg/cm)	L_R (m)	r (kg/cm)	L_R (m)	r (kg/cm)	L_R (m)	r (kg/cm)	L_R (m)
100 RE	64.19	7.30	207.79	7.58	200.11	9.04	167.68	11.91	127.32
100 RA	63.48	7.30	205.49	7.58	197.90	9.04	165.83	11.91	125.91
100 RB	63.55	7.30	205.72	7.58	198.12	9.04	166.01	11.91	126.05
110 RE	69.81	7.39	223.11	7.67	214.97	9.14	180.49	12.01	137.38
112 RE	71.03	7.41	226.44	7.69	218.19	9.16	183.27	12.02	139.56
115 RE	72.65	7.44	230.73	7.72	222.36	9.18	186.88	12.05	142.41
136 RE	86.52	7.64	267.68	7.92	258.22	9.38	217.88	12.25	166.87
140 RE	89.03	7.67	274.10	7.95	264.45	9.42	223.31	12.29	171.19

Tabla 11.8: Longitud de respiración en los extremos de un largo riel soldado para diversos calibres de riel según el durmiente con el que cuente la vía férrea. Oscilación térmica en el riel de 50°C.

Es importante notar como, independientemente de la longitud total que pueda alcanzar el largo riel soldado, se obtendrá siempre el mismo valor para la longitud de respiración; dependiendo esta magnitud únicamente del valor que va adquiriendo la oscilación térmica y el peso por unidad de longitud de la vía férrea.

Respecto a la oscilación térmica se pone de manifiesto, al observar las tablas 11.7 y 11.8, que al variar 10°C en esta arroja diferencias en las longitudes de respiración de entre 30 y 70 metros; lo que hace énfasis en lo importante que es conocer con una muy buena aproximación las temperaturas que puede adquirir el riel en distintos horarios y distintas épocas del año.

En relación ahora al peso por unidad de longitud de la vía férrea se reitera la importancia que implica el contar con vías cada vez más estables en base a su peso propio; podemos observar que la longitud de respiración varía entre 80 y 100 metros entre una vía construida con durmientes de concreto monolítico y una vía construida con durmientes de madera suave.

En todo caso, el criterio general será siempre contar con vías férreas que cuenten con una longitud neutra cada vez mucho mayor para incrementar la seguridad en estas, evitando pandeos y/o rupturas en los rieles.

11.2.4 Análisis de las deformaciones en el LRS

Ya hemos visto como el esfuerzo debido a la fuerza térmica es mayor que la resistencia de la vía en la longitud de respiración y, debido a esto, esta es la zona del largo riel soldado que se dilata y por ende tiene variaciones en su longitud.

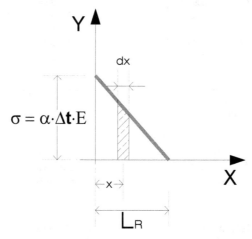

Figura 11.19: Análisis de un elemento diferencial del LRS

Al analizar una de las zonas de respiración de la figura 11.18 y calcular el desplazamiento correspondiente a una rebanada dx a la distancia x desde el punto de equilibrio podremos conocer matemáticamente el comportamiento para deformarse de ese extremo del largo riel soldado.

El esfuerzo en el riel a la distancia x será, entonces:

$$y = \sigma \cdot \frac{x}{L_R}$$

Que equivale a:

$$y = \alpha \cdot \Delta t \cdot E \cdot \frac{x}{L_R}$$

Por otra parte, si denominamos a Δl como la variación en la longitud, tenemos:

$$y = E \cdot \frac{d\Delta l}{dx}$$

Al igualar ambas expresiones nos da:

$$\alpha \cdot \Delta t \cdot E \cdot \frac{x}{L_R} = E \cdot \frac{d\Delta l}{dx}$$

Al simplificar y despejar para Δl, obtendremos:

$$d\Delta l = \frac{\alpha \Delta t}{L_R} \cdot x \, dx$$

$$\Delta l = \int \frac{\alpha \Delta t}{L_R} \cdot x \, dx$$

Para llegar finalmente a la ecuación:

$$\Delta l = \frac{\alpha \Delta t}{L_R} \cdot \frac{x^2}{2} \qquad \text{Ecuación 11.10}$$

Que nos dará como resultado el deslazamiento en cualquier región del largo riel soldado a una distancia X desde el punto de equilibrio. Donde:

Δl = Variación en la longitud [m]
α = coeficiente de dilatación del acero, que vale entre 10.5×10^{-6} y 12×10^{-6}. [1/°C]
Δt = diferencia entre la temperatura final y la temperatura inicial del riel [grados centígrados, °C]
L_R = Longitud de respiración [m]
x = Distancia desde el punto de equilibrio a cualquier otro punto del LRS [m]

Cuando la distancia 'x' adquiera el valor total de la longitud de respiración 'L_R' obtendremos:

$$\Delta l = \frac{\alpha \Delta t}{L_R} \cdot \frac{(L_R)^2}{2}$$

$$\Delta l = \frac{\alpha \cdot \Delta t \cdot L_R}{2}$$

Ecuación 11.11

Ecuación que, como vemos, es justo la mitad del valor que arroja la ecuación 11.1, ya que se toma en cuenta que el otro extremo del riel en la longitud de respiración está impedido para dilatarse debido a la resistencia que le ofrece el peso de la vía.

El comportamiento de las deformaciones, comparado con el comportamiento de los esfuerzos, en la longitud del largo riel soldado se puede graficar como sigue:

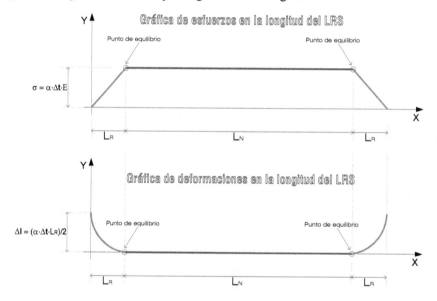

Figura 11.20: Distribución de esfuerzos y deformaciones en un largo riel soldado entre dos puntos libres para dilatarse.

En ambas graficas se representa, en el eje de las x's a la longitud que va adquiriendo el largo riel soldado. En la primer gráfica, en el eje de las y's, se muestran los esfuerzos que se van presentando dentro de la masa del riel; y en la segunda gráfica las deformaciones que va adquiriendo este.

Nótese como en la longitud entre los dos puntos de equilibrio, la zona neutra, se mantiene un estado constante de esfuerzos pero cero deformaciones, las cuales se manifiestan únicamente en las zonas de respiración.

11.2.5 Liberación de esfuerzos para formar los LRS

Como ya lo hemos mencionado, antes de unir a los largos rieles soldados y formar así una continuidad de varios kilómetros de riel en la vía férrea, es necesario liberar los esfuerzos que se presentan por efectos de la dilatación térmica, que alcanzan las magnitudes ya expuestas.

El proceso de liberación de esfuerzos en los largos rieles soldados tiene por objeto asegurar que el riel se instalará definitivamente con la longitud correspondiente a su temperatura media, de forma que los esfuerzos de tensión y compresión estén equilibrados para evitar roturas (causadas por la tensión) o pandeos (causados por la compresión).

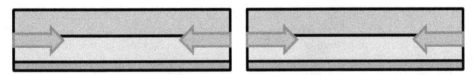

Figura 11.21: Esfuerzos internos de compresión generados cuando el riel se expande. Pueden causar el pandeo del riel.

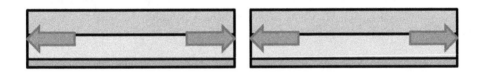

Figura 11.22: Esfuerzos internos de tensión generados cuando el riel se contrae. Pueden causar la rotura del riel

La temperatura para liberación de esfuerzos, también llamada 'temperatura de neutralización', se define como la temperatura media del riel (que se obtiene al promediar la temperatura máxima y mínima que puede adquirir el riel en cada uno de los emplazamientos geográficos donde se localice) más un factor de seguridad de 5°C. Matemáticamente:

$$T_{LIB} = \frac{(T_{MAX} + T_{MIN})}{2} + 5°C \qquad\qquad \text{Ecuación 11.12}$$

Donde:

T_{LIB} = Temperatura para liberación de esfuerzos [°C]
T_{MAX} = Temperatura máxima que puede adquirir el riel [°C]
T_{MIN} = Temperatura mínima que puede adquirir el riel [°C]

La razón para incrementar en 5°C a la temperatura de liberación de esfuerzos respecto a la temperatura media del riel es debido a preferir estar del lado de la seguridad respecto a las compresiones que a las tensiones, ya que es más fácil corregir una vía pandeada a un riel roto.

Lograr la liberación de esfuerzos implica que el riel, al momento de iniciar el proceso, se encuentre a una temperatura menor a la temperatura para liberación de esfuerzos y realizar un 'alargamiento' controlado del riel conforme va aumentando su temperatura.

Cuando el riel alcance la longitud correspondiente a su temperatura para liberación de esfuerzos se considera que estos han sido neutralizados.

Para efectos prácticos, cuando se realiza el procedimiento en vías ya asentadas (habiendo circulado la cantidad de toneladas indicadas por el operador del ferrocarril y/o agencia reguladora de la zona), se escogen los puntos extremos de una barra, los cuales se llamarán 'puntos fijos', se mide la temperatura del riel en el momento (T_P), se calcula su temperatura de liberación (T_{LIB}) y se obtiene la longitud del riel que vaya a expandirse. Adaptando la ecuación 11.1 tenemos:

$$\Delta l = \alpha \cdot (T_{LIB} - T_P) \cdot L$$

A esta longitud por expandir se le suma el espacio que será ocupado finalmente por la soldadura que unirá a ambas barras ("cala"), el cual es, por lo general, 2.54 cm (es importante consultar al fabricante de la soldadura para establecer el valor exacto requerido); entonces el tramo de riel por cortar será igual a:

$$Corte = \Delta l + cala$$

Donde:

Δl = longitud que expandirá el riel [cm]
Corte = Tramo de riel por cortar (cm)
α = coeficiente de dilatación del acero, que vale entre 10.5×10^{-6} y 12×10^{-6}. [1/°C]
T_{LIB} = Temperatura para liberación de esfuerzos [°C]
T_P = Temperatura actual del riel [°C]
L = Longitud total entre 'puntos fijos'
"cala" = espacio necesario para la soldadura [cm] (generalmente 2.54 cm).

Una vez realizado el corte se procede a estirar el riel de manera controlada hasta que alcance la longitud expandida obtenida en los cálculos y se suelda. El alargamiento se logra por alguno de los métodos descritos a continuación.

11.2.6 Alargamiento controlado del riel

Existen tres métodos para lograr que el riel alcance su longitud correspondiente a su temperatura de neutralización. Entre ellos se pueden mencionar los siguientes:

A) Calentamiento solar de los rieles.
B) Calentamiento artificial de los rieles.
C) Aplicar tensión a los rieles.

El calentamiento solar consiste en permitir la libre expansión del riel cuando la temperatura ambiente corresponde a la temperatura de liberación de esfuerzos. El riel debe ser cortado de acuerdo a lo descrito anteriormente, liberado de la fijación al durmiente y ayudado a su elongación por medio de rodillos que lo separen del contacto con las placas de asiento, pero que lo mantengan alineado en su hilo dentro del emparrillado de vía. Cuando el riel alcanza la longitud calculada se retiran los rodillos, se vuelve a fijar a los durmientes para impedir que se dilate más, y se suelda al riel contiguo.

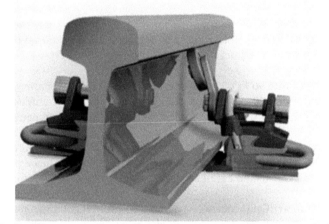

Figura 11.23a: Rodillos que permiten la libre elongación del riel. Imagen tomada de vortok.com

Figura 11.23b: Rodillos que permiten la libre elongación del riel.

La cantidad de rodillos a emplear depende del calibre de riel que se esté neutralizando. Una práctica recomendada es la siguiente:

- Para rieles de hasta 90 lb/yd: colocar rodillos cada 12 durmientes.
- Para rieles de entre 90 y 110 lb/yd: colocar rodillos cada 15 durmientes.
- Para rieles 112 lb/yd y mayores: colocar rodillos cada 17 durmientes.

Durante el proceso de dilatación térmica, una vez que el riel está sobre los rodillos, se deben golpear los extremos del largo riel soldado con mazos de plástico o de madera con 5 kg de peso. Esto ayudará para acelerar la dilatación del riel.

El calentamiento artificial consiste en aplicar calor al riel por algún medio externo y forzar la expansión del riel; estos métodos son muy utilizados en zonas geográficas cuya temperatura ambiente la mayor parte del año es predominantemente fría y difícilmente se alcanzaría y mantendría la temperatura de neutralización el tiempo suficiente para realizar el procedimiento. El riel debe ser liberado de la fijación al durmiente, pero sin aflojarlo por completo, para mantenerlo alineado en su hilo dentro del emparrillado de vía. Cuando el riel alcanza la longitud calculada se retira la fuente de calor y se vuelve a apretar la fijación.

Un método rustico, pero muy efectivo, para forzar el incremento de temperatura en el riel es mediante el empleo de sogas impregnadas en algún combustible que se sujetan al alma del riel y se les prende fuego. Primeramente, como se ha mencionado, se realiza el corte requerido; una vez que el riel se ha dilatado a la longitud calculada se retiran los restos de la soga, los cuales deben sofocarse adecuadamente para evitar incendios, y se vuelve a apretar la fijación para realizar la soldadura de rieles contiguos.

Figura 11.24: Calentando el riel por medio de una soga impregnada con combustible encendida en fuego.

Actualmente existen maquinas especializadas para calentar rieles que están adaptadas para llevar tanques de gas en su chasis los cuales, por medio de un sistema con mangueras, alimentan el combustible a quemadores en su parte inferior que, al encenderse, van calentando al riel conforme el equipo avanza sobre la vía férrea. Invariablemente, al igual que en los métodos anteriores, el riel debe ser cortado, aflojado de su fijación al durmiente, se aplica el calor hasta lograr la longitud deseada, se fija de nueva cuenta y se suelda al riel contiguo.

Figura 11.25: Incrementando la temperatura en el riel por medio del calentador de rieles.

El aplicar tensión a los rieles consiste en estirar estos mediante un tensor de gatos hidráulicos. El dispositivo aprisiona ambos extremos de riel por medio de unas abrazaderas y se le aplica una fuerza, mediante una bomba hidráulica, que se puede corroborar en el manómetro con el que cuenta el dispositivo.

Figura 11.26: Tensor hidráulico de rieles.

El objetivo es crear en el riel un comportamiento de esfuerzos similar al que tendría si se estuviera sometido a una temperatura dentro de la gama para la liberación de esfuerzos. De la misma forma que en los métodos anteriores, el riel debe ser cortado, aflojado de su fijación al durmiente, se aplica la tensión hasta lograr la longitud calculada, se fija de nueva cuenta y finalmente soldar a su riel contiguo.

La fuerza aplicada por medio del tensor hidráulico se debe mantener el tiempo suficiente para lograr la longitud calculada para el riel en su temperatura de neutralización. La magnitud de esta fuerza depende del calibre de riel y tiene los siguientes valores recomendados:

- Para rieles de hasta 90 lb/yd: $F = 1.378 \cdot (T_{LIB} - T_A)$
- Para rieles de entre 90 y 110 lb/yd: $F = 1.674 \cdot (T_{LIB} - T_A)$
- Para rieles 112 lb/yd y mayores: $F = 1.856 \cdot (T_{LIB} - T_A)$

Donde:

F = Fuerza a aplicar con el tensor hidráulico y que deberá mantenerse el tiempo necesario [Ton]
T_{LIB} = Temperatura para liberación de esfuerzos [°C]
T_A = Temperatura del riel al momento de realizar el estiramiento [°C]

11.2.7 Longitud de riel que debe ser neutralizada

En apartados anteriores se definió a la longitud de un largo riel soldado que está sujeta a las variaciones de esfuerzos y longitud debido a los cambios de temperatura, la longitud de respiración; así como a la longitud del LRS en la cual los esfuerzos están equilibrados y por ende las deformaciones no surten efecto, la longitud neutra. En teoría la longitud de riel por neutralizar sería, entonces, la longitud de respiración, pero en cuestiones prácticas no es recomendable liberar los esfuerzos únicamente en esta zona debido a variaciones propias a la construcción de la vía férrea, como pueden ser zonas de balasto con diferente calidad en su calzado, zonas del riel que no tengan una temperatura homogénea, por estar cierto tramo a la sombra y otro al sol, y por la presencia de curvas, en las cuales la resistencia que ofrece la vía a las fuerzas de dilatación es menor debido a las resistencias tangenciales.

La longitud del largo riel soldado por neutralizar de esfuerzos es la misma longitud en la cual se debe aflojar la fijación del riel al durmiente y se recomiendan los valores máximos siguientes:

- **Si se utiliza calentamiento solar:**
  - En rectas y curvas con radio mayor de 1,200 metros: 450 metros por liberar.
  - En curvas con radios entre 400 y 1,200 metros:

$$L_{LIB} = 225 + [0.28 \cdot (R - 400)]$$

  - En curvas con radios iguales o menores a 400 metros: 225 metros por liberar.

Figura 11.27: Liberación de esfuerzos para rieles en curva con radio menor a 400 metros.

Como puede verse en la figura anterior, cuando se utiliza el método solar para calentar al riel, y la curva tiene un radio igual o menor a 400 metros, la cantidad de rodillos también puede verse incrementada.

- **Si se utiliza calentamiento artificial, con maquina:** la longitud por liberar será de 600 metros.
- **Si se utiliza calentamiento artificial, con soga impregnada:** este procedimiento está limitado a tramos cortos de vía férrea por neutralizar, la distancia entre cambios de vía, la proximidad con algún puente, báscula (dentro de vías particulares). En todo caso la longitud debe ser limitada por la capacidad de la cuadrilla para controlar el fuego generado.

- **Si se utiliza la tensión para neutralizar a los rieles:**

    o En rectas y curvas con radio mayor de 1,200 metros: 600 metros por liberar.
    o En curvas con radios entre 500 y 1,200 metros:

$$L_{LIB} = 250 + [0.50 \cdot (R - 500)]$$

    o En curvas con radios iguales o menores a 500 metros no se recomienda el uso de tensores para neutralizar a los rieles, se deberá emplear algún otro método.

En las ecuaciones anteriores:

L_{LIB} = Longitud del LRS que deberá liberarse de esfuerzos y aflojarse su fijación [m]
R = Radio de curvatura [R]

11.2.8 Unión de los LRS

Una vez que los largos rieles soldados han sido liberados de los esfuerzos por temperatura por cualquiera de los métodos anteriormente descritos se pueden unir estos mediante soldadura para formar la continuidad requerida en la vía férrea.

Como ya se ha mencionado existen dos métodos para soldar en campo a los rieles:

- Soldadura de arco eléctrico por resistencia, o 'chisporroteo'.
- Soldadura alumino-térmica.

11.2.8.1 Soldadura de arco eléctrico por resistencia, o chisporroteo:

Este procedimiento en campo es idéntico al que ya se explicó para aquel que se realiza en plantas especializadas para unir a los rieles elementales y formar los largos rieles provisionales, solo que en este caso se está trabajando directamente sobre la vía y por lo tanto se hace uso de una maquinaria especializada que se conoce como "camión soldador" la cual está provista de una cabeza donde se alberga a las mordazas que sujetarán y alinearán los rieles, para aplicarles el procedimiento de fusión idéntico al que se realiza en las plantas soldadoras. La cala entre los rieles es, por lo general, de 25mm ± 2 mm (1" ± 1/16").

Figura 11.28: Camión soldador uniendo dos largos rieles soldados por chisporroteo

11.2.8.2 Soldadura alumino-térmica:

Este procedimiento está basado en la reacción exotérmica que se produce al reducir el óxido de hierro con el aluminio. Químicamente el proceso se puede expresar como sigue:

Fe2 O3 + 2AL 2 Fe + AL2 O3 + calor

Óxido de hierro + Aluminio y hierro + óxido de aluminio + Calor.

El procedimiento se realiza por medios manuales al colocar un molde cerámico en cada unión entre rieles y verter dentro de esta la colada resultante de la fundición del hierro y el aluminio. El proceso es, a grandes rasgos, el siguiente:

a) Preparación de la junta por soldar: se deben alinear y nivelar perfectamente los rieles, también se les debe dar la cala recomendada, que por lo general es de 25mm ± 2 mm (1" ± 1/16").

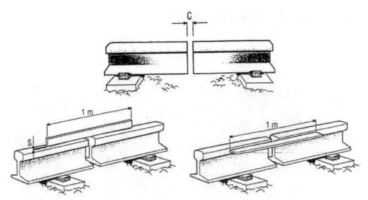

Figura 11.29: Preparación de la junta entre rieles, previo a soldarse.

b) Colocación de los moldes de arcilla: estos deben colocarse centrados sobre la cala, asegu-rando que partes iguales del riel estén dentro de la cavidad del molde; todas las uniones deben ser selladas perfectamente con pasta para evitar fugas de la colada.

Figura 11.30: Colocación y sellado del molde.

c) Precalentamiento de la junta: con esto se garantiza la eliminación de humedad residual en los moldes y el aumento de temperatura tanto en los rieles como en los moldes. Se debe realizar combinando dos combustibles: oxígeno y gas propano, que se hacen arder por me-dio de un soplete dentro del molde ya sellado.

Figura 11.31: Precalentamiento de la junta

d) Colocación del crisol: llegado a este punto el producto en polvo que contiene la mezcla de fierro, aluminio y aditivos que forman el acero ya se debió haber depositado dentro del crisol. Una vez estando el crisol con la cantidad requerida de dicha mezcla (los fabricantes entregan bolsas con la cantidad requerida para cada calibre de riel), se coloca sobre el molde de arcilla que envuelve a la junta de rieles precalentada. Este proceso debe realizarse rápidamente para evitar que la junta pierda su temperatura de precalentamiento.

Figura 11.32: Colocando el crisol sobre del molde; el crisol ya contiene la carga alumino-térmica dentro.

e) Colada: se enciende una bengala y se introduce dentro del crisol, lo que provocará la reacción alumino-térmica que fundirá a la mezcla de fierro, aluminio y aditivos que formaran el mismo acero de los rieles, creando la fundición que se verterá en la junta. El sobrante, o escoria, se depositará en los recipientes dispuestos para tal fin. La colada, al caer en la junta, tiene tal temperatura que funde los extremos de ambos rieles, provocando así su fusión.

Figura 11.33: Reacción alumino-térmica y su sobrante (escoria).

f) Retiro del crisol y del molde de arcilla: Una vez que ha pasado el tiempo suficiente para que la colada se haya vertido en la junta, el crisol se retira y se espera el tiempo indicado por cada fabricante para garantizar que la fusión se ha solidificado lo suficiente.

Figura 11.34: Retiro del crisol y esperando el tiempo indicado por fabricante para garantizar la solidez de la fusión.

g) Corte de la mazarota: los restos del molde cerámico (llamado 'mazarota'), que contuvieron las altas temperatura de la fusión alumino-térmica, deberán desecharse.

Figura 11.35: Corte de la mazarota

h) Esmerilado: se retiran las rebabas y se le da el perfilado adecuado a la soldadura para que quede libre de bordos o salientes que pondrían en riesgo la circulación de los trenes.

Figura 11.36: Esmerilado de la soldadura.

11.2.9 Juntas de dilatación

No obstante lo más recomendable, como ya lo hemos visto, es contar con rieles soldados en toda su longitud que garanticen una vía totalmente libre de juntas, no siempre se podrá lograr esto ya que siempre existirán puntos donde hay necesidad de interrumpir al largo riel soldado, tales como:

- Presencia en el recorrido cambios de vía. Pudiendo conectar estos hacia laderos o espuelas de la misma línea principal o de algún particular.
- En algunos puentes, para evitar que se produzcan esfuerzos excesivos en los rieles dentro del puente, ya que un defecto en algún riel dentro de estas obras trae consigo consecuencias catastróficas.
- Colindancia con algún tramo de la línea férrea que aún no cuente con largos rieles soldados.
- Las inmediaciones con cruces a nivel vehiculares.

Debido a esto, para absorber las contracciones y expansiones que sufren los largos rieles soldados, evitando así poner el riesgo a los puntos anteriormente mencionados, se hace uso de aparatos especiales de vía denominados "Juntas de Dilatación" los cuales están constituidos por agujas y contra-agujas que se apoyan sobre placas engrasadas que facilitan su movimiento longitudinal y se sujetan a la vía sobre durmientes de madera o concreto con un diseño especial.

Figura 11.37: Junta de dilatación para largos rieles soldados.

11.2.10 Características que debe cumplir la vía para usar LRS

Las líneas ferroviarias, así como las vías férreas industriales y/o particulares en las que se desee emplear largos rieles soldados deben cumplir ciertas características para garantizar el adecuado comportamiento de la totalidad del emparrillado. Entre las recomendaciones que emitieron en su momento los Ferrocarriles Nacionales de México se pueden mencionar las siguientes:

- Las plataformas y terracerías de la vía deben ser estables; no deben ser propensas a deformarse.
- El balasto debe ser permeable y toda su sección debe estar correctamente calzada para garantizar su consolidación. Mientras más anguloso sea el balasto mayor aumentará el rozamiento con los durmientes, lo que favorece la resistencia de la vía contra las fuerzas de dilatación térmica.
- Los radios mínimos de curvatura en planta deben ser 501.89 metros.
- Emplear durmientes de concreto, o durmientes de madera en buen estado de conservación; todos los durmientes deben estar correctamente espaciados.
- La longitud del largo riel solado debe ser la mayor posible, de este modo la vía en conjunto será más resistente.
- La vía deberá ser lo más pesada posible para que tenga una gran estabilidad.
- La alineación y nivelación de la vía deberán estar libres de defectos para que los esfuerzos térmicos se vean correctamente compensados.
- La vía debe contar con fijación elástica del riel hacia el durmiente, ya que esta fijación no se afloja con las vibraciones ni con los esfuerzos que le son transmitidos por los rieles.
- En los extremos de cada largo riel soldado deben instalarse juntas de dilatación.

Figura 11.38: Vía en curva, construida con largos rieles soldados, fijación elástica marca 'Vossloh' y durmientes de concreto.

12 La estructura térrea de las vías férreas

12.1 El derecho de vía

El 'derecho de vía' de una línea ferroviaria es aquella franja del terreno dentro de la cual el emparrillado de la vía férrea, así como sus cortes o terraplenes, el balasto y todas las mejoras necesarias requeridas para que el suelo de sustentación sea apto para albergar a esta vía de comunicación con todos sus elementos de apoyo, se construyen.

Se define a los 'elementos de apoyo' necesarios que se construyen y/o instalan para dar soporte y funcionalidad a la línea de ferrocarril, sin ser limitativo, a partes tales como:

- Obras de drenaje: canales, cunetas, alcantarillas, puentes, tuberías, y toda aquella obra que permite el paso o circulación del agua, para alejarla del cuerpo de la línea ferroviaria y/o controlar los efectos que pudiera ocasionar a la estructura de la vía.

- Obras de contención: muros y cualquier otra obra para soporte de tierras necesaria para sostener el terraplén de la vía y/o cortar las pendientes transversales en sitios reducidos o secciones de terraplén en balcón.

- Obras de protección: cercas, letreros, muros de colindancia, etc.

- Obras informativas: placas kilométricas, señales para cruces a nivel y/o trenes, etc.

- Obras de apoyo y/o mantenimiento: servidumbres, caminos para personas y/o vehículos de diversa tracción.

- Instalaciones de comunicación y electrificación: señales, casetas de control, postes, ductería subterránea, etc. Es muy común encontrar paralelo a las vías férreas, de manera superficial y aérea, instalaciones de telégrafos (ahora ya en desuso, pero aún instaladas físicamente), así como celdas solares, y de manera subterránea instalaciones de fibra óptica.

En el Sistema Ferroviario Mexicano la franja del derecho de vía se mide desde el centro de línea de la vía férrea (cuando se trata de una línea sencilla), o del centro de línea de la porción entre vías (cuando se trata de una línea con vía doble). La anchura de esta franja es variable y para conocerla se debe consultar en cada proyecto específico a la Secretaría de Comunicaciones y Transportes, o a la empresa que tenga concesionado el servicio ferroviario para la línea en cuestión, mencionando la denominación de la línea y entre que placas kilométricas se requiere el dato.

Figura 12.1: Línea ferroviaria con doble vía y diversas instalaciones a ambos lados del centro de línea, dentro del derecho de vía.

12.2 Breviario sobre el terreno de sustentación

12.2.1 Diferenciación entre suelo y roca

Atendiendo a su tamaño se conoce como suelo a aquel material que se encuentra en el terreno natural, formado por partículas menores a 30 cm y que puede llegar a tener tamaños microscópicos.

El material con partículas mayores a 30 cm entrará en la clasificación de rocas y los terrenos rocosos, mientras su corte geológico presente un estrato con suficiente homogeneidad, generalmente se consideran aptos para la cimentación de obras para vías férreas. Sin ahondar mucho en el tema, podemos mencionar que, para conocer la homogeneidad de un estrato rocoso se aplican métodos geo-sísmicos de refracción basados en el principio de que las ondas vibratorias se propagan rápidamente a través de las rocas compactas y lentamente en suelos granulares o con muchos vacíos entre las partículas que los conforman.

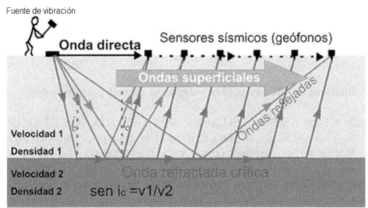

Figura 12.2: Fundamentos del método geo-sísmico por refracción para conocer la homogeneidad de un lecho rocoso.

Por ejemplo, para lechos rocosos sanos formados por roca ígnea, se han registrado velocidades de propagación de entre 2,000 y hasta 4,600 metros/segundo; y para terrenos con estratos muy espesos de arcilla se han registrado velocidades de propagación de entre 300 y 600 metros por segundo.

La geotecnia clasifica a las rocas por su origen y/o mecanismo de formación y las divide en:

- **Rocas ígneas:** formadas directamente por cristalización o solidificación del magma.
- **Rocas metamórficas:** formadas a partir de otras rocas pre-existentes sometidas a procesos de presión y temperatura.
- **Rocas sedimentarias:** formadas a partir de rocas pre-existentes por procesos de alteración, disgregación, erosión, precipitación química, transporte y sedimentación.

Los suelos se derivan de una roca madre o de materia orgánica que sufrió procesos naturales de descomposición química o desintegración física, y que pudo haber sido posteriormente modificado por agentes biológicos o atmosféricos, lo que les da sus tamaños pequeños respecto a las rocas.

El suelo es un material complejo. Algunas de las propiedades intrínsecas de los suelos que podemos mencionar, a manera de ejemplo y que son de particular interés en la construcción de vías férreas, para ilustrar su naturaleza son las siguientes:

- El suelo es el material natural encontrado en el terreno, no es un material procesado.
- Los suelos son, por lo general, heterogéneos a distintas profundidades y diferentes ubicaciones dentro de la longitud de la vía férrea.
- Los suelos no tienen un comportamiento perfectamente plástico ni perfectamente elástico, sino un punto intermedio a ambos estados.
- Los suelos son un sistema trifásico que incluye sólidos, líquidos, vapores.
- Las propiedades de los suelos es el resultado de la acción grupal de sus partículas.

El suelo es el material primario para toda construcción de vías terrestres, incluidas las líneas ferroviarias, y por lo tanto es importante conocer sus características previo a sustentar a la vía férrea en el terreno.

12.2.2 Clasificación de los suelos y algunas de sus propiedades

Atendiendo al criterio del Sistema Unificado de Clasificación de Suelos (SUCS), que es el más aceptado en todo Norte-América, se pueden definir tres tipos principales de suelos: los granulares (como las gravas y las arenas), los finos (como las arcillas y limos) y los suelos orgánicos.

Los suelos granulares, también conocidos como **suelos gruesos**, pueden describirse brevemente como aquellos suelos compuestos en gran parte de partículas visibles a simple vista. Pueden realizarse subdivisiones adicionales de acuerdo con el tamaño de partícula como sigue:

- **Rocas:** cuando las partículas son mayores a 12" (300 mm) y, como ya se mencionó, son estudiadas por la geología y por lo tanto no entran en el análisis de un 'suelo'.
- **Guijarros o boleos:** cuando las partículas están comprendidas entre 12" y 3" de diámetro (300 a 75 mm).
- **Gravas:** cuando las partículas están comprendidas entre 3" (75 mm) y la malla No. 4 (3/16" = 4.75mm).
- **Arenas:** cuando las partículas están comprendidas entre la malla No. 4 y la malla No. 200 (0.075mm).

La notación que el SUCS emplea para identificar a los suelos gruesos es acorde a su inicial en inglés, de tal modo que los boleos y gravas se identifican con la letra G, de 'gravel', y las arenas se identifican con la letra S, de 'sand'.

Los suelos granulares o gruesos no tienen cohesión y, por lo tanto, para estimar su comportamiento de manera adecuada se debe hacer referencia a su densidad, granulometría y a la forma de sus partículas.

La densidad se refiere al peso por unidad de volumen que el suelo tiene en el terreno. En los suelos gruesos, por su propia naturaleza granular, esta propiedad se denomina 'densidad aparente' ya que la masa del suelo grueso incluirá cierta cantidad de vacíos en su volumen. Matemáticamente se expresa como:

$$D'_a = \frac{P_s}{V_t} \qquad\qquad \text{Ecuación 12.1}$$

Donde:

D'a = Densidad aparente [gr/cm³]
Ps = Peso seco del suelo [gr]
Vt = Volumen total (incluyendo los vacíos) [cm³]

En la Mecánica de Suelos es útil referir la densidad aparente de los suelos a la densidad absoluta del agua destilada cuando esta tiene 4°C de temperatura, es decir 1 gr/cm³. Definiéndose así la 'densidad relativa aparente' del suelo como:

$$D'_r = \frac{D'_a}{D_w}$$ Ecuación 12.2

Donde:

D'r = Densidad relativa aparente [gr/cm³]
D'a = Densidad aparente [gr/cm³]
Dw = Densidad absoluta del agua destilada, a 4°C, igual a 1 gr/cm³.

La granulometría es el término aplicado a la distribución de tamaños que tienen las partículas del material; un suelo 'uniforme' o 'pobremente graduado' se refiere a aquel en el que predomina un solo tamaño de partículas, mientras que un suelo 'bien graduado' es aquel en el que sus partículas tienen una repartición de diversos tamaños, sin que uno solo sea predominante.

El SUCS identifica a los suelos pobremente graduados con la letra P, por la inicial en inglés 'Poorly', y a los suelos bien graduados los identifica con la letra W, por la inicial en inglés 'Well'. Por ejemplo una grava uniforme se denomina GP, y una arena bien graduada se denomina SW.

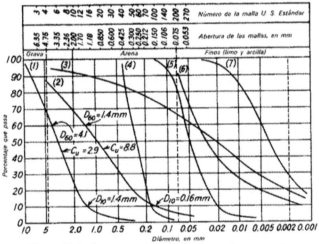

Figura 12.3: Curvas granulométricas para algunos suelos

Para determinar en laboratorio si un suelo es bien graduado (W) o mal graduado (P), se hace uso de dos coeficientes llamados 'Coeficiente de uniformidad' y 'Coeficiente de curvatura', los cuales tienen los siguientes valores:

$$C_U = \frac{D_{60}}{D_{10}}$$
Ecuación 12.3

$$C_C = \frac{(D_{30})^2}{(D_{10} \cdot D_{60})}$$
Ecuación 12.4

Donde:

Cu = Coeficiente de uniformidad [adimensional]
Cc = Coeficiente de curvatura [adimensional]
D_{60} = Diámetro de la malla por donde pasa el 60% del material [mm]
D_{10} = Diámetro de la malla por donde pasa el 10% del material [mm]
D_{30} = Diámetro de la malla por donde pasa el 30% del material [mm]

Para que una grava se identifique como bien graduada (GW) su coeficiente de uniformidad debe ser mayor a 4 y su coeficiente de curvatura debe estar comprendido entre 1 y 3. Caso contrario se tratará de una grava muy uniforme o pobremente graduada (GP).

Para que una arena se identifique como bien graduada (SW) su coeficiente de uniformidad debe ser mayor a 6 y su coeficiente de curvatura debe estar comprendido entre 1 y 3. Caso contrario se tratará de una arena muy uniforme o pobremente graduada (SP).

La forma de las partículas en los suelos gruesos puede ser 'angulosa', 'sub-angulosa' o 'redondeada'. Las partículas angulosas tienen bordes afilados y lados relativamente planos con superficies sin pulir, las partículas sub-angulosas tienen también sus superficies sin pulir pero sus bordes están redondeados y las partículas redondeadas tienen una superficie suave y bordes redondeados. Por ejemplo, el balasto para las vías férreas se especifica esté formado por gravas angulosas debido a su mayor resistencia y agarre a los durmientes.

Los suelos finos están compuestos por partículas que individualmente no pueden ser visibles a simple vista (como ya se mencionó, son menores a 0.075 milímetros), su plasticidad y tamaño de las partículas deben ser evaluadas por refinadas técnicas en laboratorios. En campo los suelos finos se pueden identificar como limos o arcillas, debido a las manifestaciones físicas de su comportamiento.

Los suelos finos tienen cohesión y para estimar su comportamiento se hace referencia a su consistencia, plasticidad, estructura, color y olor.

La consistencia es la medida de que tan duro o blando es el material. Esta varía principalmente en función de la cantidad de agua contenida dentro del suelo y la densidad de este, describiendo al suelo fino con los adjetivos "duro", "rígido", "firme" y "suave". En los suelos finos es posible, en laboratorios, obtener su densidad absoluta debido a que, por lo pequeño de sus partículas, se estima poder liberarlas por completo de la fase gaseosa y tener así únicamente un volumen en fase sólida. Matemáticamente:

$$D_a = \frac{P_s}{V_s}$$
Ecuación 12.5

Donde:

Da = Densidad absoluta [gr/cm³]
Ps = Peso seco del suelo [gr]
Vs = Volumen total de la fase solida [cm³]

Al referir la densidad absoluta de los suelos a la densidad absoluta del agua destilada cuando esta tiene 4°C de temperatura, es decir 1 gr/cm³, se define la 'densidad relativa absoluta' del suelo, y matemáticamente se expresa como:

$$D_r = \frac{D_a}{D_w}$$
Ecuación 12.6

Donde:

Dr = Densidad relativa absoluta [gr/cm³]
Da = Densidad absoluta [gr/cm³]
Dw = Densidad absoluta del agua destilada, a 4°C, igual a 1 gr/cm³.

La plasticidad es la medida del contenido de arcilla de un suelo y su capacidad de cambiar de forma bajo efectos de fuerzas o esfuerzos. El grado de plasticidad es el rango del contenido de humedad con el cual un suelo permanece rígido o es capaz de ser moldeado.

Para determinar en laboratorio si un suelo fino es una arcilla, un limo o un suelo orgánico, se realizan las pruebas denominadas 'límites de Atterberg' que son: el Límite Líquido, el Límite Plástico y la diferencia entre ambos límites, que se conoce como Índice Plástico.

El límite líquido es el contenido de humedad de un suelo (porcentaje respecto al peso seco del suelo) con el cual este cambia del estado líquido al estado plástico. Su determinación se realiza en laboratorio mediante la prueba realizada en la Copa de Casagrande.

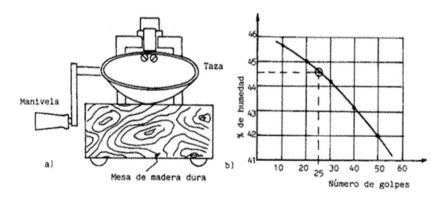

Figura 12.4: Prueba del límite líquido; a) Copa de Casagrande; b) Curva de fluidez

El límite plástico es el contenido de humedad de un suelo (porcentaje respecto al peso seco del suelo) con el cual este cambia del estado semisólido a un estado plástico. Su determinación se realiza en laboratorio mediante la prueba de los 'filamentos' de suelo.

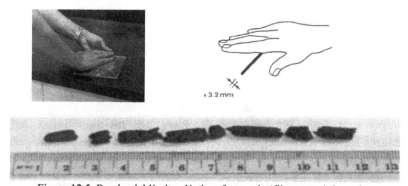

Figura 12.5: Prueba del límite plástico; formando 'filamentos' de suelo.

El índice plástico, como ya se mencionó, es la diferencia entre el límite líquido y el límite plástico de un suelo. Indica el rango de humedades dentro del cual el suelo se encuentra en estado plástico.

$$IP = LL - LP$$
                                    Ecuación 12.7

Donde:

IP = Índice plástico [% de humedad respecto al peso seco del suelo]
LL = Límite líquido [% de humedad respecto al peso seco del suelo]
LP = Límite plástico [% de humedad respecto al peso seco del suelo]

En una gráfica donde en las abscisas se representa al límite líquido y en las ordenadas se representa al índice plástico, el SUCS establece una división denominada 'línea A'. Los suelos cuyo índice plástico quede debajo de la 'línea A' serán limos, y los suelos cuyo índice plástico quede sobre la 'línea A' serán arcillas. Los suelos orgánicos pueden tener un índice plástico por debajo o por encima de la 'línea A', pero estos se identificarán gracias su olor característico. El SUCS identifica a las arcillas con la letra 'C', por la inicial de la palabra inglesa 'clay', y a los limos con la letra 'M', por la inicial de la palabra sueca 'mo', y a los suelos orgánicos con la letra 'O', por la inicial de la palabra inglesa 'organic'.

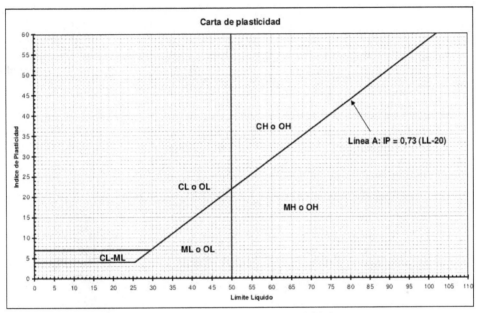

Figura 12.6: Carta de plasticidad

Además de limos, arcillas o suelos orgánicos, el SUCS divide a los suelos finos en 'suelos de alta compresibilidad' empleando la letra 'H', por la inicial de la palabra inglesa 'High', y en 'suelos de baja compresibilidad' empleando la letra 'L', por la inicial de la palabra inglesa 'Low'.

Aquellos suelos cuyo límite líquido sea menor al 50% se considera tendrán una baja compresibilidad y los que tengan un límite líquido mayor al 50% se considera tendrán una alta compresibilidad.

La estructura es la descripción de la estratificación y agrietamiento en un suelo fino, se aplica a la naturaleza en masa del suelo. Los siguientes términos se usan comúnmente para describir estructuras de suelos finos: "estratificado", "fisurado", "lente" y "desmoronado" o "en bloque".

El color en los suelos finos indica la profundidad a la cual han llegado los efectos del intemperismo, o bien el nivel hasta donde ha llegado el nivel freático.

El olor en los suelos finos indica, por lo regular, la presencia de materia orgánica en él.

Los suelos orgánicos se identifican en el Sistema Unificado de Clasificación de Suelos por separado debido a que son suelos gruesos o finos cuya alta presencia de materia orgánica cambia por completo su comportamiento para fines ingenieriles.

Los suelos orgánicos, o suelos que presentan mayormente partículas de materia orgánica, incluyen a las turbas o musgos de turbas. Son usualmente suelos fibrosos y comúnmente localizables en zonas pantanosas. El SUCS los identifica con el símbolo 'Pt', acrónimo de la palabra inglesa 'peat', es decir, turba.

Estando en laboratorio, a las turbas generalmente se les pueden practicar las mismas pruebas de plasticidad que a los suelos finos. El límite líquido de estos suelos suele estar entre el 300% y el 500%. El Índice Plástico de las turbas normalmente se encuentra entre el 100% y el 200%.

Los suelos parcialmente orgánicos se describen por su tipo de suelo predominante seguido de la palabra 'orgánico', es común, por ejemplo, hablar de 'limos orgánicos'.

Figura 12.7: Despalme del terreno natural, para retirar la materia orgánica, ladero a la línea HB, entre los kilómetros HB-25 y HB-26, Tepeapulco, Hidalgo.

Los suelos de símbolo doble. Cuando en la prueba de granulometría de un suelo se determinó que este es grueso pero presentó una cantidad de finos de entre el 5% y 12% en peso respecto a la totalidad de la muestra, el Sistema Unificado de Clasificación de Suelos los identifica como 'casos de frontera', en los cuales se designa como primer símbolo el correspondiente al tamaño del suelo grueso y a la fracción del suelo fino se le practican las pruebas de plasticidad para determinar el símbolo del suelo fino que se trata. Por ejemplo un suelo con símbolo SW-CL, indica una arena arcillosa bien graduada.

Los suelos finos también pueden tener un símbolo doble, por ejemplo, cuando un suelo fino llega a presentar un límite líquido mayor al 50% y un índice plástico que localice al suelo directamente sobre la línea A, se tratará de un suelo MH-CH, es decir un "limo arcilloso de alta compresibilidad".

12.2.3 Mejoramiento del suelo de sustentación

En no pocas ocasiones los suelos existentes en el terreno deben mejorarse por diversos métodos para que sus propiedades sean lo suficientemente aptas y puedan dar servicio a pesar de las condiciones adversas del clima en cualquier temporada.

El mejoramiento del suelo natural, proceso también ampliamente conocido como estabilización del suelo, es la aplicación de ciertos tratamientos para aprovechar las mejores cualidades de cada material que se encuentra en el terreno donde se sustentará a la vía férrea.

Los métodos más comunes para estabilizar a los suelos que darán sustento a líneas ferroviarias son los siguientes:

- Compactación
- Estabilización mediante la adición de cemento.
- Estabilización mediante la adición de cal.
- Mezclas de suelos gruesos y finos

La compactación de los suelos busca que las partículas individuales de estos se aprieten entre sí para incrementar su fricción interna y así aumentar su capacidad de soporte.

Al compactar un suelo este se hará más denso debido a la reducción de espacios vacíos entre las partículas y se logrará incrementar su impermeabilidad al limitar la cantidad de oquedades que pudieran ser ocupadas por el agua, la cual reduce la resistencia cortante de los suelos y les podría causar cambios volumétricos.

La estabilización con cemento se lleva a cabo principalmente cuando se desea elevar la capacidad de soporte del terreno de sustentación y/o incrementar la resistencia que el suelo ofrece a la erosión.

La estabilización de suelos con cemento se obtiene al mezclar el suelo con cemento y agua, y, en algunos casos, aditivos. La proporción de cemento utilizada en la estabilización dependerá del tipo de suelo y se determinará en laboratorio, con ensayos de resistencia y de durabilidad en probetas con distinto contenido en cemento. Las mezclas más comunes de suelo con cemento ocupan entre el 7% y 10% en volumen de cemento para los suelos granulares y entre el 12% y 16% en volumen de cemento para los suelos arcillosos. Existen casos en los que resulta más económico, principalmente en presencia de suelos con arcillas muy agresivas, realizar la sustitución del suelo superficial con un material arenoso o gravoso que se obtenga desde bancos de préstamo.

Figura 12.8: Vertiendo compuesto agua-cemento para estabilizar suelo de sustentación a espuela ferroviaria

La estabilización con cal es propicia para eliminar la alta plasticidad que presentan algunas arcillas, además causa efectos aglutinantes en el suelo y aumenta su resistencia. La cantidad de cal que se debe agregar a un suelo particular se define en laboratorios, pero como orden de magnitud esta cantidad ronda entre el 2% y el 5% con relación al peso seco del suelo por mejorar. Numerosos estudios a lo largo de la historia (el uso de la cal como estabilizador de suelos data desde hace muchos siglos, el imperio romano estabilizaba sus caminos por este método) han determinado que siempre debe llegarse a un contenido de cal que una vez mezclado con el suelo, ronde un pH de 12.4.

Las mezclas de suelos gruesos y finos consisten en la adición, en ciertas cantidades, de suelos distintos a aquellos que se presenten a lo largo del terreno donde se sustentará a la vía férrea. El objeto de realizar estas mezclas es obtener la correcta proporción que maximice los beneficios de la alta cohesión en el suelo fino y la alta fricción interna del suelo grueso.

La fricción interna de un suelo no imparte toda la estabilidad necesaria en el cuerpo de terracerías de una vía férrea; si las partículas del material pudiesen moverse libremente el suelo se disgregaría con facilidad, en estos casos es necesario agregar un agente aglutinante, el cual las arcillas poseen por naturaleza cuando su contenido de humedad se encuentra dentro de los limites adecuados.

12.3 Las capas de asiento

Las distintas capas que se intercalan entre el plano del terreno natural, ya sea constituido por un lecho rocoso o por un suelo estabilizado, y el emparrillado de la vía férrea se denominan capas de asiento. Estas constituyen la infraestructura de la vía, en la cual las fuerzas que actúan sobre los rieles, provenientes desde las ruedas del tren, así como el peso propio de la superestructura de la vía férrea, bajan y se distribuyen al terreno de cimentación.

La organización de las capas de asiento se configura por una cama y banqueta de balasto, que envuelve al emparrillado de la vía férrea por debajo y a sus costados, terminando aquí la superestructura de la vía férrea, y se apoya sobre el subbalasto y/o subrasante, que ya forman parte de la infraestructura.

Cuando las condiciones en el perfil del terreno así lo requieren, toda esta estructura se apoya sobre un terraplén que también debe cumplir ciertas características en cuanto al control de calidad del material que lo constituye.

Para las vías férreas del Sistema Ferroviario Mexicano la estructura más compleja en las capas de asiento sería como el que se muestra en los siguientes esquemas:

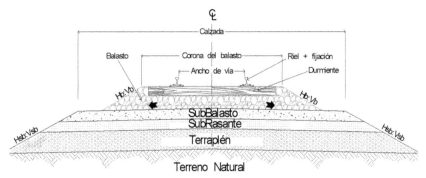

Figura 12.9a: Capas de asiento para una vía férrea en terraplén

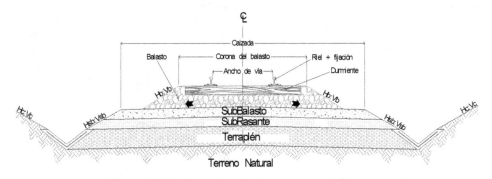

Figura 12.9b: Capas de asiento para una vía férrea en corte

Las características particulares de cada proyecto pueden exigir la utilización de otras capas o la eliminación de alguna. El terreno natural y la cantidad de tránsito que circule por la vía férrea se consideran los factores más importantes para predecir el comportamiento general de la sección térrea de la vía.

El Instituto Mexicano del Transporte (IMT) clasifica, para efectos del diseño y dimensionamiento de la sección térrea, a las vías férreas en tres diferentes tipos:

- Vías férreas tipo I: líneas ferroviarias que se deben diseñar, o revisar, para que sobre estas circule un tráfico neto de 30 millones de toneladas por año o superiores.

- Vías férreas tipo II: líneas ferroviarias que se deben diseñar, o revisar, para que sobre estas circule un tráfico neto de entre 10 y 30 millones de toneladas por año.

- Vías férreas tipo III: líneas ferroviarias que se deben diseñar, o revisar, para que sobre estas circule un tráfico inferior a los 10 millones de toneladas por año.

A los diversos materiales aptos para la construcción de estructuras térreas de vías férreas el mismo Instituto Mexicano del Transporte los ha definido en tres tipos de calidad:

- Calidad deseable: aquellos materiales que garanticen el óptimo desempeño de la sección estructural térrea de la línea ferroviaria.

- Calidad adecuada: aquellos materiales que garanticen un desempeño intermedio para la sección estructural térrea de la línea ferroviaria.

- Calidad tolerable: aquellos materiales que garanticen desempeño mínimo aconsejable para la sección estructural térrea de la línea ferroviaria.

12.3.1 El Terraplén

Las capas con material calidad de terraplén se construyen sobre el suelo de sustentación ya estabilizado y libre de la capa de materia vegetal que se pueda encontrar sobre de este, o sobre el lecho rocoso que ya haya sido perfilado. Sirven para alcanzar los niveles de proyecto que satisfagan las condiciones geométricas y evitar la contaminación de las capas subsecuentes que darán asiento a la vía férrea. Para efectos estructurales se supone que los esfuerzos ya fueron correctamente disminuidos por estas capas subsecuentes para llegar con valores muy bajos hacia el terraplén y/o al terreno natural.

Los materiales que se empleen en la construcción de las capas del terraplén podrán provenir de las excavaciones en el terreno de sustentación, de préstamos laterales o de bancos de préstamo; deberán estar libres de materia orgánica y tener un muy bajo potencial expansivo.

Los valores de calidad que debe cumplir el material a emplearse en las capas de terraplén son los siguientes:

PARA LAS CAPAS CON MATERIAL CALIDAD DE TERRAPLÉN			
CARACTERISTICA	C A L I D A D		
	DESEABLE	ADECUADA	TOLERABLE
Granulometría (1) Tamaño mínimo (mm)	80% < 76 95% < 200	80% < 750	----
Tamaño máximo (mm)	----	1,000 ó 1/2 espesor	1,500 ó 1/2 espesor
Porcentaje de finos (material menor a 0.074 mm)	30% máximo	40% máximo	40% máximo
Límite líquido (LL)	40% máximo	50% máximo	60% máximo
Indice plástico (IP)	15% máximo	20% máximo	25% máximo
Compactación (2) (Proctor estándar, variante 'A')	95% mínimo	95% ± 2%	95% ± 2%
V. R. S. (3) (Compactación dinámica)	10% mínimo	10% mínimo	5% mínimo
Expansión	3% máximo	3% máximo	3% máximo
(1) Porcentaje en volumen (2) Con humedad de compactación igual, o ligeramente mayor a la óptima de la prueba (3) Al porcentaje de compactación indicado y con contenido de agua recomendable, la del material en el banco, a 1.50 metros de profundidad.			

Tabla 12.1: Características que debe cumplir el material para ser considerado en las capas del terraplén.

12.3.2 La Subrasante

Las capas con material calidad de subrasante se construyen sobre las capas que tengan material calidad de terraplén o directamente sobre el terreno de sustentación (ya sea constituido por suelos o rocas) siempre y cuando este cumpla la calidad descrita para el terraplén. Las capas de subrasante ya deben cumplir funciones estructurales para soportar las cargas y distribuir esfuerzos, además deben llegar a formar una superficie suavizada y nivelada para recibir las capas subsecuentes que se construirán sobre de estas.

Los valores de calidad que debe cumplir el material a emplearse en las capas de subrasante son los siguientes:

PARA LAS CAPAS CON MATERIAL CALIDAD DE SUBRASANTE			
CARACTERISTICA	CALIDAD		
	DESEABLE	ADECUADA	TOLERABLE
Granulometría (1)			
Tamaño máximo (mm)	76	76	76
Porcentaje de finos (material menor a 0.074 mm)	30% máximo	40% máximo	50% máximo
Límite líquido (LL)	30% máximo	40% máximo	50% máximo
Indice plástico (IP)	10% máximo	20% máximo	25% máximo
Compactación (1) (Proctor estándar, variante 'A')	100% mínimo	100% ± 2%	100% ± 2%
V. R. S. (2) (Compactación dinámica)	30% mínimo	20% mínimo	15% mínimo
Peso volumétrico seco máximo (Kg/m³)	1,600 mínimo	1,600 mínimo	----
(1) Con humedad de compactación hasta 3% mayor a la óptima de la prueba (2) Al porcentaje de compactación indicado y con contenido de agua recomendable, la del material en el banco, a 1.50 metros de profundidad.			

Tabla 12.2: Características que debe cumplir el material para ser considerado en las capas de subrasante.

12.3.3 El Subbalasto

El subbalasto es la capa de asiento que se construye sobre la subrasante y que dará soporte al balasto que soportará y envolverá finalmente al emparrillado de la vía férrea. Esta capa debe tener una buena granulometría, contracción lineal reducida y un alto valor cementante. Al construirse debe contar con una geometría tal que garantice el correcto desalojo lateral del agua pluvial, para lo cual se deben considerar pendientes transversales (bombeo) y se recomienda impregnarla en algún agente impermeable, que puede ser emulsión asfáltica; además debe impedir la incrustación de las partículas del balasto al cuerpo de la demás estructura térrea y, por supuesto, soportar las cargas y distribuir los esfuerzos disminuidos a las capas subyacentes.

En obras nuevas se recomienda construir al subbalasto con muy poco tiempo de diferencia antes de construir sobre de este la vía férrea para evitar el deterioro que ocasionaría sobre de este el tráfico del equipo de construcción; no obstante es imposible impedir que sobre de este lleguen a circular cierta cantidad de vehículos, se debe garantizar que sea lo menos posible para no tener que volver a trabajar la capa por medio de escarificado y vuelta a afinar. Una vez que se ha aplicado la impregnación a la superficie del balasto ya no deberán circular sobre esta capa los vehículos.

Figura 12.10: Construcción de subbalasto con material granular (grava de trituración de 3/4" a finos) para un ladero.

En ciertos tramos de líneas ferroviarias se puede utilizar el balasto viejo, que ya ha sido pulverizado por el tráfico de los trenes durante su vida de servicio, para mezclar con algún material inerte y con la suficiente cohesión para formar la capa de subbalasto.

Al evaluar la calidad del material que constituirá la capa de subbalasto, el Instituto Mexicano del Transporte, además de las pruebas que se aplican convencionalmente a los materiales anteriormente descritos (granulometría, índices de plasticidad, valor relativo de soporte y peso volumétrico), incluye cierto valor para el 'índice de durabilidad', el cual es un valor que simula el intemperismo que los agregados pueden llegar a experimentar en condiciones de servicio dentro de su correspondiente capa de asiento en la estructura térrea de la vía férrea.

El índice de durabilidad o resistencia al intemperismo de los agregados se obtiene al someter estos a una solución saturada de sulfato de sodio o magnesio.

Para la prueba se sumergen fracciones conocidas del agregado que se ha de probar en una solución saturada de sulfato de sodio o magnesio. Luego se retira el agregado y se seca en un horno hasta que alcance una masa constante. Se repite este proceso para un número especificado de ciclos, normalmente cinco. Después de los ciclos alternados de mojado y desecación, se divide al agregado en fracciones haciéndolo pasar por las mallas y se determina para cada fracción el porcentaje de pérdida de peso. El porcentaje de pérdida se expresa como un promedio pesado. Para un tamaño dado de malla, el porcentaje de pérdida promedio por peso es el producto del porcentaje que pasa por esa malla y el porcentaje que pasa por esa malla en el material original. El total de estos valores es el valor de prueba de perdida en porcentaje. En algunos países se suele sustituir esta prueba por la de 'Micro-Deval', para obtener este mismo índice.

Los valores de calidad que debe cumplir el material a emplearse en las capas de subbalasto son los siguientes:

PARA LAS CAPAS CON MATERIAL CALIDAD DE SUBBALASTO		
CARACTERISTICA	CALIDAD	
	DESEABLE	ADECUADA
Granulometría (1) Zona granulométrica	1 y 2	1 a 3
Tamaño máximo (mm)	51	51
Porcentaje de finos (material menor a 0.074 mm)	15% máximo	25% máximo
Límite líquido (LL)	25% máximo	30% máximo
Indice plástico (IP)	6% máximo	10% máximo
Equivalente de arena	40% mínimo	30% mínimo
Indice de durabilidad	40% mínimo	35% mínimo
Compactación (Proctor estándar, variante 'A')	100% mínimo	100% mínimo
V. R. S. (1) (Compactación dinámica)	40% mínimo	30% mínimo
Peso volumétrico seco máximo (Kg/m³)	1,700 mínimo	1,700 mínimo
(1) Al porcentaje de compactación indicado y con contenido de agua recomendable, la del material en el banco, a 1.50 metros de profundidad.		

Tabla 12.3: Características que debe cumplir el material para ser considerado en las capas de subbalasto.

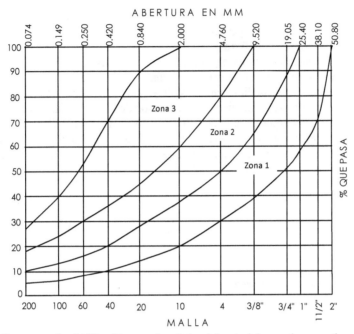

Figura 12.11: Zonas para la clasificación granulométrica del material a emplearse en las capas de subbalasto.

12.3.4 El Balasto

El balasto, observando la sección transversal de la vía férrea, será la primer capa de asiento sobre la que descansará el emparrillado de la vía férrea, zona que se denomina "cama de balasto"; pero, además, el balasto debe envolver lateralmente a la vía en cierto ancho sin dejar las caras transversales de los durmientes al descubierto, zona que se denomina "hombro del balasto" o, coloquialmente, "banqueta del balasto".

Una de las principales funciones del balasto es la de anclar a la vía férrea proporcionándole resistencia contra los movimientos laterales, longitudinales y verticales del emparrillado, es decir la dota de estabilidad.

Además, la sección de balasto soporta y distribuye la carga aplicada por el tránsito de trenes como una presión que se considera uniformemente distribuida a la capa inmediata debajo de esta, proporciona drenaje inmediato a la vía férrea, facilita el mantenimiento y proporciona la elasticidad necesaria para los desplazamientos verticales del emparrillado.

Un buen drenaje es de suma importancia para asegurar la estabilidad requerida. Por este motivo el balasto debe cumplir ciertas características granulométricas que lo mantengan libre de finos, y durante su proceso constructivo esta capa no se compacta, si no que se alcanza el máximo acomodo de sus partículas mediante un proceso denominado 'calzado' del balasto; estas dos condiciones evitaran que las oquedades entre sus partículas se taponen y así darán el paso requerido a las aguas pluviales que ocurran sobre la vía férrea.

El calzado de balasto consta en el acomodo de las partículas que lo constituyen, mediante la introducción de barras de acero en la capa de material, bajo la cara inferior de los durmientes, y golpeando sucesivamente por medios manuales o mecánicos de manera enérgica; este proceso debe realizarse hasta lograr la correcta nivelación y alineación de la vía férrea, dotando a esta de la rigidez solicitada en proyecto para que sufra la deformación vertical limitada en el diseño. Una vez que la sección de la vía férrea comienza a presentar deficiencias en alineación o nivelación se procede a realizar otro calzado de la vía férrea como parte de los programas de mantenimiento preventivo y/o correctivo.

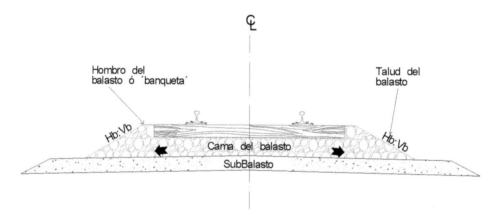

Figura 12.12: Nomenclatura para la sección del balasto

Figura 12.13: Cuadrilla de mantenimiento realizando deshierbe a la capa de balasto; línea L, entre Cárdenas y Tamasopo, San Luis Potosí.

El Instituto Mexicano del Transporte recomienda los siguientes valores de calidad que debe cumplir el balasto:

PARA LAS CAPAS CON MATERIAL CALIDAD DE BALASTO		
CARACTERISTICA	CALIDAD	
	DESEABLE	ADECUADA
Granulometría (1) Zona granulométrica	"ZONA PARA BALASTO", ver en la gráfica anexa	
Tamaño máximo (mm)	38	51
Porcentaje de finos (1) (material menor a 0.074 mm)	0%	5% máximo
Equivalente de arena	50% mínimo	40% mínimo
Desgaste de Los Ángeles	30% máximo	40% máximo
Indice de durabilidad	50% mínimo	40% mínimo
Peso volumétrico seco máximo (Kg/m³)	1,800 mínimo	1,800 mínimo
Particulas angulosas	90% mínimo	60% mínimo
(1) Con un límite líquido del 25%, máximo.		

Tabla 12.4: Características que debe cumplir el material para ser considerado en la capa de balasto, según el Instituto Mexicano del Transporte.

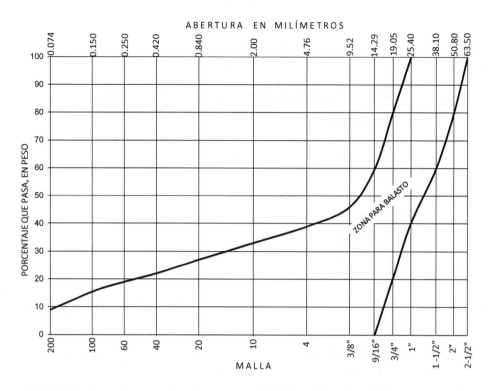

Figura 12.14: Zona para la clasificación granulométrica del material a emplearse en la capa de balasto, según el Instituto Mexicano del Transporte.

La granulometría del material para balasto tiene un tamaño máximo de 2.5" (63.50 mm) debido a las dificultades que presentaría un material grande para la precisión con la cual debe ser nivelada la vía, los tamaños menores de la malla numero 4 (4.76 mm) se aceptan en la graduación del balasto debido a que al incluir cierta cantidad de partículas con esta gama de tamaños ayudan a la mejor repartición de cargas. En todo momento es deseable que no más del 9% del material, en peso, pase por la malla #200 y dicho porcentaje debe estar libre de plasticidad.

Los materiales que cumplen con las características exigidas al balasto son aquellos que se obtienen de la trituración de rocas o de escorias de fundición y en algunas ocasiones por la trituración parcial de conglomerados extraídos de depósitos naturales.

Figura 12.15: Calzando balasto mecánicamente.

La Asociación Americana para la Ingeniería y Mantenimiento de Vía (AREMA por sus siglas en inglés) clasifica, de acuerdo a su tamaño, al balasto en siete grupos, tal cual se puede observar en la siguiente tabla:

Nombre del tamaño	Abertura de la malla cuadrada	Porcentaje, en peso, que pasa									
		3"	2.5"	2"	1.5"	1"	3/4"	1/2"	3/8"	No. 4	No. 8
24	2.5" a 3/4"	100	90-100	---	25-60	---	0-10	0-5	---	---	---
25	2.5" a 3/8"	100	80-100	60-85	50-70	25-50	---	5-20	0-10	0-3	---
3	2" a 1"	---	100	95-100	35-70	0-15	---	0-5	---	---	---
4A	2" a 3/4"	---	100	90-100	60-90	10-35	0-10	---	0-3	---	---
4	1.5" a 3/4"	---	---	100	90-100	20-55	0-15	---	0-5	---	---
5	1" a 3/8"	---	---	---	100	90-100	40-75	15-35	0-15	0-5	---
57	1" a No. 4	---	---	---	100	95-100	---	25-60	---	0-10	0-5

Tabla 12.5: Clases de balasto y su granulometría de acuerdo a AREMA.

La AREMA específica que los tamaños 24, 25, 3, 4A y 4 deberán usarse en vías principales; los tamaños 5 y 57 son los más chicos para usar las vías dentro de patios ferroviarios, ya sean concesionados, industriales o particulares.

Por su parte, el ferrocarril Kansas City Southern de México establece divide al balasto, de acuerdo a su tamaño, en cuatro diferentes clases que se apegan, aproximadamente a lo dispuesto por AREMA, como se muestra a continuación:

Abertura de la Malla	CLASE DE BALASTO KCSM			
	A	B	C	D
	2" a 3/4"	1" a 3/8"	3/4"a finos	1.5" a finos
	Porcentaje, en peso, que pasa			
2.5"	100			
2"	90-100			
1.75"				
1.5"	60-90			
1.25"		100		
1"	10-35	90-100	100	
3/4"	0-10	40-75	90-100	50-90
1/2"		15-35	20-55	
3/8"	0-3	0-15	0-10	
No. 4		0-5	0-5	25-55
No. 8			0-1	
No. 200	0-0.5	0-0.5	0-1	3-10

Tabla 12.6: Clases de balasto y su granulometría de acuerdo a KCSM.

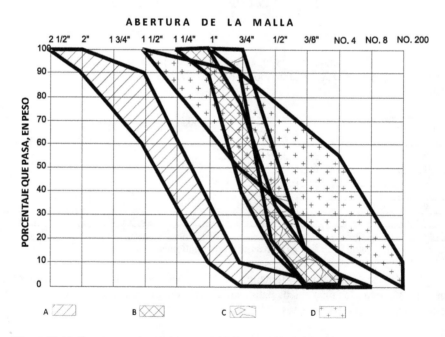

Figura 12.16: Curvas granulométricas para el balasto, subbalasto y base, de acuerdo al KCSM.

El ferrocarril KCSM indica, además, que el material con granulometría clase A debe emplearse en las vías principales, el material con granulometría clase B es la gama de tamaños más pequeña que podrá usarse en ramales o patios ferroviarios, el material con granulometría clase C es adecuado para emplearse en la capa de subbalasto y el material con granulometría clase D se recomienda emplear en la base, o última capa del terraplén, donde se soportará al subbalasto.

Además de la granulometría, tanto la AREMA como el KCSM, establecen las características que debe cumplir el material para emplearse en la capa de balasto, de acuerdo a la roca de la cual provengan o, también, para la escoria de fundición, exceptuando al material con granulometría clase D.

PROPIEDADES DE BALASTO SEGÚN EL ORIGEN DEL MATERIAL					
CARACTERISTICA	GRANITO	CALIZA	CUARZITA	BASALTO	ESCORIA DE FUNDICIÓN
Finos (material <0.074mm)	1% max	1% max	1% max	1% max	1% max
Densidad relativa	2.60	2.60	2.60	2.30	2.90
Porcentaje de absorción	1% max	2% max	1% max	2% max	2% max
Bultos de arcilla y particulas deleznables	0.5% máximo				
Desgaste (prueba de Los Ángeles)	35% max	35% max	30% max	40% max	30% max
Material disuelto en sulfato de sodio	5% máximo				
Particulas planas y alargadas	5% máximo				

Tabla 12.7: Propiedades que debe cumplir el material para emplearse como balasto, de acuerdo a AREMA y KCSM.

Como podemos observar en las tablas 12.4 y 12.7 se está incluyendo la Prueba de Desgaste de Los Ángeles, la cual se realiza al introducir en un tambor cilíndrico metálico a la muestra del material más una carga abrasiva constituida por esferas solidas de acero. Se hace girar el tambor cierta cantidad de ciclos tras los que se retira la muestra del tambor y se le separan sus partículas menores a 1.7mm (malla número 12), la diferencia entre los pesos de la muestra original y del materia al que ya se le separaron dichas partículas, entre el peso de la muestra original, será el porcentaje de desgaste que sufre el material.

En las propiedades exigidas por AREMA y KCSM podemos ver que se exige cierto porcentaje máximo de material que se haya disuelto en sulfato de sodio, este valor es el inverso al del 'índice de durabilidad', que también se puede obtener con la prueba de 'Micro - Deval', mencionada anteriormente.

La capa de balasto, entonces, cumple diversas funciones que son conmensurables con algún factor específico del material:

- Las funciones de proporcionar elasticidad y amortiguamiento, transmitir y disminuir las presiones que bajan hacia el subbalasto, o infraestructura térrea, se logran mediante un correcto espesor de la capa del balasto.
- La función de lograr una correcta resistencia a la abrasión como consecuencia del contacto con estructuras rígidas, así como aquella ocasionada por el intemperismo, se mide mediante el 'índice de durabilidad' o 'coeficiente de Deval'.

- El correcto acomodo de sus partículas, el correcto agarre al emparrillado de la vía y el correcto drenaje de las agua pluviales, se logran mediante una granulometría adecuada.

12.4 Los espesores para las capas de asiento

En los inicios del ferrocarril el emparrillado de la vía se soportaba directamente sobre el terreno de sustentación, previamente mejorado, es decir, los durmientes entraban en contacto directo con el suelo o roca existente a lo largo del itinerario de la línea ferroviaria.

Como es de esperarse, cuando el terreno de sustentación estaba constituido por suelos, con el tiempo este emparrillado se hundía debido a que las cargas superaban la capacidad portante del suelo y, cuando el terreno estaba constituido por rocas, los durmientes muy fácilmente se rompían debido a la escaza o nula elasticidad que este tipo de terreno ofrece.

Figura 12.17: Vías férreas antiguas próximas a una estación. Obsérvese la ausencia de balasto y el hundimiento de los durmientes en el terreno de sustentación.

Debido a esto se introduce bajo el durmiente la capa denominada balasto que está constituida por un material granular que, como ya se ha mencionado, provee una buena capacidad para resistir y transmitir cargas, facilita la evacuación de las aguas provenientes de lluvias, protege a las capas subyacentes contra las variaciones de humedad, da estabilidad vertical, longitudinal y lateral a la vía además de que provee el correcto amortiguamiento, o elasticidad, requerido bajo los efectos de la circulación del tren. Es de tal importancia el buen desempeño del balasto en la vía férrea que, inclusive, al día de hoy, se debe tener un correcto programa de mantenimiento en esta capa para evitar su pérdida o contaminación.

A la cara inferior de los durmientes llegan esfuerzos cuyo valor puede obtenerse por el método del profesor Zimmermann, como ya se ha expuesto en el capítulo del Análisis Mecánico de la Vía; al conocer estos esfuerzos lo que ahora resta es estimar el comportamiento y la forma en que estos se distribuyen en el material granular que forma el balasto, para efectos prácticos se supone que el balasto descargará un nivel uniforme de esfuerzos, y así poder determinar su espesor.

Figura 12.18: Línea U, 55 kilómetros al norte de Puerto Peñasco, Sonora, en el Desierto de El Altar. La vía férrea ha perdido parte de la capa del balasto por erosión del viento y se ha contaminado por las tormentas de arena.

Las expresiones propuestas para calcular el espesor de las capas de balasto, y los esfuerzos que son soportados por estas, han sido desarrolladas de forma empírica gracias a experimentaciones y mediciones directamente en campo desde principios del siglo XX.

La AREMA acepta para este efecto los estudios desarrollados por el profesor Ingeniero Civil Arthur Newell Talbot, en los Estados Unidos, entre los años de 1915 y 1917 los cuales demostraron, para diferentes profundidades, la forma en que las presiones son distribuidas en la estructura térrea que da soporte a las vías férreas.

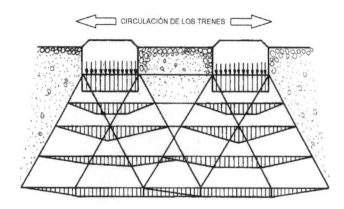

Figura 12.19: Forma en que se distribuyen las presiones en el espesor de la estructura, estudio de Talbot.

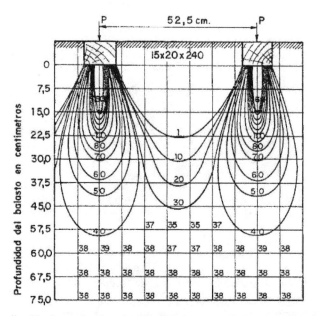

Figura 12.20: Distribución de presiones en la capa de balasto, resultados de Talbot entre 1915 y 1917.

Matemáticamente la expresión que el profesor Talbot propone para determinar los esfuerzos a distintas profundidades del balasto es:

$$\sigma_b = \frac{16.80 \cdot \sigma_t}{h^{1.25}}$$
Ecuación 12.8.

Donde:

σ_b = Esfuerzo que ofrece el balasto, incluyendo el factor de seguridad [kg/cm²]
σ_t = Esfuerzo que actúa sobre el balasto [kg/cm²]
h = profundidad a la que se estudia el esfuerzo [cm]

12.4.1 Aplicación práctica del método de Talbot en un sistema multicapas.

La aplicación de la ecuación del profesor Talbot, aceptada actualmente por AREMA, para un sistema multicapa como el que se ha expuesto en los apartados anteriores, donde se construyen las capas de asiento dentro de un terraplén compuesto por balasto, subbalasto y subrasante, consiste en obtener el esfuerzo actuante a distintas profundidades dentro de las distintas capas de asiento y compararlo contra el esfuerzo admisible en cada estrato del cuerpo de terracerías.

Este esfuerzo admisible se estima análogo a una capacidad de carga para cada una de las capas de asiento y puede obtenerse por alguna de las distintas ecuaciones que la Mecánica de Suelos ofrece al respecto, sin embargo la que se considera más adecuada, por involucrar implícitamente los valores de la cohesión del suelo, la superficie donde se aplica la carga y la profundidad a la que se está estudiando el esfuerzo, es la obtenida por el Ingeniero Karl Von Terzaghi:

$$\sigma = 1.3cN_c + \gamma D_p N_q + 0.4\gamma B N_\gamma \qquad \text{Ecuación 12.9.}$$

Como vimos, en la expresión del profesor Talbot, el esfuerzo admisible debe incluir ya el factor de seguridad, por lo tanto la ecuación 12.9 quedaría como sigue:

$$\sigma = \frac{1.3cN_c + \gamma D_p N_q + 0.4\gamma B N_\gamma}{F.S.} \qquad \text{Ecuación 12.10.}$$

Donde:

σ = Esfuerzo admisible [Kg/m²]
c = Cohesión del material [Kg/m²]
N_c, N_q, N_γ = Factores que dependen del ángulo de fricción interna del material [adimensionales]
γ = Peso volumétrico del material [Kg/m³]
D_p = Profundidad de desplante [m]
B = Ancho de la franja donde se está presentando el esfuerzo [m]
F. S. = Factor de seguridad.

Los factores que dependen del ángulo de fricción interna pueden calcularse a partir de las siguientes ecuaciones:

$$N_\emptyset = tan^2\left(45 + {}^\emptyset\!/_2\right)$$
Ecuación 12.11.

$$N_q = (e^{\pi tan\emptyset}) \cdot N_\emptyset$$
Ecuación 12.12.

$$N_c = \left(N_q - 1\right) \cdot cot\emptyset$$
Ecuación 12.13.

$$N_\gamma = \left(N_q - 1\right) \cdot tan(1.4\emptyset)$$
Ecuación 12.14.

Donde:

N_c, N_q, N_γ = Factores que dependen del ángulo de fricción interna del material [adimensionales]
ϕ = Ángulo de fricción interna del material [grados]

O bien se pueden obtener haciendo uso de la siguiente gráfica:

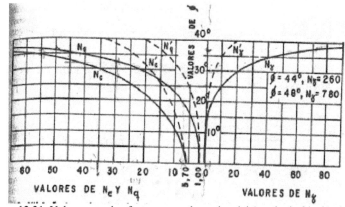

Figura 12.21: Valores para los factores que dependen del ángulo de fricción interna

En cuanto al factor de seguridad, como ya se sabe, es un valor que se define como la proporción de la resistencia de la estructura a las cargas y/o esfuerzos que sobre de ella ocurren, matemáticamente se expresa como:

$$F.S. = \frac{R}{L}$$
Ecuación 12.15.

Donde:

F.S. = Factor de seguridad [adimensional].
R = Resistencia de la estructura [unidades de fuerza o esfuerzo].
L = Fuerza o esfuerzo que está actuando sobre la estructura [unidades de fuerza o esfuerzo].

La magnitud del factor de seguridad depende de que tan fiables son los datos de diseño, la evaluación de la resistencia estructural y las cargas aplicadas.

En el diseño de cimentaciones y/o estructuras térreas hay más incertidumbres y aproximaciones que en el diseño de otras estructuras por la complejidad del comportamiento del suelo así como por el conocimiento incompleto de las condiciones del subsuelo, por este motivo es común en este tipo de obras emplear valores para el factor de seguridad de entre 2 y 3.

12.4.2 Esfuerzos actuantes y espesores de las distintas capas de asiento.

Si analizamos el momento justo cuando la carga de una rueda del tren está aplicada directamente sobre un hilo del emparrillado de la vía férrea, coincidiendo centrada con un durmiente, el estado de esfuerzos que bajan a la estructura térrea de la vía férrea podría representarse como sigue:

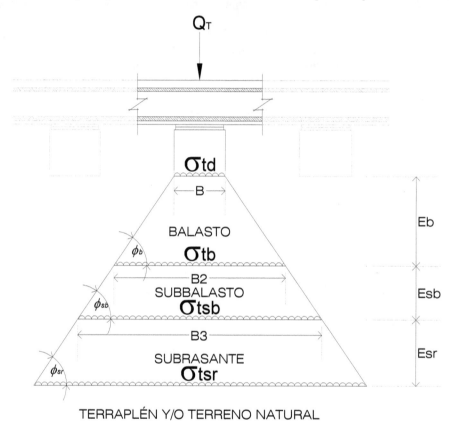

Figura 12.22: Esfuerzos que actúan en un sistema multicapa en la estructura térrea de las vías férreas.

En donde:

Q_T = Fuerza total que una rueda transmite a un hilo del emparrillado de vía [Kg]

σ_{td} = Esfuerzo que desde un durmiente se transmite al balasto, por un hilo de la vía [Kg/m²]

B = Ancho de la franja de aplicación del esfuerzo, en la parte inferior del durmiente [m]

E_b = Espesor de la cama del balasto [m]

ϕ_b = Ángulo de fricción interna para el material que constituye el balasto [grados]

σ_{tb} = Esfuerzo que desde el balasto se transmite al subbalasto, por un hilo de la vía [Kg/m²]

B2 = Ancho de la franja de aplicación del esfuerzo, en la superficie del subbalasto [m]

E_{sb} = Espesor de la capa subbalasto [m]

ϕ_{sb} = Ángulo de fricción interna para el material que constituye el subbalasto [grados]

σ_{tsb} = Esfuerzo que desde el subbalasto se transmite a la subrasante, por un hilo de la vía [Kg/m²]
B3 = Ancho de la franja de aplicación del esfuerzo, en la superficie de la subrasante [m]
E_{sr} = Espesor de la capa subrasante [m]
ϕ_{sr} = Ángulo de fricción interna para el material que constituye a la subrasante [grados]

Al sustituir valores en la ecuación del profesor Talbot (ecuación 12.8), para cada una de las capas, obtenemos:

El esfuerzo admisible en la cama de balasto:

$$\sigma_b = \frac{16.80 \cdot \sigma_{td}}{E_b{}^{1.25}}$$
Ecuación 12.16.

Al despejar, obtendremos el espesor requerido para la cama de balasto:

$$E_b = \left(\frac{16.80 \cdot \sigma_{td}}{\sigma_b}\right)^{0.80}$$
Ecuación 12.17.

Análogamente, el esfuerzo admisible en la capa de subbalasto:

$$\sigma_{sb} = \frac{16.80 \cdot \sigma_{tb}}{E_{sb}{}^{1.25}}$$
Ecuación 12.18.

Al despejar, obtendremos el espesor requerido para la capa de subbalasto:

$$E_{sb} = \left(\frac{16.80 \cdot \sigma_{tb}}{\sigma_{sb}}\right)^{0.80}$$
Ecuación 12.19.

De igual forma, el esfuerzo admisible en la capa de subrasante será:

$$\sigma_{sr} = \frac{16.80 \cdot \sigma_{tsb}}{E_{sr}^{1.25}}$$ Ecuación 12.20.

Al despejar, obtendremos el espesor requerido para la capa de subrasante:

$$E_{sr} = \left(\frac{16.80 \cdot \sigma_{tsb}}{\sigma_{sr}}\right)^{0.80}$$ Ecuación 12.21.

Y así sucesivamente en la cantidad de capas de asiento que el diseño arroje, hasta lograr que el nivel de esfuerzos transmitido al terraplén y/o terreno natural llegue lo suficientemente disminuido para que estos lo soporten con seguridad.

12.4.3 Esfuerzo resistente para las distintas capas de asiento.

Al igualar el esfuerzo resistente de cada capa de asiento con el esfuerzo admisible correspondiente para estas se podrá conocer el espesor requerido.

Para tal efecto emplearemos la ecuación de Terzaghi (ecuación 12.9) pero ya incluyéndole el factor de seguridad elegido para el proyecto, tal como se describe en la ecuación 12.10.

El esfuerzo resistente para la capa de balasto será, entonces:

$$\sigma_b = \frac{1.3c1N_c + \gamma_b D_p N_q + 0.4\gamma_b B N_\gamma}{F.S.}$$

Las características propias del material que constituye al balasto implican que su cohesión sea nula y, debido a su posición dentro de la estructura térrea, los esfuerzos se aplican justo en la superficie; por lo tanto podemos simplificar la ecuación anterior y queda de la siguiente forma:

$$\sigma_b = \frac{0.4\gamma_b B N_{\gamma b}}{F.S.}$$ Ecuación 12.22.

Donde:

σ_b = Esfuerzo admisible por la capa de balasto [Kg/m²]
c1 = Cohesión del material que constituye al balasto [Kg/m²]
N_c, N_q, N_γ = Factores que dependen del ángulo de fricción interna del material [adimensionales]
γ_b = Peso volumétrico del balasto [Kg/m³]
D_p = Profundidad de desplante [m]
B = Ancho de la franja donde se está presentando el esfuerzo [m]
F. S. = Factor de seguridad.

Entonces, de manera similar, obtenemos el esfuerzo resistente para la capa de subbalasto y subrasante:

$$\sigma_{sb} = \frac{1.3c2N_c + \gamma_{sb}E_pN_q + 0.4\gamma_{sb}B2N_\gamma}{F.S.}$$ Ecuación 12.23.

$$\sigma_{sr} = \frac{1.3c3N_c + \gamma_{sr}(E_p+E_{sb})N_q + 0.4\gamma_{sr}B3N_\gamma}{F.S.}$$ Ecuación 12.24.

Es la experiencia general dentro del estudio de la Mecánica de Suelos que en las mezclas de suelos granulares con cierta cantidad de finos y/o con suelos limosos, así como en los suelos constituidos por limos únicamente (que es el caso para los materiales que constituyen al subbalasto y a la subrasante, respectivamente), el valor de la cohesión adquiere magnitudes muy bajas, sin embargo es importante considerarlas para evaluar el esfuerzo resistente de estas capas.

En las ecuaciones 12.23 y 12.24 tenemos que:

σ_{sb} = Esfuerzo admisible por la capa de subbalasto [Kg/m²]
C2 = Cohesión del material que constituye al subbalasto [Kg/m²]
N_c, N_q, N_γ = Factores que dependen del ángulo de fricción interna del material [adimensionales]
γ_{sb} = Peso volumétrico del subbalasto [Kg/m³]
E_b = Espesor del balasto [m]
B2 = Ancho de la franja donde se está presentando el esfuerzo [m]
F. S. = Factor de seguridad.

σ_{sr} = Esfuerzo admisible por la capa de subrasante [Kg/m²]
C3 = Cohesión del material que constituye a la subrasante [Kg/m²]
γ_{sr} = Peso volumétrico de la subrasante [Kg/m³]
E_{sb} = Espesor del subbalasto [m]
B3 = Ancho de la franja donde se está presentando el esfuerzo [m]
F. S. = Factor de seguridad.

12.4.4 La teoría elástica en el sistema multicapas.

Además del criterio basado en los ángulos de distribución de presiones para el dimensionamiento de las capas de asiento, desde la segunda mitad del siglo XX, a raíz de la construcción de líneas de alta velocidad, el ferrocarril siguió de forma casi paralela los avances en los estudios para el diseño de los terraplenes en carreteras aplicando las teorías de los sistemas elásticos multicapas.

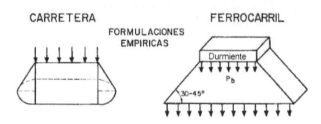

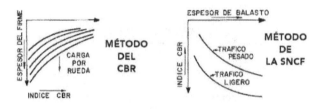

Figura 12.23: Comparación de los criterios para el diseño de capas de pavimento en carreteras y capas de asiento en vías férreas (Fuente: Andrés López Pita) (CBR = California Bearing Ratio; SNCF = Société Nationale des Chemins de fer Français)

Estos métodos consisten primeramente en calcular los esfuerzos en la cara inferior de los durmientes por el método de Zimmermann, a continuación proponer espesores para las distintas capas: balasto, subbalasto, subrasante, etcétera y, de acuerdo con las teorías elásticas, calcular el nivel de esfuerzos en la superficie de cada material para compararlo con el esfuerzo admisible en cada capa; hasta este punto todo el proceso parece ser similar al anteriormente descrito pero, para conocer el esfuerzo admisible en cada capa se hace uso de ecuaciones como la que propone el profesor Ingeniero Civil W. Heukelom:

$$\sigma_{adm} \approx \frac{0.006 E_d}{1+(0.7 \cdot logN)}$$

Ecuación 12.25.

Donde:

σ_{adm} = Esfuerzo admisible por la capa [Kg/cm²]
Ed = Modulo de elasticidad dinámico del material en la capa considerada [Kg/cm²]
N = Cantidad de ciclos de carga que la capa soportará

En las líneas de alta velocidad Europea se acepta que la cantidad de ciclos sea igual a $N = 2 \times 10^6$.

12.4.5 Secciones estructurales térreas recomendadas por el IMT

El Instituto Mexicano del Transporte en 1991 publicó el estudio realizado por los Ingenieros Alfonso Rico Rodriguez, Juan Manuel Orozco y Orozco, Rodolfo Tellez Gutierrez y Alfredo Pérez García, donde enlistan las secciones estructurales térreas recomendadas para los Ferrocarriles en México, de acuerdo al tipo de vía férrea y calidad del material como ya se ha explicado:

TIPO DE VÍA FÉRREA	SUBRASANTE		SUBBALASTO		CAMA DE BALASTO	
	ESPESOR	CALIDAD	ESPESOR	CALIDAD	ESPESOR	CALIDAD
TIPO I	40 cm	Deseable	20 cm	Deseable	20 cm	Deseable
TIPO II	40 cm	Adecuada	20 cm	Deseable	20 cm	Deseable
TIPO III	40 cm	Tolerable	20 cm	Adecuada	20 cm	Adecuada

Tabla 12.8: Secciones estructurales térreas recomendadas por el Instituto Mexicano del Transporte

12.5 Anchos en la sección transversal para la estructura de vía férrea

Los espesores en las distintas capas de asiento son el elemento que soportará, distribuirá y minimizará los esfuerzos que son provocados al emparrillado de la vía férrea por la circulación de los trenes, sin embargo el ancho de estas capas, visto en la sección transversal, tiene la función de proveer estabilidad al emparrillado de la vía férrea, encauzar las aguas de lluvia alejándolas de la sección estructural y proteger a todo el sistema contra los deslaves o erosiones que pueden ser causadas por el intemperismo teniendo cierto margen de seguridad.

Los Ferrocarriles Nacionales de México recomiendan las siguientes dimensiones mínimas para emplearse en la sección transversal, tanto en corte como en terraplén:

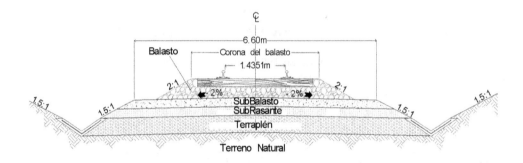

Figura 12.24: Anchos mínimos para la sección en corte recomendados por los FNM.

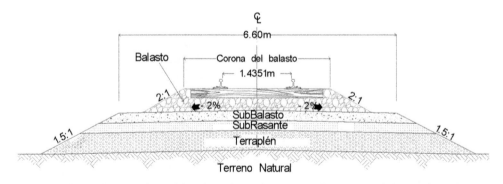

Figura 12.25: Anchos mínimos para la sección en terraplén recomendados por los FNM.

En ambos casos los Ferrocarriles Nacionales de México recomiendan que el hombro del balasto tenga un ancho mínimo, desde el extremo del durmiente, de 30 centímetros; por lo tanto el ancho para la Corona del Balasto será la longitud del durmiente más 60 centímetros.

Por ejemplo, los durmientes de concreto tienen una longitud de 244 cm, entonces la corona del balasto en vías con este tipo de durmientes tendrá un ancho de 304 cm; actualmente (año 2016) los durmientes de madera que más se usan para la vía tienen largos de 244 cm y 274 cm, entonces la corona del balasto en estos casos tendrá un ancho de 304 cm y 334 cm respectivamente.

Para los cortes y el talud de la estructura térrea los FNM recomiendan una relación de 1.5 a 1, mientras que para el talud del balasto recomiendan una relación de 2 a 1.

El ferrocarril Kansas City Southern de México es el único de los concesionarios del Sistema Ferroviario Mexicano que actualmente (año 2016) emite recomendaciones para las dimensiones mínimas de la sección transversal, tanto en corte como en terraplén y, además, las divide en 'vías principales' y 'vías industriales'. Sus disposiciones son mucho más conservadoras que las emitidas por los FNM para ofrecer una mayor seguridad contra deslaves y erosiones que pudieran afectar a la sección, tal cual se muestra en las siguientes figuras:

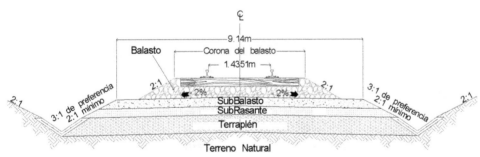

Sección en corte para vía principal, de acuerdo al KCSM

Figura 12.26: Anchos mínimos para la sección en corte de vías férreas principales, recomendados por KCSM.

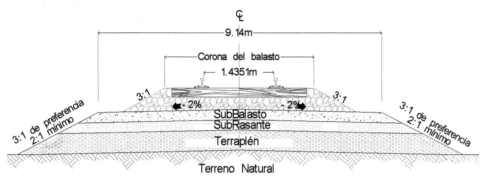

Sección en terraplén para vía principal, de acuerdo al KCSM

Figura 12.27: Anchos mínimos para la sección en terraplén de vías férreas principales, recomendados por KCSM.

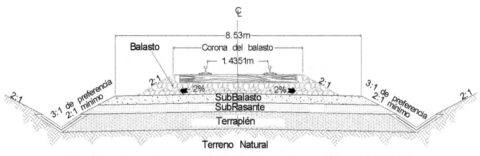

Sección en corte para vía industrial, de acuerdo al KCSM

Figura 12.28: Anchos mínimos para la sección en corte de vías férreas industriales, recomendados por KCSM.

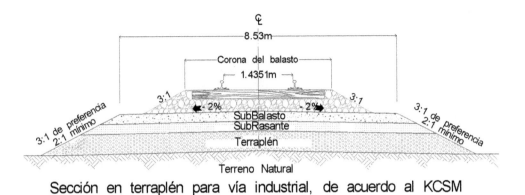

Sección en terraplén para vía industrial, de acuerdo al KCSM

Figura 12.29: Anchos mínimos para la sección en terraplén de vías férreas industrial, recomendados por KCSM.

En cuanto a la corona del balasto, el ferrocarril KCSM recomienda que el hombro del balasto tenga un ancho mínimo, desde el extremo del durmiente, de 122 centímetros; por lo tanto el ancho para la Corona del Balasto será la longitud del durmiente más 244 centímetros. Como ya se mencionó, durmientes de concreto tienen una longitud de 244 cm, entonces la corona del balasto en vías con este tipo de durmientes, y que estén en la zona concesionada al ferrocarril KCSM, deberá tener un ancho de 488 cm; si se emplean durmientes de madera, este ferrocarril requiere, mínimo, durmientes con 274 cm de longitud, por lo tanto la corona de balasto en este caso tendrá un ancho de 518 cm.

Ingeniería de Vías Férreas

13 Los Gálibos

El término gálibo deriva del vocablo árabe qálib, qālab o qālib, el cual, a su vez, proviene de la palabra griega καλόπους, "horma". Con esta expresión se designa a las todas las dimensiones máximas, ya sean de altura como de anchura, que pueden tener los vehículos y también para hacer referencia a la zona geométrica (generalmente en forma poligonal) que debe estar libre de obstáculos alrededor de un sitio.

En específico para las vías férreas, se conoce como "gálibo" a la distancia mínima de paso que deben permitir los túneles, puentes y otras estructuras, así como la cercanía máxima de postes, semáforos, señales y resto de objetos contiguos a la vía. En el ámbito ferrocarrilero el término "gálibo" también, generalmente, se usa para marcar la medida máxima de los vagones que pueden circular simultáneamente por un determinado tramo que cuente con doble vía.

13.1 Contorno de referencia

La circulación segura de los trenes por la vía férrea obliga a que se respeten ciertas dimensiones en los primeros y determinadas disposiciones en la segunda. Es debido a esto que, en el contexto ferroviario, el gálibo se defina como "Un contorno de referencia, con ciertas reglas de aplicación".
Es normal, entonces, hablar de 'gálibo del equipo tractivo', 'gálibo del equipo remolcado', 'gálibo de carga', 'gálibo de puentes', 'gálibo de túneles', 'gálibo de obstáculos', etcétera.

En lo que se refiere a los dos primeros tipos de gálibo mencionados (el del equipo tractivo y el equipo remolcado), atañen a la construcción de las locomotoras, máquinas de patio, vagones de mercancías y coches para pasajeros. El gálibo de carga atañe a los límites que debe alcanzar el cuerpo geométrico cargado en los vagones abiertos. Los demás gálibos mencionados (puentes, túneles, obstáculos, etc.) hacen referencia los límites que se deben respetar para el diseño, proyecto y construcción de distintos tipos de obras e instalaciones fijas para la línea ferroviaria.
La mejora en las suspensiones de los vehículos para hacerlas cada vez más elásticas, aumentando así el confort de los pasajeros y el equilibrio de las mercancías dentro de los trenes, ocasionó que los desplazamientos en la caja de los vehículos también fueran haciéndose más importantes; el aumento en la velocidad de operación en los trenes, así como la reducción de emisiones acústicas al paso del tren dentro de los túneles, que pudieran ser dañinas o inconfortables para los pasajeros, más ciertos factores de seguridad, son los factores que definen los gálibos para proyecto y construcción de obras e instalaciones fijas.

13.2 Gálibos para obras, obstáculos e instalaciones fijas

En el Sistema Ferroviario Mexicano es común adoptar los criterios de AREMA para los gálibos de obras y obstáculos que sean complementarias o existan en el itinerario de las vías férreas. En las figuras siguientes se pueden observar estos gálibos.

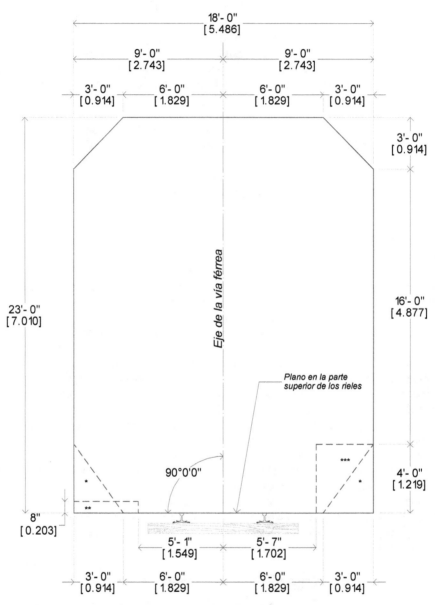

* Espacio que puede ser ocupado por instalaciones necesarias para la operación del tren.
** Dimensión para los posibles andenes de pasajeros.
*** Dimensión para los posibles andenes de carga.

Gálibo general para vías en tangente, AREMA
Cotas en pies-pulgadas; entre corchetes metros.

Figura 13.1: Gálibo general para vías, con ancho internacional, en tangente, de acuerdo a las disposiciones AREMA.

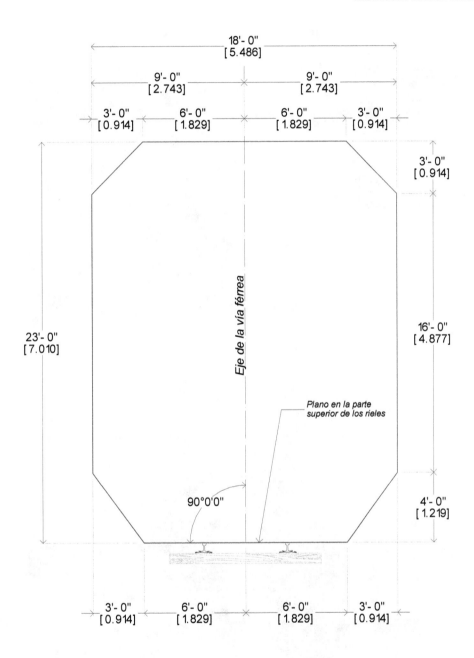

Gálibo general para vía tangente en puentes, AREMA
Cotas en pies-pulgadas; entre corchetes metros.

Figura 13.2: Gálibo para vía férrea, con ancho internacional, en tangente dentro de puentes, de acuerdo a las disposiciones AREMA.

Figura 13.3: Locomotora del FIT circulando sobre el puente que cruza el Rio Tolosita, línea Z, kilómetro Z-158, Tolosita, Oaxaca.

Figura 13.4: Túnel en la línea L, kilómetro L-545+624, al este de Ciudad Valles, San Luis Potosí.

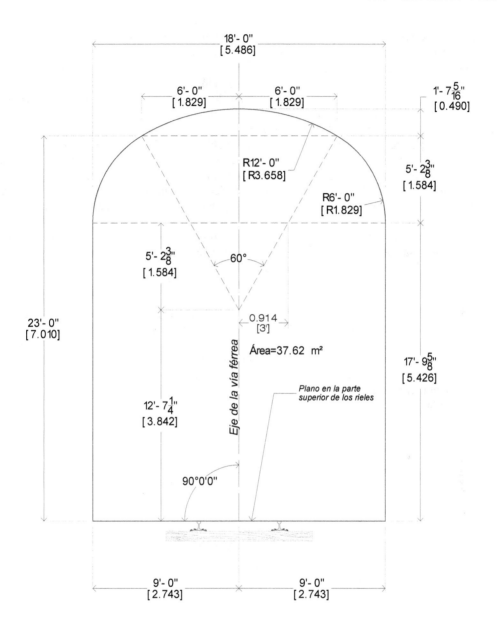

Gálibo para vía tangente sencilla dentro de túneles, AREMA
Cotas en pies-pulgadas; entre corchetes metros.

Figura 13.5: Gálibo para vía férrea sencilla, con ancho internacional, en tangente dentro de túneles, de acuerdo a las disposiciones AREMA.

Al proyectar la sección transversal de los túneles por donde circularán vías férreas es importante estudiar los fenómenos físicos que ocurren dentro del túnel al paso del tren; sobretodo mientras más velocidad vaya adquiriendo el tren en cuestión, es por eso que en las líneas de alta velocidad se debe tener especial cuidado en escoger el área de la citada sección transversal.

Como se ha mencionado en múltiples ocasiones los criterios deben ser garantizar el confort para los viajeros y el equilibrio en las mercancías. Este último se garantizará al calcular adecuadamente los elementos geométricos de la vía férrea de acuerdo a las velocidades de operación del tren o viceversa, dado el caso de restricciones naturales que obliguen a adoptar cierta geometría especial. Sin embargo para garantizar el confort de los viajeros, además de la correcta velocidad de operación, para la correcta geometría de la vía, se debe garantizar una sección transversal en túneles que tenga el área suficiente para que circule el fluido desplazado (el aire) al ingresar el tren a estos, y que este desplazamiento del aire no incremente bruscamente la presión para no ocasionar efectos adversos en los oídos de los viajeros.

En líneas convencionales (velocidades menores a 200 km/hr) se ha determinado que el área de la sección transversal mostrada en la figura 13.5, para una vía sencilla en tangente, es suficiente para garantizar que el incremento de presión no afectará la sensibilidad en los oídos de los viajeros. Las líneas de alta velocidad deberán tener un estudio especial para cada túnel en particular.

En líneas ferroviarias que cuenten con más de un eje la separación entre ejes de cada una de las vías (denominada 'distancia entre-vías') debe ser tal que garantice el paso seguro de los trenes simultáneamente por su vía correspondiente. En el Sistema Ferroviario de México la 'distancia entre-vías' mínima es de 4.60 metros y la más común, y recomendable, es de 5 metros. Existen, no obstante, criterios muy conservadores que recomiendan una distancia entre-vías tal que, dado el caso de un descarrilamiento, el tren descarrilado no interfiera en modo alguno con el gálibo del tren que está circulando en la otra vía.

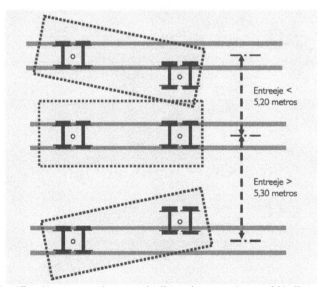

Figura 13.6: Justificación conservadora para la distancia entre-vías, también llamada 'entre-eje'.

Actualmente (año 2016), debido a las dimensiones máximas del equipo móvil que circula sobre la red ferroviaria de México, como se verá más adelante, continúa siendo suficiente adoptar un entre-eje de 4.60 metros, como mínimo, y un entre-eje recomendable de 5.00 metros. Industrias con necesidades particulares pueden, por supuesto, incrementar esta distancia.

Ingeniería de Vías Férreas

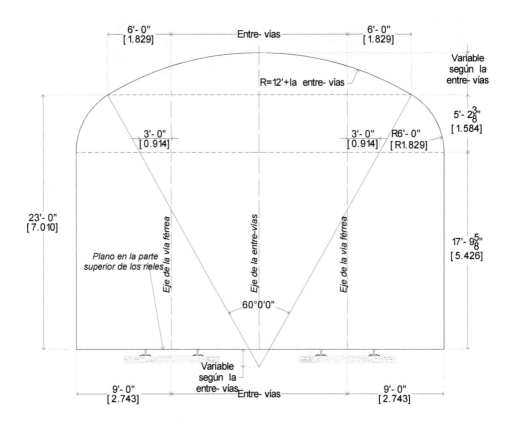

Gálibo para doble vía tangente dentro de túneles, AREMA
Cotas en pies-pulgadas; entre corchetes metros.

Figura 13.7: Gálibo para vía férrea doble, con ancho internacional, en tangente dentro de túneles y con distancia variable de 'entre-vías', de acuerdo a las disposiciones AREMA.

460

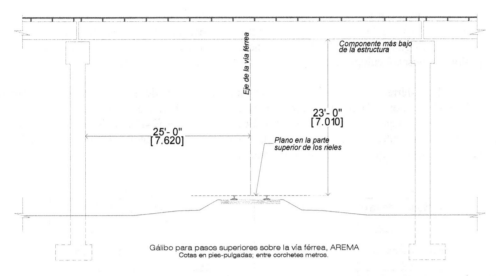

Figura 13.8: Gálibo para puentes pasando sobre la vía férrea, con ancho internacional, en tangente, de acuerdo a las disposiciones AREMA.

Los gálibos para estructuras y obstáculos anteriormente expuestos son para vía en tangente de nueva construcción. Cuando se trate de una reconstrucción o adecuación de la línea ferroviaria y sus obras aledañas, los gálibos dependerán de las condiciones físicas existentes en el sitio y, en medida de lo posible, se buscará cumplir los requerimientos de una nueva construcción.

Cuando la vía férrea se encuentre en curva el gálibo a cada lado del eje de la vía se incrementará en 1-1/2" (3.81 cm) por cada grado de curvatura (inglés). Cuando una estructura y/o obstáculo esté presente en una vía tangente, pero a una distancia de hasta 80 pies (24.384 metros) de la estructura y/o obstáculo se encuentre una curva, el gálibo lateral a cada lado del centro de línea de la vía férrea se incrementará según como se muestra en la siguiente tabla:

Distancia de la obstrucción a la vía curva		Incremento a cada lado del gálibo por cada grado de curvatura inglés	
Pies	Metros	Pulgadas	Milimetros
20	6.096	1-1/2	38.100
40	12.192	1-1/8	28.575
60	18.288	3/4	19.050
80	24.384	3/8	9.525

Tabla 13.1: Incremento del gálibo, a cada lado del centro de línea, para obstrucciones cercanas a una curva.

Cuando la vía férrea en curva tenga sobre-elevación, el centro de línea de la vía férrea permanece perpendicular al plano en la parte superior de los rieles.

En México, además de los gálibos anteriormente descritos, la Secretaría de Comunicaciones y Transportes (SCT), en el Artículo 51 del Reglamento para el Sector Ferroviario, menciona que el gálibo horizontal mínimo sea de 3.50 metros a cada lado del centro de línea y el gálibo vertical mínimo sea de 7.50 metros. Tal cual se puede observar en la siguiente figura:

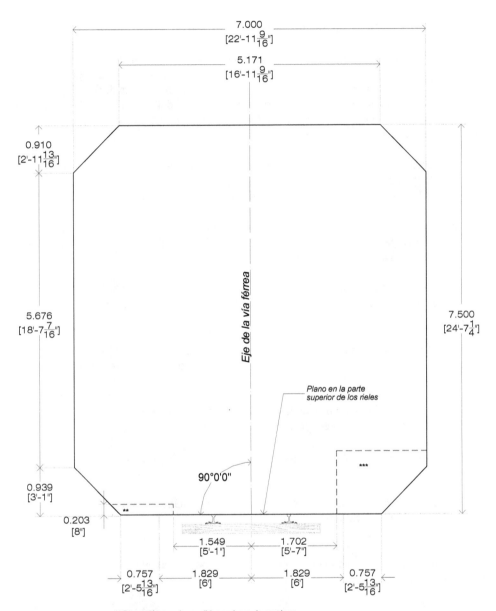

7.000
[22'-11 9/16"]

5.171
[16'-11 9/16"]

0.910
[2'-11 13/16"]

Eje de la vía férrea

7.500
[24'-7 1/4"]

5.676
[18'-7 7/16"]

Plano en la parte superior de los rieles

90°0'0"

***

**

0.939
[3'-1"]

0.203
[8"]

1.549
[5'-1"]

1.702
[5'-7"]

0.757
[2'-5 13/16"]

1.829
[6']

1.829
[6']

0.757
[2'-5 13/16"]

** *Dimensión para los posibles andenes de pasajeros.*
*** *Dimensión para los posibles andenes de carga.*

Gálibo general para vías en tangente, SCT
Cotas en metros; entre corchetes pies-pulgadas.

Figura 13.9: Gálibo general para vías, con ancho internacional, en tangente, de acuerdo al Artículo 51 del Reglamento para el Sector Ferroviario, SCT.

13.3 Gálibos para el equipo tractivo y el equipo remolcado

En cuanto a los contornos de referencia límites para la construcción de las locomotoras, vagones para mercancías y coches para pasajeros, AREMA adopta los criterios emitidos por la AAR (Asociación Americana de Ferrocarriles, por sus siglas en inglés), los cuales están divididos y organizados en distintas 'placas' que sirven como base para la construcción del equipo. A la fecha (año 2016) AREMA aprueba 7 diferentes placas que delimitan la misma cantidad de contornos de referencia, que no deben excederse para que el equipo pueda circular por las vías férreas:

- Para servicio de intercambio sin restricciones (que pueda circular en la totalidad del itinerario de la línea ferroviaria), gálibo estándar adoptado en el año de 1946 y revisado en los años 1972, 1983 y 1988. Denominado 'Placa B'.

- Para servicio de intercambio limitado (que pueda circular en el 95% del itinerario total de la línea ferroviaria), gálibo estándar adoptado en el año de 1963 y revisado en los años 1983, 1988 y 1991. Denominado 'Placa C'.

- Para servicio de intercambio limitado (que pueda circular en el 95% del itinerario total de la línea ferroviaria), gálibo estándar adoptado en el año de 1974 y revisado en 1976 Denominado 'Placa E'.

- Para servicio de intercambio limitado (que pueda circular en el 95% del itinerario total de la línea ferroviaria), gálibo estándar adoptado en el año de 1974 y revisado en 1976 Denominado 'Placa F'.

- Para servicio de intercambio de contenedores a doble estiba. Gálibo estándar adoptado en el año de 1994 y revisado en 2007 Denominado 'Placa H'.

- Para servicio de intercambio de automóviles. Gálibo estándar adoptado en el año de 2005 y revisado en 2007 Denominado 'Placa J'.

- Para servicio de intercambio de automóviles, gálibo estándar adoptado en el año de 2005 y revisado en 2007 Denominado 'Placa K'.

En las siguientes figuras se pueden observar las mencionadas placas donde se muestran los contornos de referencia máximos.

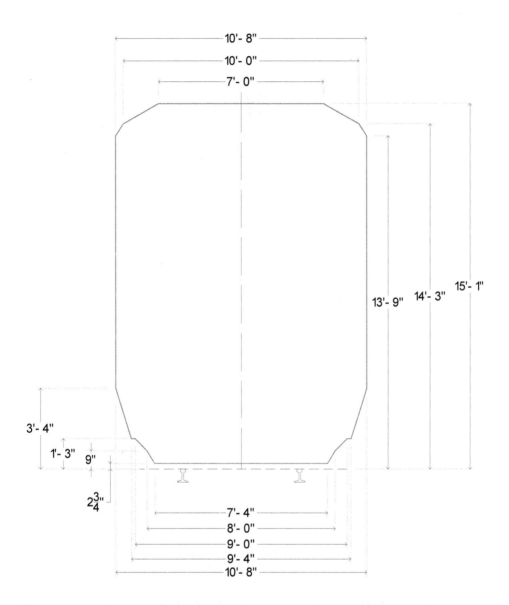

Diagrama para equipo de intercambio sin restricciones. "Placa B" de AAR*

Cotas en pies-pulgadas.
*AAR=Association of American Railroads

Figura 13.10: Contorno de referencia máximo para el equipo de intercambio sin restricciones. Placa B de AAR.

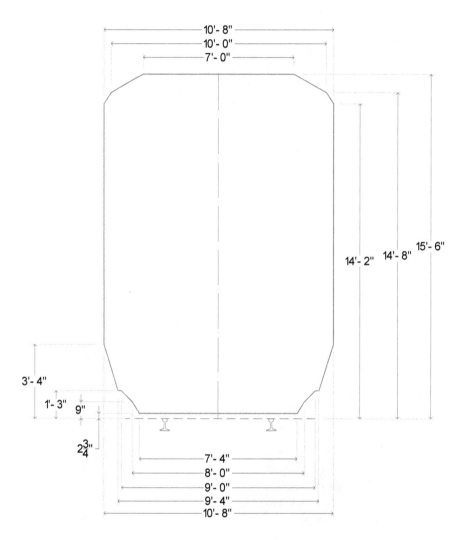

Diagrama para equipo de intercambio limitado.
"Placa C" de AAR*

Cotas en pies-pulgadas.
*AAR=Association of American Railroads

Figura 13.11: Contorno de referencia máximo para el equipo de intercambio limitado. Placa C de AAR.

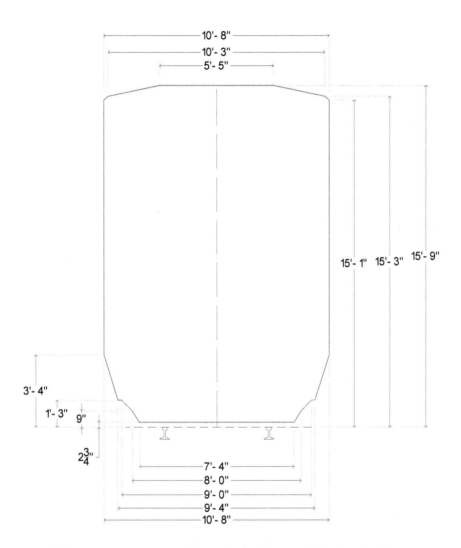

Diagrama para equipo de intercambio limitado.
"Placa E" de AAR*

Cotas en pies-pulgadas.
*AAR=Association of American Railroads

Figura 13.12: Contorno de referencia máximo para el equipo de intercambio limitado. Placa E de AAR.

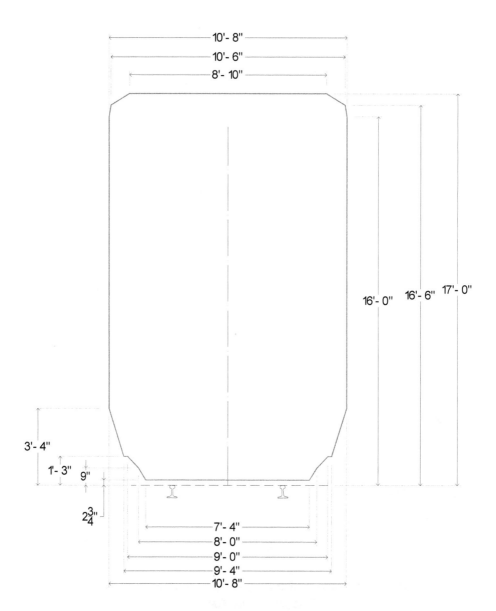

Diagrama para equipo de intercambio limitado.
"Placa F" de AAR*

Cotas en pies-pulgadas.
*AAR=Association of American Railroads

Figura 13.13: Contorno de referencia máximo para el equipo de intercambio limitado. Placa F de AAR.

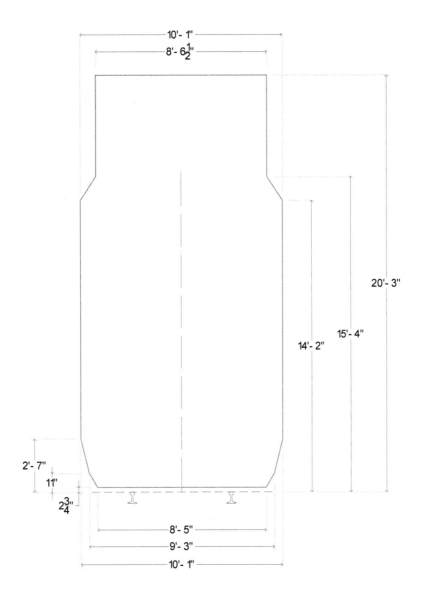

Diagrama para equipo con contenedores a doble estiba.
"Placa H" de AAR*

Cotas en pies-pulgadas.
*AAR=Association of American Railroads

Figura 13.14: Contorno de referencia máximo para el equipo que cargue contenedores a doble estiba. Placa H de AAR.

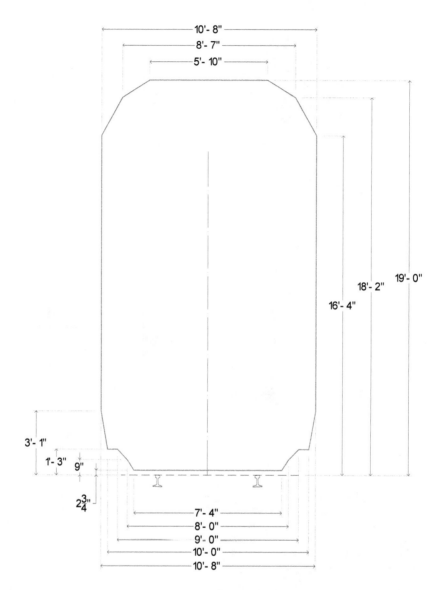

Diagrama para equipo que transporta automóviles.
"Placa J" de AAR*

Cotas en pies-pulgadas.
*AAR=Association of American Railroads

Figura 13.15: Contorno de referencia máximo para el equipo que transporte automóviles. Placa J de AAR.

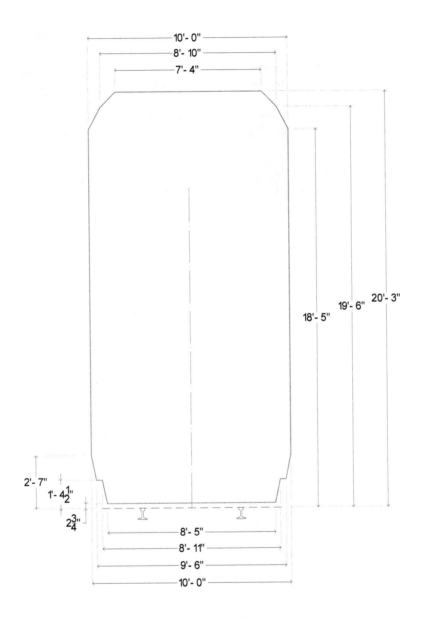

Diagrama para equipo que transporta automóviles.
"Placa K" de AAR*

Cotas en pies-pulgadas.
*AAR=Association of American Railroads

Figura 13.16: Contorno de referencia máximo para el equipo que transporte automóviles. Placa J de AAR.

13.4 Anchos para el equipo según la separación entre sus bogies

Al construir el equipo tractivo o el equipo remolcado, es importante tener en cuenta la separación entre centros de bogies y el ancho que garantice la estabilidad de este al circular sobre las curvas horizontales.

Debido a esto, AREMA, adoptando de nueva cuenta los criterios de la AAR, establece dos gráficas para determinar el ancho máximo que podrán tener los equipos que circulen sobre las vías férreas.

Estos anchos están basados en garantizar la estabilidad al circular sobre curvas con un radio de 441.6979167 pies (441' – 8-3/8"), que cuenta con un grado de curvatura inglés de 13° o bien, al convertirlo a sistema métrico el radio sería de 134.63 metros y el grado de curvatura métrico de 8°30'.

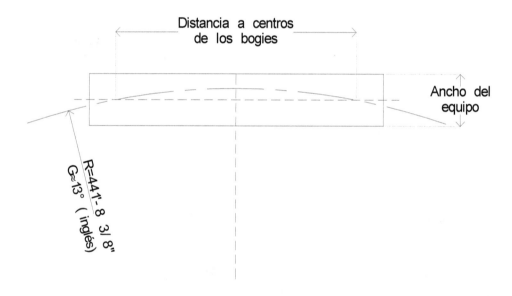

Figura 13.17: Ancho máximo del equipo, según su separación a centros de bogies, para que pueda circular de forma segura dentro de una curva horizontal con un radio de 134.63 metros.

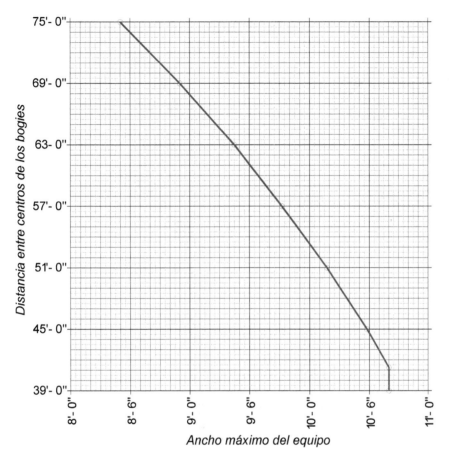

Anchos máximos para equipo según su distancia entre bogies.
"Placa B-1" de AAR*
(Para usarse con vagones construidos a partir de la placa B)
*AAR=Association of American Railroads

Figura 13.18: Ancho máximo del equipo, según su separación a centros de bogies, para que pueda circular de forma segura dentro de una curva horizontal con un radio de 134.63 metros. Para emplearse en equipo que se construya a partir de la placa B de AAR.

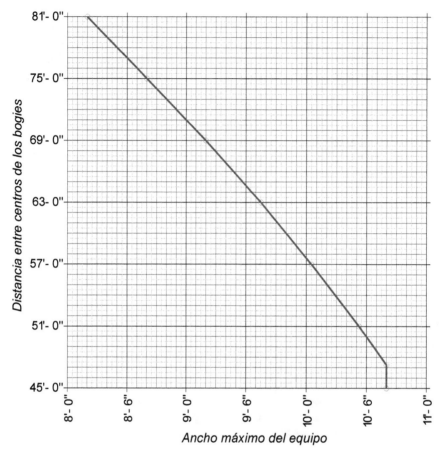

Anchos máximos para equipo según su distancia entre bogies.
"Placa C-1" de AAR*
(Para usarse con vagones construidos a partir de las placas C, E, F, H, J, K)
*AAR=Association of American Railroads

Figura 13.19: Ancho máximo del equipo, según su separación a centros de bogies, para que pueda circular de forma segura dentro de una curva horizontal con un radio de 134.63 metros. Para emplearse en equipo que se construya a partir de las placas C, E, F, H, J y K de AAR.

ANEXO 1

Atlas ferroviario para la República Mexicana
(2008)

Úsese como apoyo para el capítulo 3.

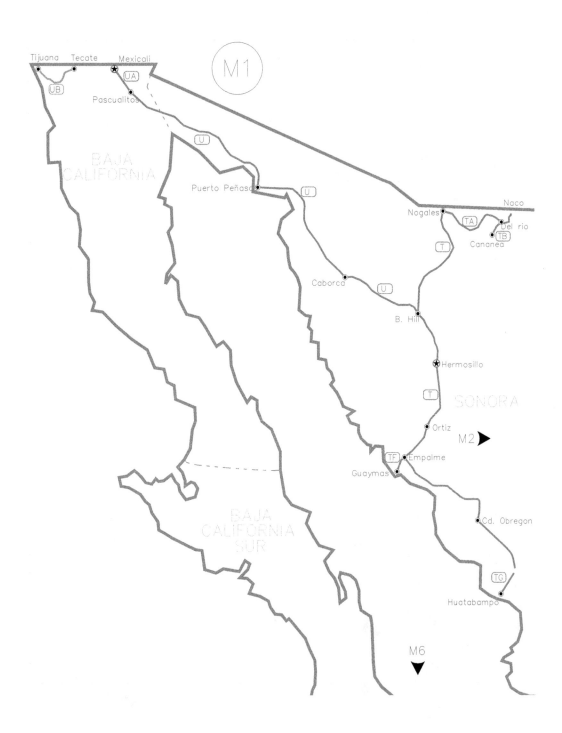

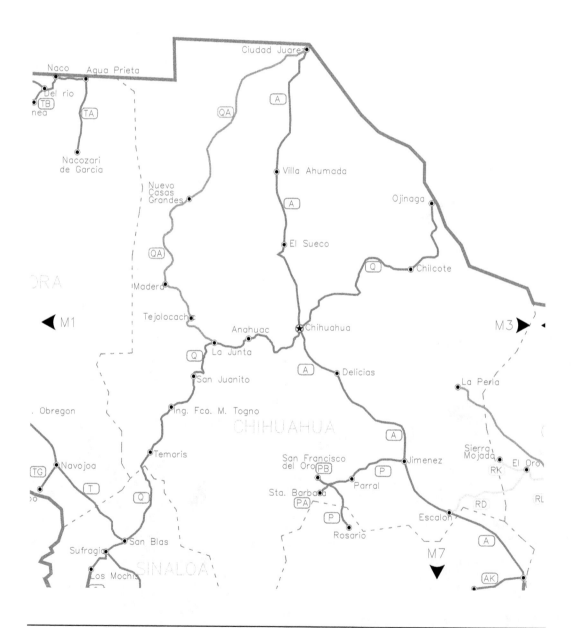

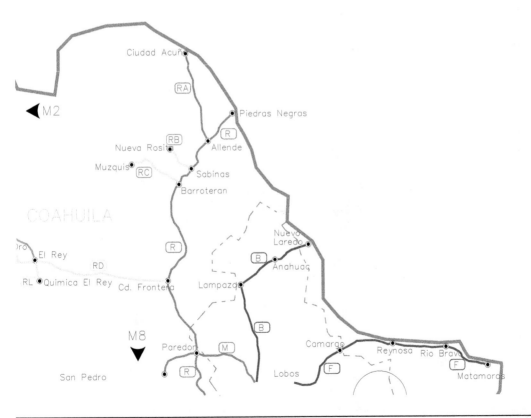

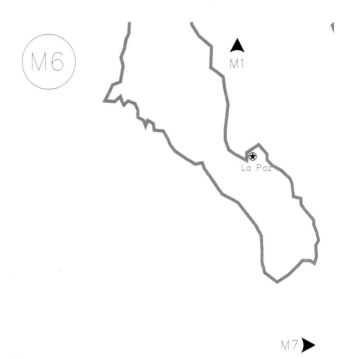

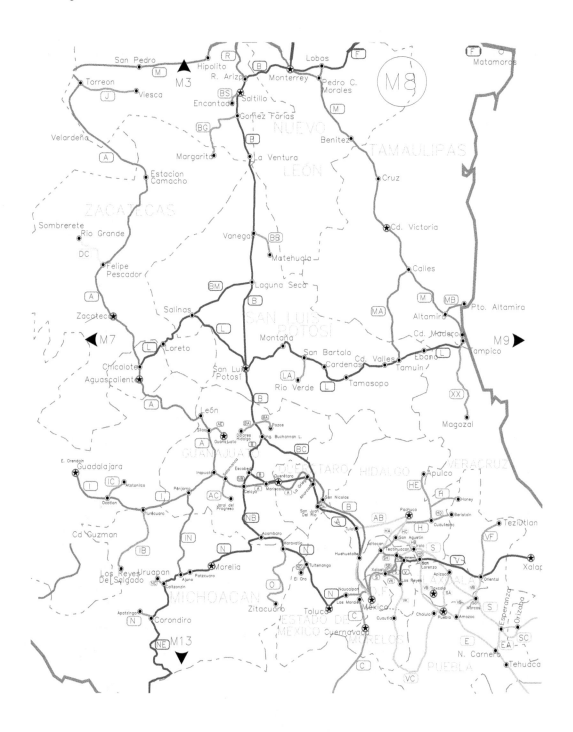

◀M8   M10▶

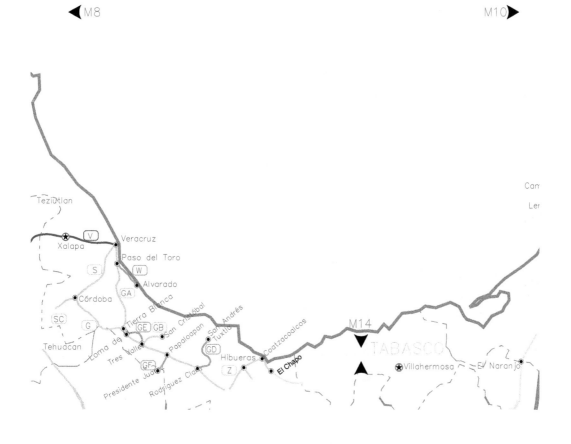

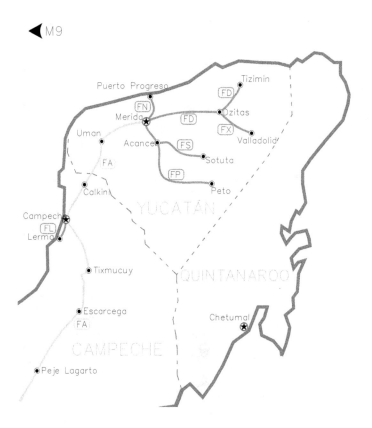

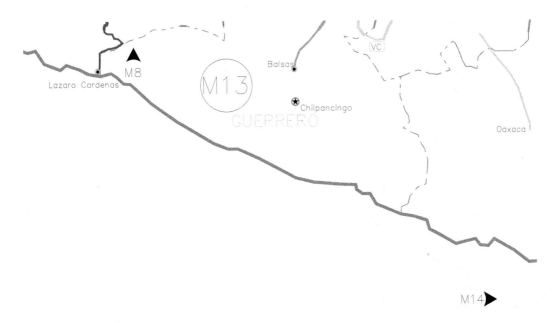

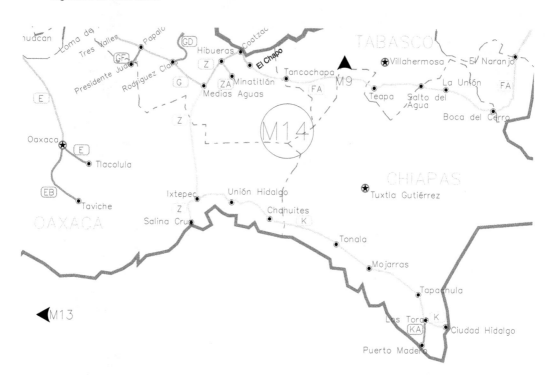

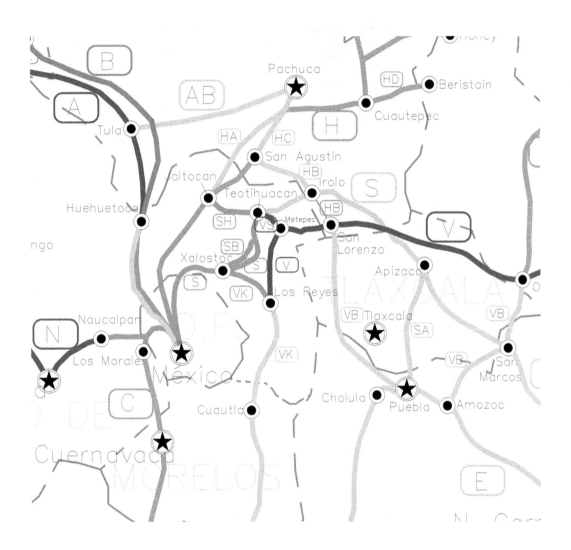

▬▬▬▬	FERROMEX	8,427 KM
▬▬▬▬	KCSM	4,283 KM
▬▬▬▬	FERROSUR	1,479 KM
▬▬▬▬	FERROVALLE	297 KM
▬▬▬▬	CHIAPAS - MAYAB	1,550 KM
▬▬▬▬	COAHUILA - DURANGO	974 KM
▬▬▬▬	FERROITSMO	207 KM
▬▬▬▬	LINEAS REMANETES	2,804 KM
◉	ESTACIÓN DE REFERENCIA	
✪	CAPITAL DE ESTADO	
- - - - - - - - -	LÍMITE ESTATAL	

ANEXO 2

Comparativa de gálibos AREMA y SCT

Actualizada al año 2016

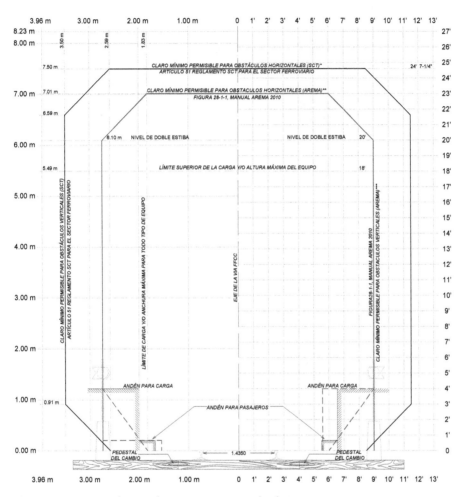

GÁLIBOS MÍNIMOS PERMISIBLES, VÍA FÉRREA EN TANGENTE
ACTUALIZADO A DICIEMBRE DEL 2016

* Para líneas eléctricas de deberá hacer análisis particular en cada caso.
** Para líneas eléctricas puede ser entre 27' y 35' (8.23 m y 10.67 m).
*** En casos especiales se acepta 8' 6" (2.59 m).

BIBLIOGRAFÍA

1.- A History of the American Locomotive: it's development, 1830-1880 – John White, 1980.

2.- American Railway Engineenring and Maintenance-of-Way Association Manual – AREMA, 2010.

3.- Análisis de una vía con traviesas cuadro -Tesina - Fernando Romero Zaragüeta, 2010.

4.- AREMA Manual for Railway Engineering, 2010.

5.- Boletín técnico LET #26, El Riel – José Antonio Guerrero Fernández, 2011.

6.- Catálogo de productos NYLCO – NYLCO Mexicana S.A. de C.V., 2013.

7.- Clasificación Mecánica De La Madera De 100 Especies Mexicanas - Javier Ramón Sotomayor Castellanos, Marco Antonio Herrera Ferreyra, José Cruz de León, 2003.

8.- Commuter Rail Design Standars Manual, Vol. I, Sec. III - Massachusetts Bay Transportation Authority 2009

9.- Como elegir un carril y ejemplo de aplicación - AULASA, Auxiliar Laminadora Alavesa, S.A., 2016.

10.- Conceptos básicos ferroviarios – Adif, 2007.

11.- Conrail Standar Plans – Consolidated Rail Corporation, 1979.

12.- Contacto rueda-carril – Departamento de Ingeniería Mecánica, Universidad Carlos III de Madrid.

13.- Curso de Vías Férreas – Guido León Clavijo, Universidad Mayor de San Simón, Cochabamba, Bolivia.

14.- Curvas Horizontales en los trazados ferroviarios – José A. Escolano Paul, Revista de Obras Públicas, Marzo 1988.

15.- Curvas horizontales y verticales – Alonso Reyes Pizano.

16.- Densidad red ferroviaria México vs Brasil – Asociación Mexicana de Ferrocarriles, 2014.

17.- Design Guidelines for industrial track projects – Burlington Northern Santa Fe Railroad, 2004.

18.- Design Guidelines for Industrial Track Projects – Union Pacific Railroad, 2003.

19.- Development, Testing, and Applications of Recycled Plastic Composite Cross Ties – Thomas Noske, 2016.

20.- Diagrams for Interchange Service - Association of American Railroads Equipment, 2007.

21.- Diesel & Electric Locomotive Specificiations - F.K. Hudson, 1981

22.- Diesel Locomotives, Vol.2 - Bob Hayden, 1990

23.- Dinámica de los trenes en alta velocidad – Alberto García Álvarez, 2006.

24.- Diseño de fundaciones para carro-traspaso de acero – Victor Omar Bustos Mellado, 2004.

25.- Diseño y cálculo geométrico de viales – Ing. Sergio Navarro Hudiel, 2011

26.- Diseño y características de la vía ferroviaria – Francisco J. Calvo Poyo, Rafael Jurado Piña, José Lorente Gutiérrez, Juan De Oña López, 2005.

27.- Dureza Janka – Mauricio Almonte Lemus, Arturo Zachary Ayala Damian, 2012.

28.- Durmientes de madera – José Antonio Guerrero Fernández, curso de capacitación a LET, 2013.

29.- Efectos dinámicos debidos al tráfico de ferrocarril sobre la infraestructura de la vía y las estructuras – Tesis Doctoral – Nguyen Gia Khanh, 2013.

30.- Electro Motive Diesel – Catalog 1998.

31.- Elementos de la vía férrea clásica – José Antonio Guerrero Fernández, capacitación a LET, 2012.

32.- EMD Technical Sheets.

33.- Especificaciones para diseño y construcción de vías industriales particulares – KCSM, 2007.

34.- Especificaciones para durmientes de madera impregnados – FNM, 1993.

35.- Estabilización de suelos con cemento – Guías Técnicas IECA, 2013.

36.- Estudio del efecto del hidrogeno en la microdureza de aceros – Candia G. L., Brandaleze E., y Mancilla G.A., 2011.

37.- Evolución reciente de algunos indicadores operativos y de eficiencia del ferrocarril mexicano – Salvador Hernández García, José Antonio Arroyo Osorno, Guillermo Torres Vargas, 2009.

38.- Ferrocarriles – Francisco M. Togno, 1968.

39.- Ferrocarriles, elementos de ingeniería ferroviaria – Ing. William J. López A.

40.- Física, conceptos y aplicaciones – Paul E. Tippens, 1993.

41.- Foster Rail Product Catalog – L. B. Foster Company.

42.- Fundiciones Férreas – José Antonio Pero-Sanz Elorz, 1994.

43.- Generalidades sobre conservación de la vía – Ferrocarriles Nacionales de México, Instituto de Capacitación, 1976.

44.- Guía de reconocimiento de rocas en Ingeniería Civil – Felix Escolano Sánchez, Alberto Mazariegos de la Serna, 2014.

45.- Hercules Brochure – Trackmobile.

46.- High Pressure Timber Treatments – Tanalith, 2016.

47.- How to treat wet beds manually - Network Rail Standardised Tasks, 2014.

48.- http://danbuje.blogspot.mx/2009/10/ferrocarril.html

49.- http://datos.bancomundial.org/indicador/IS.RRS.TOTL.KM?view=chart

50.- http://es.slideshare.net/elisabeth627/ferrocarriles-en-asia

51.- http://estaciontorreon.galeon.com/productos627821.html

52.- http://historiaybiografias.com/primeras_lineas_ferrocarril_europa/

53.- http://wol.jw.org/es/wol/d/r4/lp-s/102002484

54.- http://www.chinatoday.mx/soc/societ/content/2016-01/14/content_711431.htm

55.- http://www.ecured.cu/Ferrocarril_en_Iberoam%C3%A9rica#El_ferrocarril_en_Am.C3.A9rica_Latina

56.- http://www.gbrx.com/

57.- http://www.getransportation.com/locomotives

58.- http://www.uic.org/

59.- https://en.wikipedia.org/wiki/Baltimore_and_Ohio_Railroad

60.- https://en.wikipedia.org/wiki/Rail_profile

61.- https://en.wikipedia.org/wiki/Rail_transportation_in_the_United_States#1826.E2.80.931850

62.- https://es.wikipedia.org/wiki/Diolkos

63.- https://es.wikipedia.org/wiki/Ferrocarril_Trans-Caspio

64.- https://es.wikipedia.org/wiki/Ferrocarril_Transmanchuriano

65.- https://es.wikipedia.org/wiki/Ferrocarriles_Nacionales_de_M%C3%A9xico

66.- https://es.wikipedia.org/wiki/Ferrocarriles_Nacionales_de_M%C3%A9xico

67.- https://es.wikipedia.org/wiki/Historia_del_ferrocarril_en_Jap%C3%B3n

68.- https://es.wikipedia.org/wiki/Kansas_City_Southern_de_M%C3%A9xico

69.- https://es.wikipedia.org/wiki/Riel#Requisitos_que_debe_cumplir_el_carril

70.- https://es.wikipedia.org/wiki/Transaustraliano

71.- https://es.wikipedia.org/wiki/Transiberiano

72.- https://es.wikipedia.org/wiki/Transporte_ferroviario_en_Francia#Historia

73.- https://es.wikipedia.org/wiki/Transporte_ferroviario_en_India

74.- http://www.mexlist.com/railways.htm

75.- https://www.ferromex.com.mx/

76.- Infraestructuras Ferroviarias – Andrés López Pita, 2006.

77.- Ingeniería Ferroviaria – Francisco Javier González Fernández, 2010.

78.- Ingeniería y tecnología ferroviaria, Procesos constructivos e instalaciones – Juan Antonio Villaronte Fernández-Villa, 2012.

79.- La espiral de Euler en calles y carreteras – Luis E. Gil León, 1997.

80.- La Ingeniería de Suelos en las vías terrestres, tomos 1 y 2 - Alfonso Rico Rodríguez, Herminio del Castillo, 2006.

81.- La Vía Férrea – Alejandro Carrascosa, 2009

82.- La Vía del Ferrocarril – Antonio Valdés y González Roldan, Jean Alias, 1990.

83.- La Voie Ferree – Jean Alias, 1984.

84.- Lámina comparativa Tren vs Camión – Ferrocarril de Antofagasta a Bolivia, 2016.

85.- Lineamientos para vías particulares – Ferromex, 2009.

86.- Líneas de Ferrocarril de Alta Velocidad. Planificación, construcción y explotación – Andrés López Pita, 2014.

87.- Locomotives Magazine, September 2009.

88.- Managing Rail Service Life - Z. Popović, L. Lazarević, L. J. Brajović, P. Gladović, 2014

89.- Manual de calidad para materiales en la sección estructural de vías férreas – Alfonso Rico Rodríguez, Juan Manuel Orozco y Orozco, Rodolfo Téllez Gutierrez, Alfredo Pérez García, 1991.

90.- Manual de prácticas de laboratorio de mecánica de suelos II – Ing. Abraham Polanco Rodríguez

91.- Manual de Soldadura LP – Railtech, 2003.

92.- Manual de Soldadura QP – Railtech, 2003.

93.- Manual For Railway Engineering – AREMA, 2010.

94.- Manual Integral de Vías – Nuevo Central Argentino, 2014.

95.- Mecánica de suelos y cimentaciones – Carlos Crespo Villalaz, 2003.

96.- Mecánica de Suelos, tomos 1 al 3 – Juárez Badillo, Rico Rodríguez, 1999.

97.- NARSTCO Steel Ties and Turnout Sets – NARSCTO, 2014.

98.- New and relay rail catalog – Foster Rail Products, 1984

99.- NMX-C-410-ONNCCE-1999 – Retención y penetración de sustancias preservadoras de la madera, métodos de prueba, 1999.

100.- NMX-C-443-ONNCCE-2006 – Contenido de humedad en la madera, métodos de prueba, 2006.

101.- Nociones sobre Curvas – Instituto de capacitación, FNM.

102.- NOM-049-SCT2-2000

103.- NOM-055-SCT2-2000

104.- NOM-056-SCT2-2000

105.- Portfolio of trackwork plans, AREA Manual for Railway Engineering – AREA, 1973

106.- Practical Guide to Railway Engineering – AREMA, 2003.

107.- Prehistoria del Ferrocarril – Jesús Moreno, 1986

108.- Proceso de elaboración, almacenamiento, transporte y montaje de durmientes monobloque de concreto presforzado de la línea 12 del metro de la ciudad de México – Ángel Arvizu Salas, Tesis profesional, 2012.

109.- Proceso Soldadura Alumino-térmica – José Antonio Guerrero Fernández, Curso de Capacitación LET, 2008.

110.- Protectores de agujas, curso de capacitación a LET – José Antonio Guerrero Fernández, 2013.

111.- PROY-NOM-048/1-SCT2-2000

112.- PROY-NOM-056-SCT2-2002

113.- PROY-NOM-056-SCT2-2015

114.- Rail King RK330 Technical Data – Rail King.

115.- Railroad engineering – William Walter Hay, 1976.

116.- Recomendaciones de diseño para proyectos de infraestructura ferroviaria – Sección 2 – MIDEPLAN, SECTRA, 2003.

117.- Reglamento de Conservación de Vía y Estructuras para los Ferrocarriles Mexicanos – 2006.

118.- Reglamento de conservación de vía y estructuras para los ferrocarriles Mexicanos – FNM, 1966.

119.- Resistencias al movimiento ferroviario – Juan Pablo Martínez, Roberto Agosta, 2008.

120.- Rigidez de la vía – Tesis Doctoral – Paulo Fonseca Teixeira, 2004.

121.- Sanding Systems Types – Knorr-Bremse.

122.- Tecnología de metal – F. Aparicio, J.A. Aparicio, F. Escarpa, F. García y F. Pérez, 1979.

123.- Tecnología e ingeniería ferroviaria, Tecnología de la vía – Juan Antonio Villaronte Fernández-Villa, 2012.

124.- The measurement of residual stress in railway rails by diffraction and other methods – J. Kelleher, Michael B. Prime, D. Buttle, P. M. Mummery, P. J. Webster, J. Shackleton, P. J. Withers, 2003.

125.- The Tie Guide – David Webb, 2005.

126.- Tipos de agujas, curso de capacitación a LET – José Antonio Guerrero Fernández, 2013.

127.- Tipos de sapos, curso de capacitación a LET – José Antonio Guerrero Fernández, 2013.

128.- Topografía – Jack McCormac, 2004.

129.- Vías de Comunicación – Carlos Crespo Villalaz, 1996.

CPSIA information can be obtained
at www.ICGtesting.com
Printed in the USA
LVHW021445260623
750809LV00028B/338